"十二五"职业教育国家规划教材

经全国职业教育教材审定委员会审定

"十二五"高等职业教育计算机类专业规划教材

计算机安全技术

（第三版）

宋　红　主编

吴建军　岳俊梅　副主编

U0316430

中国铁道出版社

CHINA RAILWAY PUBLISHING HOUSE

内 容 简 介

本书为"十二五"职业教育国家规划教材，是在前一版的基础上修订而成的，修订时保持了原书的基本框架和特色。

计算机安全主要包括实体及硬件的安全、操作系统安全、数据库安全和网络安全等部分，其中网络安全是目前备受关注的问题。本书从计算机安全的基础知识、计算机实体及硬件安全、密码技术、数据与数据库安全、操作系统安全、计算机病毒及防范技术、防火墙技术、网络安全技术、无线局域网安全、黑客的攻击和防范技术等几个方面来组织编写。

本书是作者在总结多年教学经验的基础上，本着"理论知识以够用为度，重在实践应用"的原则进行编写的。书中提供了大量的操作系统、数据库、网络安全等方面的操作实例，帮助读者掌握计算机安全的基本机制及设置方法，胜任计算机安全和网络安全的技术管理工作。

本书适合作为应用技术型人才培养计算机类专业及相近专业的教材，也可作为计算机网络管理员、计算机安全管理员的培训教材或自学参考书。

图书在版编目（CIP）数据

计算机安全技术 / 宋红主编. — 3 版. — 北京：
中国铁道出版社，2015.6
"十二五"职业教育国家规划教材　　"十二五"高等职业教育计算机类专业规划教材
ISBN 978-7-113-19982-1

Ⅰ. ①计… Ⅱ. ①宋… Ⅲ. ①计算机安全－高等职业
教育－教材 Ⅳ. ①TP309

中国版本图书馆 CIP 数据核字(2015)第 037329 号

书　　名：计算机安全技术（第三版）
作　　者：宋　红　主编

策　　划：祁　云	读者热线：400-668-0820	
责任编辑：祁　云　包　宁		
封面设计：付　巍		
封面制作：白　雪		
责任校对：汤淑梅		
责任印制：李　佳		

出版发行：中国铁道出版社（100054，北京市西城区右安门西街 8 号）
网　　址：http://www.51eds.com
印　　刷：中国铁道出版社印刷厂
版　　次：2003 年 9 月第 1 版　　2005 年 8 月第 2 版　　2015 年 6 月第 3 版　　2015 年 6 月第 1 次印刷
开　　本：787mm×1092mm　1/16　印张：18.25　字数：443 千
印　　数：1～3 000 册
书　　号：ISBN 978-7-113-19982-1
定　　价：38.00 元

第三版前言

　　随着计算机技术和互联网的发展,计算机安全问题逐步成为各界关注和讨论的焦点。计算机技术和网络技术已深入到社会各个领域,人类对计算机和计算机网络的依赖性越来越大。2013 年 6 月,美国秘密监控项目"棱镜计划(PRISM)"曝光,消息一出,举世震惊,也再次引发了人们对计算机安全的重视。普及计算机安全知识已经成为保护我国计算机和网络安全的头等大事,因此,对应用型本科、高职高专计算机类专业及相近专业的学生开设计算机安全技术课是十分必要的。

　　本书第一版于 2003 年 9 月出版;第二版于 2005 年 8 月出版并于 2008 年 8 月修订后,经专家评审入选教育部"十一五"国家级规划教材。经过全国部分高职高专院校和本科院校使用,均肯定本书是一本内容全、资料新、体系好,既有一定的理论深度、又有一定的实用性,能代表当前计算机安全技术发展水平的实用教材,同时也对本书提出了一些修改意见。据此,本书作者在征求各方意见的基础上,本着"理论知识以够用为度,重在实践应用"的原则对书中内容进行了再次修订,经全国职业教育教材审定委员会审定,入选"十二五"职业教育国家规划教材。全书主要内容包括计算机硬件和软件的安全、密码技术、操作系统的安全、数据与数据库的安全、计算机病毒技术、防火墙技术、网络安全技术、无线局域网安全、黑客攻击与防范技术等,共分 10 章。

　　第 1 章主要阐述了研究计算机安全的重要性,简要地介绍了计算机安全等级和安全法规。第 2 章具体介绍了计算机实体及硬件的安全防护、计算机硬件的检测与维修等内容。第 3 章讲述了数据加密标准 DES、国际数据加密算法 IDEA、RSA 算法等常见的加密算法及具体的实现过程,同时详细介绍了数字签名的实现方法。第 4 章简要介绍了数据与数据库的安全技术。第 5 章阐述了操作系统的安全与策略,其中具体介绍了 Windows 7 系统、Windows XP 系统、Windows Server 2008 系统的安全机制、安全设置、安全漏洞和解决方法。第 6 章介绍了计算机病毒的结构、类型和工作原理,列举了一些检测、防范和清除病毒的常用技术。第 7 章介绍了防火墙技术,包括防火墙的原理、种类和实现策略。第 8 章介绍了计算机网络安全体系结构及常用的网络安全技术。第 9 章介绍了无线局域网的安全问题及防范措施。第 10 章主要列举了常见的黑客攻击方法,并列举了扫描器、缓冲区溢出攻击、拒绝服务攻击、特洛伊木马攻击等实例,同时介绍了常用的 10 项防黑措施。

　　本书以通俗易懂的文字阐述了计算机安全技术的基本理论和基本方法,力求做到内容新颖、概念清楚、可操作性强。本书既可以作为高职高专、成人高校和应用型本科计算机类专业和相近专业的教材，也适合作为计算机网络管理员、信息安全管理员培训和自学的教材。

本书由宋红教授担任主编，吴建军、岳俊梅担任副主编。宋红老师编写了第 1 章～第 3 章，岳俊梅老师编写了第 4 章～第 6 章，吴建军老师编写了第 7 章～第 10 章，宋红老师负责全书的统稿。

由于作者水平有限，书中难免存在疏漏和不足之处，我们衷心期望继续得到各位读者的批评指正。我们还会在适当的时间进行修订和补充。

编　者
2015 年 4 月

第一版前言

近年来，随着计算机技术和计算机互联网建设的发展与完善，计算机安全问题逐步成为计算机界关注和讨论的焦点。计算机技术和网络技术已深入到社会的各个领域，人类对计算机和计算机网络的依赖性越来越大。那么，普及计算机安全知识就成为保护我国计算机和网络安全的头等大事。对高职高专计算机专业、应用型本科计算机专业及相近专业的学生开设计算机安全技术课是十分必要的。

本书是本着"理论知识以够用为度，重在实践应用"的原则进行编写的。全书主要内容包括计算机硬件和软件的安全、操作系统的安全、密码技术、数据库的安全、计算机病毒技术、防火墙技术、黑客技术和网络安全的基本知识等，共分 10 章。本书的教学内容大约需要 60 学时，书中加*标记的为应用型本科生选讲的内容。

第 1 章主要阐述了研究计算机安全的重要性，简要地介绍了计算机安全等级和安全法规。第 2 章具体介绍了实体及硬件的安全防护，计算机硬件的检测与维修等主要内容。第 3 章介绍了计算机软件安全技术，包括软件分析技术、软件保护技术、反跟踪技术、软件加壳与脱壳等方面的内容。第 4 章阐述了 Windows、Unix、Linux 等操作系统的安全，其中具体介绍了 Windows 系统、Unix 系统、Linux 系统的安全机制、安全管理、安全漏洞和解决方法。第 5 章讲述了数据加密标准 DES、国际数据加密算法 IDEA、RSA 算法等常见的加密算法及其具体的实现过程，同时详细介绍了加密技术的典型应用——数字签名的实现方法。第 6 章简要介绍了数据库安全技术，以 Oracle 数据库为例说明了数据库备份、恢复的方法和具体实施步骤。第 7 章介绍了计算机病毒的结构、类型和工作原理，列举了一些检测、防范和清除病毒的常用技术。第 8 章简要介绍了网络安全的理论基础知识。第 9 章介绍了访问控制中的防火墙技术，包括防火墙的原理、种类和实现策略。第 10 章主要介绍了常用的黑客攻击方法，如口令攻击、放置特洛伊木马程序、Web 欺骗、缓冲区溢出、端口扫描攻击等，同时列举了常用的 6 项防黑措施。

本书既可以作为高职高专、成人高校和应用型本科计算机专业和相近专业的教材，也适合作为计算机网络管理员、信息安全管理员培训和自学的教材。

本书由宋红担任主编，吴建军、岳俊梅参加编写。吴建军老师编写了第 1 章、第 2 章、第 3 章、第 5 章、第 8 章、第 9 章、第 10 章，岳俊梅老师编写了第 4 章、第 6 章、第 7 章，宋红老师负责全书的统稿，陈贤淑、陈晓娟、廖康良等参与了本书的编排工作。

由于作者水平有限，书中不免有疏漏和不足之处，欢迎各位读者批评指正。我们也会在适当时间进行修订和补充，并发布在天勤网站：http://www.tqbooks.net "图书修订" 栏目中。

编　者
2003 年 8 月

第二版前言

随着计算机技术和计算机互联网建设的发展与完善，计算机安全问题逐步成为计算机界关注和讨论的焦点。计算机技术和网络技术已深入到社会的各个领域，人类对计算机和计算机网络的依赖性越来越大。普及计算机安全知识已经成为保护我国计算机和网络安全的头等大事。对高等院校计算机类专业、应用型本科计算机类专业及相近专业的学生开设计算机安全技术课是十分必要的。

本书第一版于 2003 年 9 月出版，经过全国多所高等院校和部分教育学院试用，均肯定本书是一本内容全、材料新、体系好，有一定的理论深度，能代表当前计算机安全技术发展水平的好教材。同时也进一步对本书提出了一些要求。据此，编者在征求了各方修订意见的基础上，本着"理论知识以够用为度，重在实践应用"的原则，对第一版进行了修订，在第 7 章"计算机病毒与防范"中，增加了近几年比较新的典型病毒及其防范措施；在第 9 章"防火墙技术"中，增加了近几年国内外比较新的主流防火墙技术——瑞星防火墙技术及实例；在第 10 章"黑客的攻击与防范"中，也增加了近几年比较新的黑客工具及防黑措施。全书主要内容包括计算机安全的基础知识、计算机实体及硬件安全技术、计算机软件安全技术、操作系统安全基础、密码技术、数据库系统安全、计算机病毒与防范、网络安全技术、防火墙技术、黑客的攻击与防范等，共分 10 章。本书的教学内容大约需要 60 学时，书中加*标记的为应用型本科生选讲的内容。

第 1 章主要阐述了研究计算机安全的重要性，简要地介绍了计算机安全等级和安全法规。第 2 章具体介绍了实体及硬件的安全防护，计算机硬件的检测与维修等主要内容。第 3 章介绍了计算机软件安全技术，包括软件分析技术、软件保护技术、反跟踪技术、软件加壳与脱壳等方面的内容。第 4 章阐述了 Windows、UNIX、Linux 等操作系统的安全，其中具体介绍了 Windows 系统、UNIX 系统、Linux 系统的安全机制、安全管理、安全漏洞和解决方法。第 5 章讲述了数据加密标准 DES、国际数据加密算法 IDEA、RSA 算法等常见的加密算法及其具体的实现过程，同时详细介绍了加密技术的典型应用——数字签名的实现方法。第 6 章简要介绍了数据库安全技术，以 Oracle 数据库为例说明了数据库备份、恢复的方法和具体实施步骤。第 7 章介绍了计算机病毒的结构、类型和工作原理，列举了一些检测、防范和清除病毒的常用技术。第 8 章简要介绍了网络安全的理论基础知识。第 9 章介绍了访问控制中的防火墙技术，包括防火墙的原理、分类和实现策略。第 10 章主要介绍了常用的黑客攻击方法，如口令攻击、放置特洛伊木马程序、Web 欺骗、缓冲区溢出、端口扫描攻击等，同时列举了常用的 10 项防黑措施。

本书以通顺易懂的文字阐述了计算机安全技术的基本理论和基本方法，力求做到内容新颖、概念清楚，具有较强的实用性和适用性。本书既可以作为高职高专、成人高校和应用型本科计算机专业和相近专业的教材，也适合作为计算机网络管理员、信息安全管理员培训和自学的教材。

本书由宋红、吴建军、岳俊梅、邹俊、宋勇、刘彬编写。刘彬老师编写了第 1 章，宋勇老师编写了第 2 章、第 3 章，邹俊老师编写了第 4 章、第 5 章，岳俊梅老师编写了第 6 章、第 7 章，吴建军老师编写了第 8 章～第 10 章，宋红老师负责全书的统稿。

由于编者水平有限，书中不免有疏漏和不足之处，敬请各位读者批评指正。我们也会在适当时间进行修订和补充，并发布在天勤网站：http://www.tqbooks.net "图书修订"栏目中。

编　者

2005 年 7 月

目 录

第1章 | 计算机安全概论

随着计算机在社会各个领域的广泛应用和迅速普及，人类社会业已步入信息时代。信息已经成为人类的一种重要资源，人们生产和生活的质量将愈来愈多地取决于对知识信息的掌握和运用的程度。面对汪洋大海般的信息，计算机成为信息处理必不可少的工具。在计算机系统中，信息是指存储于计算机内部及其外部设备上的程序和数据。由于计算机系统中的信息涉及有关国家安全的政治、经济、军事的情况，以及一些部门、机构、组织与个人的机密，因此极易受到敌对势力及一些非法用户、别有用心者的威胁和攻击。加之几乎所有的计算机系统都存在着不同程度的安全隐患，所以，计算机系统的安全、保密问题越来越受到人们的重视。

1.1 计算机安全研究的重要性

1.1.1 计算机系统面临的威胁

计算机信息系统面临的威胁主要来自自然灾害构成的威胁、人为和偶然事故构成的威胁、计算机犯罪的威胁、计算机病毒的威胁、信息战的威胁等，大体可分为两类：一类是对实体的威胁；另一类是对信息的威胁。其中，有些威胁则包含了对计算机系统实体和信息两方面的威胁和攻击，如计算机犯罪和计算机病毒。

1. 对实体的威胁和攻击

所谓实体，是指实施信息收集、传输、存储、加工处理、分发和利用的计算机及其外围设备和网络。对实体的威胁和攻击是对计算机本身和外部设备，以及网络和通信线路而言的。这些威胁主要有：各种自然灾害、人为的破坏、设备故障、操作失误、场地和环境的影响、电磁干扰、电磁泄漏、各种媒体的被盗及数据资料的损失等。

由于实体涉及的设备分布极为广泛，任何个人或组织都不可能时刻对这些设备进行全面的监控。任何安置在不能上锁的地方的设施，包括有线通信线、电话线、局域网、远程网等都有可能遭到破坏，从而造成业务的中断，如果是包含数据的软盘、光盘、主机等被盗，更会引起数据的丢失和泄露。因此，做好对计算机系统实体的保护，是计算机安全工作的首要一步，也是防止各种威胁和攻击的基本屏障。

2. 对信息的威胁和攻击

由于计算机信息有共享和易于扩散等特性，使得它在处理、存储、传输和使用上有着严重的脆弱性，很容易被干扰、滥用、遗漏和丢失，甚至被泄露、窃取、篡改、冒充和破坏，还有可能受到计算机病毒的感染。威胁和攻击可细分为两类，即信息泄露和信息破坏。

（1）信息泄露

信息泄露即故意或偶然地侦听、截获、窃取、分析和收到系统中的信息，特别是机密和敏感信息，造成泄密事件。例如，环球音乐唱片公司的客户资料曾被 18 岁的俄罗斯黑客窃取，在索要 10 万美元未果的情况下，将所有客户资料信息公布于众，造成了巨大的经济损失。

（2）信息破坏

信息破坏是指由于偶然事故或人为因素破坏信息的机密性(confidentiality)、完整性(integrity)、可用性（ availability ）及真实性（ authenticity ）。其中，偶然事故包括：计算机软硬件故障、工作人员的失误、自然灾害的破坏、环境的剧烈变化等引起的各种信息破坏。例如，1992 年 5 月 8 日美联社报道，美国北达科他州的一位农民打算从某政府部门手中领取一张价值 31 美元的支票，结果计算机在支票上打印的却是 4 038 277.04 美元！1993 年 9 月，米兰股票交易所的一个计算机输入错误使得当时意大利市场上最好的一只股票价格下跌了 12%；市场立刻出现了短暂的动乱。人为因素的破坏，主要是指利用系统本身的脆弱性，滥用特权身份或不合法的身份，企图修改或非法复制系统中的数据，从而达到不可告人的目的。这方面最突出的例子，就是越来越频繁出现的黑客活动。

3. 计算机犯罪

计算机犯罪是指行为人运用所掌握的计算机专业知识，以计算机为工具或以计算机资产为攻击对象，给社会造成严重危害的行为。其中，计算机资产包括硬件、软件，以及计算机系统中存储、处理或传输的数据和通信线路。

计算机犯罪所造成的损失非常惊人，通常是常规犯罪的几十倍到几百倍。目前比较普遍的计算机犯罪，归纳起来主要有以下一些类型：一是"黑客非法侵入"，破坏计算机信息系统；二是网上制作、复制、传播和查阅有害信息，如传播计算机病毒、黄色淫秽图像等；三是利用计算机实施金融诈骗、盗窃、贪污、挪用公款；四是非法盗用计算机资源，如盗用账号、窃取国家秘密或企业商业机密等；五是利用互联网进行恐吓、敲诈等其他犯罪。

随着计算机犯罪活动的日益新颖化、隐蔽化，未来还会出现许多其他犯罪形式。大部分计算机犯罪类型分析起来其实就是传统犯罪类型的"网络版"，这些犯罪在本质上与传统犯罪并无二致，而计算机犯罪与传统犯罪最主要的差异在于以下几点：

① 隐蔽性。由于计算机系统的开放性、不确定性、虚拟性和超越时空性等特点，使得计算机犯罪具有极高的隐蔽性，增加了计算机犯罪案件的侦破难度。据调查已经发现的利用计算机或计算机犯罪的仅占实施的计算机犯罪或计算机犯罪总数的 5%～10%，而且，据统计绝大多数计算机犯罪的暴露，都是由于偶然因素导致案发或是犯罪嫌疑人疏忽大意所致。

② 跨国性。计算机网络的发展使得在世界的每一个角落都可能从网络的任何一个结点进入网络，对连接在网络上的任意一台计算机发动攻击，这种攻击不仅可以跨市、跨省，甚至可以跨国、跨洲，在全球都可以发起攻击。这样的犯罪使用一般刑事侦查手段无能为力，甚至被害人也不知道对方是什么模样在什么地点什么时间对自己下手，这给确定犯罪行为地带来了极大困难。

③ 专业性。计算机犯罪属高科技犯罪，罪犯要掌握相当高的计算机技术，需要对计算机技术具备较高专业知识并擅长实用操作技术，才能逃避安全防范系统的监控，掩盖犯罪行为。所以，计算机犯罪的犯罪主体大多是掌握了计算机技术和网络技术的专业人士。他们洞悉网络的缺陷与

漏洞，运用丰富的计算机及网络技术，借助四通八达的网络，对网络系统及各种电子数据、资料等信息发动进攻，进行破坏。由于有高技术支撑，网上犯罪作案时间短，手段复杂隐蔽，许多犯罪行为的实施，可在瞬间完成，而且往往不留痕迹，给网上犯罪案件的侦破和审理带来了极大的困难。而且，随着计算机及网络信息安全技术的不断发展，犯罪分子的作案手段日益翻新，甚至一些原为计算机及网络技术和信息安全技术专家的职务人员也铤而走险，其作恶犯科所采用的手段则更趋专业化。

④ 连续性。计算机指令一经输入就会自动运行，同样犯罪嫌疑人一旦将指令或程序输入计算机系统，在一定条件下，它就会自动运行。某些计算机犯罪行为就连行为人也无法制止。

⑤ 诱惑性强。计算机犯罪作案动机多种多样，但是最近几年，越来越多的计算机犯罪活动集中于获取高额利润和探寻各种秘密。这样，计算机罪犯较容易感受到自我优越感和成就感，而非罪恶感。所以，计算机犯罪对某些人（特别是青少年）有很强的诱惑性。

⑥ 社会危害性。首先，计算机犯罪造成的经济损失十分巨大，严重扰乱了正常的经济秩序。其次，计算机犯罪对国家安全和社会秩序也会产生严重威胁。通过计算机，各种反动、色情的内容得以迅速、广泛地传播，给人们以不良的刺激，腐蚀人们的思想，诱发多种社会问题。

4．计算机病毒

计算机病毒是由破坏者精心设计和编写的，能够通过某种途径潜伏在计算机存储介质（或程序）里，当达到某种条件时即被激活的具有对计算机资源进行破坏作用的一组程序或指令集合。计算机病毒的破坏行为体现了病毒的杀伤能力。其破坏行为的激烈程度取决于病毒作者的主观愿望和他所具有的技术能量。数以万计、不断发展扩张的病毒，其破坏行为千奇百怪，例如，计算机病毒可以攻击系统数据区、文件和内存，可以攻击磁盘、CMOS，可以扰乱屏幕显示，干扰键盘、打印机的正常工作等，以至于使计算机硬件失灵、软件瘫痪、数据损坏、系统崩溃，造成无法挽回的巨大损失。所以，计算机病毒是计算机系统安全运行的大敌，绝不能对其掉以轻心。

可以看出，计算机系统面临着诸多严重的威胁和攻击，这已经成为了计算机系统发展和应用的极大障碍，必须深入研究并采取切实有效的措施。

1.1.2　计算机系统的脆弱性

计算机系统之所以面临诸多的威胁和攻击，是由于其本身的抗打击能力和防护能力比较弱，极易受到攻击和伤害。因此，当评判一个计算机系统的安全性时，应该尽可能多地了解其脆弱性，以找出有效的措施来保证系统的安全。

计算机系统的脆弱性主要表现在 4 个方面，下面分别介绍。

1．操作系统安全的脆弱性

操作系统是一切软件运行的基础，也是唯一紧靠硬件的基本软件。作为信息系统最基础、最核心的部分，各种操作系统却又都存在着这样或那样的安全隐患。操作系统的不安全是计算机不安全的根本原因。其脆弱性主要表现在以下几个方面：

① 操作系统的体系结构造成操作系统本身的不安全。操作系统的程序是可以动态连接的，包括 I/O 设备的驱动程序与系统服务，都可以用打补丁的方式进行动态连接。许多 UNIX 操作系统的版本升级都是采用打补丁的方式进行的。这种方法厂商可以使用，"黑客"也可以使用，而且

这种动态连接也是计算机病毒产生的好环境。一个靠渗透与打补丁开发的操作系统是不可能从根本上解决安全问题的。但操作系统支持程序与数据的动态连接与交换又是现代系统集成和系统扩展必备的功能，因此可升级性与安全性是相互矛盾的。

②　操作系统不仅支持在网络上加载和安装程序，而且支持在网络的结点上进行远程进程的创建与激活，这样就具备了在远端服务器上安装"间谍"软件的条件。如果再加上把这种间谍软件以打补丁的方式"打"在一个合法的用户上，尤其是"打"在一个特权用户上，间谍软件就可以做到系统进程与作业的监视程序都监测不到它的存在。

③　操作系统通常都提供 daemon 软件，这种软件实质上是一些系统进程，它们总在等待一些条件的出现，一旦有满足要求的条件出现，程序便继续运行下去。这样的软件都是"黑客"可以利用的。而且这种 daemon 软件在 UNIX 及 Windows NT 操作系统上具有与操作系统核心层软件同等的权力。

④　操作系统提供远程调用（RPC）服务，而对于此类服务的安全验证功能却做得非常有限。

⑤　操作系统提供 Debug 与 Wizard，使许多研制系统软件的人员有条件从事"黑客"可以从事的所有事情。

⑥　操作系统安排的无口令入口是为系统开发人员提供的便捷入口，但它也可能被作为"黑客"的通道。另外，操作系统还有隐蔽信道。

⑦　操作系统开发过程中形成的系统漏洞严重地影响到操作系统的安全性。虽然可以通过不断升级版本来弥补缺陷，但就像木桶原理所说的，只要有 1% 的不安全，就等于 100% 的不安全。

2．网络安全的脆弱性

计算机网络尤其是互联网络，由于网络分布的广域性、网络体系结构的开放性、信息资源的共享性和通信信道的共用性，使计算机网络存在很多严重的脆弱点。它们是网络安全的严重隐患。这些脆弱点主要表现如下：

①　漏洞和后门。由于我国使用的机器设备、计算机软件、网络系统，甚至有些安全产品大都是国外产品，关键技术掌握在别人手里，安全得不到可靠保证。

②　电磁辐射。电磁辐射在网络中表现出两方面的脆弱性。一方面，电磁辐射物能够破坏网络中传输的数据。另一方面，网络的终端、打印机或其他电子设备在工作时产生的电磁辐射泄漏，即使使用不太先进的设备，在近处甚至远处都可以将这些数据，包括在终端屏幕上显示的数据接收下来，并且重新恢复。

③　线路窃听。无源线路窃听通常是一种没有检测的窃听。它通常是为了获取网络中的信息内容。有源线路窃听是对信息流进行有目的的变形，能够任意改变信息内容，注入伪造信息，删除和重发原来的信息。也可以用于模仿合法用户，或通过干扰阻止和破坏信息传输。

④　串音干扰。串音的作用是产生传输噪音，噪音能对网络上传输的信号造成严重的破坏。

⑤　硬件故障。硬件故障势必造成软件中断和通信中断，带来重大损失。

⑥　软件故障。通信网络软件一般用于建立计算机和网络的连接。程序里包含大量的管理系统安全的部分，如果这些软件程序被损害，则该系统就是一个极其不安全的网络系统。

⑦　网络规模。网络安全的脆弱性和网络的规模有密切关系。网络规模越大，其安全的脆弱性越大。资源共享与网络安全互为矛盾，随着网络发展资源共享的加强，安全问题也越来越严重。

⑧　通信系统。通信系统始终是最严重的脆弱性课题。对于一般的通信系统，获得访问权是

相对简单的，并且机会总是存在的。一旦信息从生成和存储的设备发送出去，它将成为对方分析研究的内容。

3. 数据库安全的脆弱性

由于数据库系统具有共享性、独立性、一致性、完整性和可访问控制性等诸多优点，因而得到了广泛应用，现已成为了计算机系统存储数据的主要形式。与此同时，数据库应用在安全方面的考虑却很少，容易造成存储数据的丢失、泄漏或破坏。具体表现如下：

① 在数据库中存放着大量的数据，这些数据从其重要程度及保密级别来讲可以分成很多类；但这些数据由许多有着不同职责和权利的用户共享。因此，从安全保密的角度来讲，如何严格限制数据库的用户只是得到一些他们所必需的，与他们权利相适应的数据，是比较困难的。

② 由于数据库具有数据共享的特性，因此如果一个用户在未经许可的情况下修改了数据，就会对其他用户的工作造成不良的影响。

③ 在数据库中，数据的更新都是在原地进行的，因此新值一产生，旧值就被破坏了，使得在系统或者程序出现故障后，几乎没有冗余的数据来帮助重新恢复原来的数据库。

④ 由于数据库是联机工作的，可以支持多个用户同时进行存取，因此，还必须考虑由此引起的破坏数据库完整性的问题。

⑤ 数据库管理系统的安全必须与相应操作系统的安全进行配套，即两者应处于同样的计算机安全等级。例如 DBMS 的安全级别是 B2 级，那么操作系统的安全级别也应当是 B2 级。但在现实应用中却往往不是这样的。

4. 防火墙的局限性

防火墙可以根据用户的要求隔断或连通用户的计算机与外界的连接，避免受到恶意的攻击，但防火墙不能保证计算机系统的绝对安全，它也存在许多局限性。例如：防火墙不能防范绕过防火墙的攻击；防火墙不能防范来自于网络内部的攻击，以及由于口令泄露而受到的攻击；防火墙也不能阻止受病毒感染的软件或文件的传输。

除以上 4 点之外，计算机系统的脆弱性还表现在环境和灾害的影响、电子技术、电磁泄漏等诸多方面。总之，这些脆弱性为攻击型的威胁提供了可乘之机，找到和确认这些脆弱性是至关重要的。

1.1.3　计算机系统安全的重要性

随着人们对计算机信息系统依赖程度越来越高，应用面越来越广，计算机系统安全的重要性也越来越突出。

① 计算机系统安全与我国的经济安全、社会安全和国家安全紧密相连。涉及个人利益、企业生存、金融风险防范、社会稳定和国家安全诸多方面，是信息化进程中具有重大战略意义的问题。

② 伴随计算机系统规模的扩大和网络技术的飞速发展，系统中隐含的缺陷和漏洞越来越多，增加了隐患和被攻击的区域及环节，容易给敌对势力和不法分子以可乘之机。

③ 计算机系统的使用场所不断扩大，涉及各个行业及领域，恶劣的环境条件必将导致计算机出错概率的提高和故障的增加，使其可靠性和安全性降低。

④ 计算机应用人员不断增加，人为的失误和经验的缺乏都会威胁计算机系统的安全。

⑤ 计算机安全技术涉及许多学科领域，是一个复杂的综合性问题，并且，还将随着威胁和攻击的变化而不断发展，增加了保证安全的技术难度。

⑥ 人们的计算机安全知识、计算机安全意识和法律意识相对滞后，计算机素质普遍不高，容易形成许多潜在的威胁和攻击。

计算机系统安全对于我国计算机信息系统的应用发展及社会生产力水平的提高必将起到积极的促进作用。

1.2　计算机系统的安全技术

1.2.1　计算机安全技术的发展过程

在 20 世纪 50 年代，由于计算机应用的范围很小，安全问题并不突出，计算机系统的安全在绝大多数人的印象中是指实体及硬件的物理安全。但随着计算机远程终端访问、通信和网络等新技术的长足发展和计算机应用范围的扩大，单纯物理意义上的保护措施除可保护硬件设备的安全外，对信息和服务的保护意义越来越小。

自 20 世纪 70 年代，数据的安全逐渐成为计算机安全技术的主题。这时计算机安全技术主要研究数据的保密性、完整性和服务拒绝 3 方面内容。数据保密性解决数据的非授权访问（泄露）问题；数据完整性保护数据不被篡改或破坏；服务拒绝研究如何避免系统性能降低和系统崩溃等威胁。美国的 Gasser 提出了系统边界和安全周界概念。他认为，在计算机安全保密的一切努力中，必须对系统边界有清晰的了解，并明确哪些是系统必须防御（来自系统边界之外）的威胁，否则就不可能建造一个良好的安全环境。他进一步指出，系统内的一切得到保护，而系统外的一切得不到保护。系统内部由两部分元素组成：一部分与维护系统安全有关，另一部分与系统安全无关。应对与安全相关的元素实行内部控制。这两部分的分开靠一个想象中的边界，称为安全周界。Gasser 的观点很有代表性，但也有一定的局限性。系统周界的限制使这种研究方法很难适用于正在蓬勃发展的以计算机网络为特征的信息系统安全保密的研究。其后，人们又提出了安全内核的概念，并证实了构筑安全内核的可能性。安全内核的提出是计算机安全技术的一个重要成果。安全内核方法为用有条理的设计过程代替智力游戏，从而构筑安全的计算机系统，进而为信息系统的开发建立安全的平台提供了理论基础。1978 年，Gudes 等人提出了数据库的多级安全模型，把计算机安全技术扩展到了数据库领域。1988 年，Denning 提出了数据库视图技术，为实现最小泄露提供了技术途径。1984—1988 年，Simmons 提出并完善了认证理论。类似于 Shannon 的保密系统信息理论，Simmons 的认证理论也是将信息论用于研究认证系统的理论安全性和实际安全性问题。认证主要包括消息认证、身份验证和数字签名，其中身份验证是访问控制中的一个重要方面，数字签名则是鉴定用户合法性的手段。

20 世纪 70 年代中期，还出现了两个引人注目的事件。一是 Diffe 和 Hellman 发表了《密码学的新方向》一文，冲破人们长期以来一直沿用的单钥体制，提出一种崭新的密码体制，即公钥或双钥体制。该体制可使发信者和收信者之间无须事先交换密钥就可建立起保密通信。二是美国专家标准局（NBS）公开征集，并于 1977 年 1 月 15 日正式公布实施了美国数据加密标准（DES）。公开 DES 加密算法，并广泛应用于商用数据加密，这在安全保密研究史上是第一次。它揭开了密码学的神秘面纱，大大激发了人们对安全保密研究的兴趣，吸引了许多数学家、计算机专家和通信工程界的研究人员参加研究。这两个事件极大地推动了密码学的应用和发展。

国际标准化组织（ISO）在 1984 年公布了信息处理系统参考模型，并提出了信息处理系统的安全保密体系结构（ISO 7498-2）。20 世纪 80 年代中期，为了对计算机的安全性进行评价，美国国防部计算机安全局公布了可信计算机系统安全评估准则，主要是规定了操作系统的安全要求。准则同时也提高了计算机的整体安全防护水平，为研制、生产计算机产品提供了依据。80 年代后期，开放（信息）系统和系统互连得到了重视。

进入 20 世纪 90 年代，计算机系统安全研究出现了新的侧重点。一方面，对分布式和面向对象数据库系统的安全保密进行了研究；另一方面，对安全信息系统的设计方法、多域安全和保护模型等进行了探讨。随着计算机网络技术及 Internet 的不断发展，人们意识到，不能再从单个安全功能、单个网络来个别地考虑安全问题，而必须系统地、从体系结构上全面地考虑计算机安全。同时，为了保护 Internet 的安全，除了传统的防护措施外，还出现了防火墙和适应网络通信的加密技术，有效地提高了系统整体安全防护水平。

目前，计算机安全技术正经历着前所未有的快速发展，并逐渐完善、成熟，形成了一门新兴的学科。当然，计算机安全仍然面临着巨大的挑战，信息系统正朝着多平台、充分集成的方向发展，分布式将成为最流行的处理模式，而集中与分布相结合的处理方式也将受到欢迎。今后的信息系统将建立在庞大、集成的网络基础上，在新的系统环境中，存取点将大大增加，脆弱点将分布更广。信息系统的这些发展趋势必将对安全产生深远的影响，同时，也必将促进安全技术的发展与研究。

1.2.2　计算机安全技术的研究内容

国际标准化组织（ISO）将"计算机安全"定义为："为数据处理系统建立和采取的技术和管理的安全保护，保护计算机硬件、软件数据不因偶然和恶意的原因而遭到破坏、更改和泄露。"此定义可理解为，一切影响计算机安全的因素和保障计算机安全的措施都是计算机安全技术的研究内容。主要包括 6 个方面，下面分别介绍。

1. 实体硬件安全

实体硬件安全是指保护计算机设备、设施（含网络）及其他媒体免受地震、水灾、火灾、雷击、有害气体和其他环境事故（包括电磁污染等）破坏的措施和过程。计算机实体硬件安全包括以下内容：

① 计算机机房的场地环境，各种因素对计算机设备的影响。
② 计算机机房的安全技术要求。
③ 计算机的实体访问控制。
④ 计算机设备及场地的防火与防水。
⑤ 计算机系统的静电防护。
⑥ 计算机设备及软件、数据的防盗、防破坏措施。
⑦ 计算机中重要信息的磁介质的处理、存储和处理手续的有关问题。
⑧ 计算机系统在遭受灾害时的应急措施。

保证计算机信息系统的所有设备和机房及其他场地的实体安全，是整个计算机信息系统安全运行的前提和基本要求。

2．软件安全

软件安全主要是指保证所有计算机程序和文件资料免遭破坏、非法复制、非法使用而采用的技术和方法。主要内容如下：

① 软件的自身安全：防止软件丢失、被破坏、被篡改、被伪造，核心是保护软件的完整。
② 软件的存储安全：可靠存储（保密/压缩/备份）。
③ 软件的通信安全：系统拥有的和产生的数据信息完整、有效，不被破坏或泄露。
④ 软件的使用安全：合法使用，防窃取和非法复制。
⑤ 软件的运行安全：确保软件的正常运行，功能正常

3．数据安全

计算机系统的数据安全是指通过对数据采集、录入、存储、加工、传递等数据流动的各个环节进行精心组织和严格控制，防止数据被故意的或偶然的非法授权泄露、更改、破坏或使数据被非法系统辨识、控制。即确保数据的保密性、完整性、可用性、可控性。针对计算机系统中数据的存在形式和运行特点，数据安全包括以下内容：

① 数据库的安全。
② 存取控制技术。
③ 数据加密技术。
④ 压缩技术。
⑤ 备份技术。

4．网络安全

随着信息高速公路的建设和国际互联网的形成，计算机网络安全已成为计算机安全的主要焦点。网络安全是指为了保证网络及其结点的安全而采用的技术和方法。主要包括以下内容：

① 网络安全策略和安全机制。
② 网络的访问控制和路由选择。
③ 网络数据加密技术。
④ 密钥管理技术。
⑤ 防火墙技术。

5．病毒防治

对于计算机病毒这一当今信息社会的一大顽疾，人们从来没有停止过与其斗争。与此同时，我们也应该知道，病毒防治技术总是滞后于病毒的出现。从理论上讲要根除病毒，必须摒弃冯·诺依曼体系和信息共享。显然，这两者都是不可能的。因此，病毒防治技术的研究和发展将伴随病毒的存在而存在。病毒防治技术可分为如下4个方面：

① 病毒检测：根据病毒的特征码进行。常用方法有：长度检测法、检验和法、病毒签名检测法、特征代码段检测法、行为监测法、软件模拟法、感染实验法等。
② 病毒清除：可手动进行，也可用专用软件杀毒。
③ 病毒免疫：可根据病毒签名来实现。
④ 病毒预防：其重要任务是研制能动态实时监视系统的软件和硬件工具，在被病毒感染或破坏时，能实时报警。

6. 防计算机犯罪

计算机犯罪是指利用计算机知识和技术，故意泄露和破坏计算机系统中的机密信息或窃取计算机资源，危害系统实体和信息安全的犯罪行为。防计算机犯罪就是指通过一定的社会规范、法律、技术方法等，杜绝计算机犯罪的发生，并在计算机犯罪发生以后，能够获取犯罪的有关活动信息，跟踪或侦察犯罪行为，及时制裁和打击犯罪分子。

1.2.3　计算机安全系统的设计原则

计算机安全系统的设计是一个周而复始、螺旋上升的过程。事实上，绝对的安全是不存在的，我们要做的是在保密性、可用性、完整性和成本之间取得最大程度的平衡。有这样一句话："七分管理、三分技术。"可见，安全保证的两大支柱是管理和技术，只有在管理方面明确思路，技术才有用武之地。

下面我们仅从技术角度给出计算机安全系统的一些设计原则：

① 木桶原则：应坚持"木桶的最大容积取决于最短的一块木板"的原则，安全机制和安全服务设计的首要目的是阻止最常用的攻击手段，因此应提高整个系统的"安全最低点"的安全性能。

② 整体性原则：应提供安全防护、监测和应急恢复，以便在网络发生被攻击、破坏事件的情况下，尽可能快地恢复网络信息中心的服务，减少损失。

③ 有效性与实用性原则：即如何在确保安全性的基础上，把安全处理的运算量减小或分摊，减少用户记忆、存储工作和安全服务器的存储量、计算量。

④ 安全性评价原则：即实用安全性与用户需求和应用环境紧密相关，根据不同的应用环境采取相应的安全措施

⑤ 动态化原则：即整个系统内尽可能引入更多的可变因素，并具有良好的扩展性。由于用户在不断增加，网络规模在不断扩大，网络技术本身的发展变化也很快，而安全措施是防范性的、持续不断的，所以制定的安全措施必须不断适应网络发展和环境的变化。

⑥ 设计为本原则：安全与保密方面的设计应与系统设计相结合，即在系统进行总体设计时考虑安全系统的设计，二者合二为一。

⑦ 有的放矢、各取所需原则：即在考虑安全问题解决方案时必须考虑性能价格的平衡，而且不同的系统所要求的安全侧重点各不相同，应把有限的经费花在"刀刃"上。

除以上原则外，我们再给出美国著名信息系统安全顾问 C.C.沃得提出的 23 条设计原则，以供参考。

① 成本效率原则：应使系统效率最高而成本最低，军事设施除外。

② 简易性原则：简单易行的控制比复杂的控制更有效、更可靠，而且受人欢迎、省钱。

③ 超越控制原则：一旦控制失灵（紧急情况下）时，要采取预定的控制措施和方法步骤。

④ 公开设计与操作原则：保密并不是一种强有力的安全方式，过分信赖可能会导致控制失灵。对控制的公开设计和操作，反而会使信息保护得以增强。

⑤ 最小特权原则：只限于需要才给予这部分特权，但应限定其他系统特权。

⑥ 分工独立性原则：控制、负责设计、执行和操作的不应该是同一人。

⑦ 设置陷阱原则：在访问控制中设置一种易入的陷阱，以引诱某些人进行非法访问，然后将其抓获。

⑧ 环境控制原则：对于环境控制这一类问题，应予以重视。

⑨ 接受能力原则：如果各种控制手段不能为用户或受这种影响控制的人所接受，控制则无法实现。因此，采用的控制措施应使用户能够接受。

⑩ 承受能力原则：应该把各种控制设计成可容纳最大多数的威胁，同时也能容纳那些很少遇到威胁的系统。

⑪ 能力原则：要求各种控制手段产生充分的证据，以显示已完成的操作是正确无误的。

⑫ 防御层次原则：要建立多重控制的强有力系统，如信息加密、访问控制和审计跟踪等。

⑬ 记账能力原则：无论谁进入系统后，对其所作所为一定要负责，且系统要予以详细登记。

⑭ 分割原则：把受保护的东西分割为几个部分，并一一加以保护，以增强其安全性。

⑮ 环状结构原则：采用环状结构的控制方式最保险。

⑯ 外围控制原则：重视"篱笆"和"围墙"的控制作用。

⑰ 规范化原则：控制设计要规范化，成为"可论证的安全系统"。

⑱ 错误拒绝原则：当控制出错时，必须能完全地关闭系统，以防受到攻击。

⑲ 参数化原则：控制能随着环境的变化予以调节。

⑳ 敌对环境原则：可以抵御最坏的用户企图，容忍最差的用户能力及其他可怕的用户错误。

㉑ 人为干预原则：在每个危急关头或做重大决策时，为慎重起见，必须有人为干预。

㉒ 隐蔽性原则：对职员和受控对象隐蔽控制的手段或其操作的详情。

㉓ 安全印象原则：在公众面前应保持一种安全、平静的形象。

上述原则对于一个计算机安全系统的设计是十分重要的，并且这些原则还会随着计算机安全技术的发展而不断完善。

1.3 计算机系统安全评估

1.3.1 计算机系统安全评估的重要性

徐冠华部长曾经指出："没有信息安全保障的信息工程一定是豆腐渣工程。"计算机系统的安全评估其过程本身就是对系统安全性的检验和监督。系统安全评估包括构成计算机系统的物理网络和系统的运行过程、系统提供的服务，以及这种过程与服务中的管理、保证能力的安全评价，大致来说包括以下内容：

① 明确该系统的薄弱环节。

② 分析利用这些薄弱环节进行威胁的可能性。

③ 评估每种威胁都成功时所带来的后果。

④ 估计每种攻击的代价。

⑤ 估算出可能的应付措施的费用。

⑥ 选取恰当的安全机制。

计算机系统的安全评估可以确保系统连续正常运行，确保信息的完整性和可靠性，及时发现系统存在的薄弱环节，采取必要的措施，杜绝不安全因素。与此同时，我们要明白有了安全评估，并不意味着可以高枕无忧，因为要在技术上做到完全的安全保护与做到完全的物理保护一样是不可能的。所以，评估的目标应该是，使攻击所花的代价足够高，从而把风险降低到可接受的程度。

由于计算机系统用途及应用范围的不断扩大，不同的环境对系统可靠性、安全性、保密性的要求各不相同，这就要求有一个定量或定性的安全评估标准。这样的标准是系统安全评价的依据，也是计算机软硬件生产厂家衡量其产品是否符合系统安全要求的依据。它不仅有利于安全产品的规范化，同时也有利于保证产品安全的可信性、可更新和可扩展性。这个安全评估标准的重要性如下：

① 用户可依据标准，选用符合自己应用安全级别的、评定了安全等级的计算机系统，然后，在此基础上再采取安全措施。

② 一个计算机系统是建立在相应的操作系统之上的，离开了操作系统的安全，也就无法保证整个计算机系统的安全。所以，软件生产厂商应该满足用户需求，提供各种安全等级的操作系统。

③ 建立系统中其他部件（如数据库系统、应用软件、计算机网络等）的安全标准，可以使它们配合并适应相应的操作系统，以实现更完善的安全性能。

基于上述原因，世界各国都先后制定了相应的计算机系统的安全评估标准。

1.3.2　计算机系统的安全标准

在计算机系统安全标准的制定和研究过程中，美国是起步较早的国家之一。20 世纪 70 年代，美国国防部就已经发布了诸如"自动数据处理系统安全要求"等一系列的安全评估标准。1983 年又发布了"可信计算机评价标准"，即所谓的橘皮书、黄皮书、红皮书和绿皮书，并于 1985 年对此标准进行了修订。进入 20 世纪 90 年代，由于 Internet 技术的广泛应用，"黑客"活动日益猖獗，面对计算机系统安全出现的许多新问题，美国又颁布了《联邦评测标准（FC）草案》，用以代替 80 年代颁布的橘皮书。此外，美国还与加拿大和欧洲联合研制了 CC（信息技术安全评测公共标准），并于 1994 年颁布 0.9 版，于 1996 年颁布了 1.0 版。在欧洲，英国、荷兰和法国带头开始联合研制欧洲共同的安全评测标准，并于 1991 年颁布 ITSEC（信息技术安全标准）。1993 年，加拿大颁布 CTCPEC（加拿大可信计算机产品评测标准）。在安全体系结构方面，ISO 制定了国际标准 ISO 7498-2-1989 信息处理系统开放系统互连基本参考模型第 2 部分安全体系结构。这些标准主要覆盖以下领域：

① 加密标准：定义了加密算法、加密步骤和基本数学要求。目标是将公开数据转换为保密数据，在存储载体和公用网或专用网上使用，实现数据的隐私性和已授权人员的可读性。

② 安全管理标准：它阐述的是安全策略、安全制度、安全守则和安全操作。旨在为一个机构提供用来制定安全标准，实施有效的安全管理时的通用要素，并使跨机构的交易得以互信。

③ 安全协议标准：协议是一个有序的过程，协议的安全漏洞可以使认证和加密的作用前功尽弃。常用的安全协议有 IP 的安全协议、可移动通信的安全协议等。

④ 安全防护标准：包括防入侵、防病毒、防辐射、防干扰和物理隔离，也包括存取访问、远程调用、用户下载等方面。

⑤ 身份认证标准：身份认证是信息和网络安全的首个关卡，它也同访问授权和访问权限相连。身份认证还包括数字签名标准、指纹标准、眼睛识别标准等。

⑥ 数据验证标准：包括数据保密压缩、数字签名、数据正确性和完整性的验证。

⑦ 安全评价标准：其任务是提供安全服务与有关机制的一般描述，确定可以提供这些服务与机制的位置。

⑧ 安全审计标准：包括对涉及安全事件的记录、日志和审计，对攻击和违规事件的探测、记录、收集和控制。

我国从 20 世纪 80 年代开始，本着积极采用国际标准的原则，转化了一批国际信息安全基础技术标准，使我国信息安全技术得到了很大的发展。目前，我国信息安全发展的大环境已日臻完善，我国信息安全标准制定和实施工作也已经走入规范化进程，与国际标准靠拢的信息安全政策、法规和技术、产品标准陆续出台，有关的信息安全标准如：《计算机信息系统安全专用产品分类原则》GA 163—1997、《计算机信息系统安全保护等级划分准则》GB 17859—1999、《商用密码管理条例》中华人民共和国国务院令（第 273 号）、《中华人民共和国计算机信息系统安全保护条例》（国务院令第 147 号）等。在 2002 年 4 月 15 日，国家标准化管理委员会批准成立全国信息安全标准化技术委员会，其工作重点是数字签名、PKI/PMI 技术、信息安全评估、信息安全管理、应急响应等关键性标准的研究、制定。该技术委员会的成立标志着我国信息安全标准化工作步入了"统一领导、协调发展"的新时期。

目前，计算机系统安全评价标准的一个发展趋势是建立最基本、稳定的和经济的操作系统评价标准，在此基础上再制定其他系统的安全评价标准。世界各国也正在为安全标准的完善进行广泛的接触和交流，并使其有了逐渐统一的趋势。

1.3.3　计算机系统的安全等级

常见的计算机系统安全等级的划分有两种：一种是依据美国国防部发表的评估计算机系统安全等级的橘皮书，将计算机安全等级划分为 4 类 8 级，即 A2、A1、B3、B2、B1、C2、C1、D 级；另一种是依据我国颁布的《计算机信息系统安全保护等级划分准则》，将计算机安全等级划分为 5 级。下面分别做出简要说明。

对计算机安全理论的描述最早是在 1983 年。美国国防部发表了评估计算机系统安全等级的橘皮书。其中将计算机安全归结为主体（例如人）对客体（例如数据）访问时是否符合预定的控制规则（叫安全策略），如符合则为安全，如能躲过控制则为不安全。在这一理论指导下，计算机安全的研究集中在研制实现最完善安全策略的控制器，即称为可信计算机的控制器，按照可信计算机的控制强度，将计算机安全等级划分为 4 类 8 级，即 A2、A1、B3、B2、B1、C2、C1、D 级，其中 A2 空缺，D 为安全性不足，实际可使用的是 6 级。

① D 级（非保护级）：这是计算机安全的最低一级。整个计算机系统是不可信任的，硬件和操作系统很容易被侵袭。D 级计算机系统标准规定对用户没有验证，也就是任何人都可以使用该计算机系统而不会有任何障碍。系统不要求用户进行登记（要求用户提供用户名）或口令保护（要求用户提供唯一字符串来进行访问）。任何人都可以坐在计算机前并开始使用它。D 级的计算机系统包括：MS-DOS、Windows 3.x 及 Windows 95（不在工作组方式中）、Apple 的 System 7.x。

② C1 级（自主安全保护级）：C1 级系统要求硬件有一定的安全机制（如硬件带锁装置和需要钥匙才能使用计算机等），用户在使用前必须登录到系统。C1 级系统还要求具有完全访问控制的能力，应当允许系统管理员为一些程序或数据设立访问许可权限。C1 级防护的不足之处在于用户可直接访问操作系统的根（root）。C1 级不能控制进入系统的用户的访问级别，所以用户可以将系统的数据任意移走。常见的 C1 级兼容计算机系统如下：UNIX 系统、XENIX、Novell 3.x 或更高版本、Windows NT。

③ C2 级（可控安全保护级）：C2 级在 C1 级的某些不足之处加强了几个特性，C2 级引进了受控访问环境（用户权限级别）的增强特性。这一特性不仅以用户权限为基础，还进一步限制了用户执行某些系统指令。授权分级使系统管理员能够为用户分组，授予他们访问某些程序的权限或访问分级目录。另一方面，用户权限以个人为单位授权用户对某一程序所在目录的访问。如果其他程序和数据也在同一目录下，那么用户也将自动得到访问这些信息的权限。C2 级系统还采用了系统审计。审计特性跟踪所有的"安全事件"，如登录（成功和失败的），以及系统管理员的工作，如改变用户访问和口令。常见的 C2 级操作系统有：UNIX 系统、XENIX、Novell 3.x 或更高版本、Windows NT。

④ B1 级（标记安全保护级）：B1 级系统支持多级安全，多级是指这一安全保护安装在不同级别的系统中（网络、应用程序、工作站等），它对敏感信息提供更高级的保护。例如安全级别可以分为解密、保密和绝密级别。

⑤ B2 级（结构保护级）：这一级别称为结构化的保护（Structured Protection）。B2 级安全要求为计算机系统中所有对象加标签，而且给设备（如工作站、终端和磁盘驱动器）分配安全级别。如用户可以访问一台工作站，但可能不允许访问装有人员工资资料的磁盘子系统。

⑥ B3 级（强制安全区域级）：B3 级要求用户工作站或终端通过可信任途径连接网络系统，这一级必须采用硬件来保护安全系统的存储区。

⑦ A 级（验证设计级）：这是橙皮书中的最高安全级别。与前面提到各级级别一样，这一级包括它下面各级的所有特性。A 级还附加一个安全系统受监视的设计要求，合格的安全个体必须分析并通过这一设计。另外，必须采用严格的形式化方法来证明该系统的安全性。而且在 A 级，所有构成系统的部件的来源必须安全保证，这些安全措施还必须担保在销售过程中这些部件不受损害。例如，在 A 级设置中，一个磁带驱动器从生产厂房直至计算机房都被严密跟踪。

美国的计算机安全等级评估标准虽然非常盛行，但它只是着重规定了某些操作系统的安全等级，而作为一个综合的评估标准还显得不完善。

我国于 1993 年 9 月 13 日依据国际上的以上研究成果和我国的国情，颁布了《计算机信息系统安全保护等级划分准则》，并于 2001 年 1 月 1 日起正式实施。准则定义了计算机信息系统安全保护能力的 5 个等级，它们从低到高依次是：用户自主保护级、系统审计保护级、安全标记保护级、结构化保护级、访问验证保护级。

① 用户自主保护级。本级的计算机信息系统可信计算机通过隔离用户与数据，使用户具备自主安全保护的能力。它具有多种形式的控制能力，对用户实施访问控制，即为用户提供可行的手段，保护用户和用户组信息，避免其他用户对数据的非法读写与破坏。

② 系统审计保护级。与用户自主保护级相比，本级的计算机信息系统可信计算机实施了粒度更细的自主访问控制，它通过登录规程、审计与安全性相关事件和隔离资源，使用户对自己的行为负责。

③ 安全标记保护级。本级的计算机信息系统可信计算机具有系统审计保护级所有功能。此外，还提供有关安全策略模型、数据标记，以及主体对客体强制访问控制的非形式化描述；具有准确标记输出信息的能力；消除通过测试发现的任何错误。

④ 结构化保护级。本级的计算机信息系统可信计算机建立于一个明确定义的形式化安全策略模型之上，它要求将第 3 级系统中的自主和强制访问控制扩展到所有主体与客体。此外，还要

考虑隐蔽通道。本级的计算机信息系统可信计算机必须结构化为关键保护元素和非关键保护元素。计算机信息系统可信计算机的接口也必须明确定义，使其设计与实现能经受更充分的测试和更完整的复审。加强了鉴别机制；支持系统管理员和操作员的职能；提供可信设施管理；增强了配置管理控制。系统具有相当的抗渗透能力。

　　⑤ 访问验证保护级。本级的计算机信息系统可信计算机满足访问监控器需求。访问监控器仲裁主体对客体的全部访问。访问监控器本身是抗篡改的；必须足够小，能够分析和测试。为了满足访问监控器需求，计算机信息系统可信计算机在其构造时，排除那些对实施安全策略来说并非必要的代码；在设计和实现时，从系统工程角度将其复杂性降到最小程度。支持安全管理员职能；扩充审计机制，当发生与安全相关的事件时发出信号；提供系统恢复机制。系统具有很高的抗渗透能力。

　　《计算机信息系统安全保护等级划分准则》制定的总体目标是确保计算机信息系统安全正常运行和信息安全，并实现下述安全特性：信息的完整性、可用性、保密性、抗抵赖性、可控性等（其中完整性、可用性、保密性为基本安全特性要求）。目的在于安全保护工作实现等级化规范化的建设和有效监督管理。同时，它还会对我国信息安全产品制造业、信息安全保护服务业、IT 产业、各类网络应用等重要产业的发展起到促进作用。

1.4　计算机安全法规

1.4.1　计算机安全立法的必要性

　　很多人一提到信息安全，总是会立即联想到加密、防黑客、反病毒等专业技术问题。实际上，在现今环境下的信息安全不仅涉及技术问题，而且涉及法律政策问题和管理问题，技术问题虽然是最直接的保证信息安全的手段，但离开了法律政策和管理的基础，纵有最先进的技术，信息安全也得不到保障。法律是信息安全的第一道防线，建立健全计算机安全法律体系能够为计算机系统创造一个良好的社会环境，对保障计算机安全意义重大。

　　计算机安全法律是在计算机安全领域内调整各种社会关系的法律规范的总称。主要涉及系统规划与建设的法律、系统管理与经营的法律、系统安全的法律、用户（自然人或法人）数据的法律保护、电子资金划转的法律认证、计算机犯罪与刑事立法、计算机证据的法律效力等法律问题。世界上第一部涉及计算机犯罪惩治与防范的刑事立法是瑞典 1973 年 4 月 4 日颁布的《数据法》，第一部计算机犯罪法于 1978 年由美国佛罗里达州通过。此后，世界各国相继颁布了自己的计算机安全法规，为保障计算机安全发挥了重要的作用。

　　同时，由于计算机技术应用的深度和广度不断扩大，涉及计算机的犯罪无论是从犯罪类型还是从发案率来看，都在逐年大幅度上升，方法和类型成倍增加，逐渐开始由以计算机为犯罪工具的犯罪向以计算机信息系统为犯罪对象的犯罪发展，并呈愈演愈烈之势，而后者无论是在犯罪的社会危害性还是犯罪后果的严重性等方面都远远大于前者。正如国外有的犯罪学家所言："未来信息化社会犯罪的形式将主要是计算机犯罪。"同时，计算机犯罪"也将是未来国际恐怖活动的一种主要手段"。可以预料在今后 5～10 年，计算机犯罪将大量发生，从而成为社会危害性最大，也是最危险的一种犯罪。由于在通常情况下，法律本身的发展必然落后于技术的发展，社会总是等技术的普及和应用已经达到一定程度，其扭曲使用已对社会产生一定的危害，提出一定的挑战并且往往是出现无法解决的问题时，才制定并借助于法律来解决问题。从这个角度来讲，目前大多数国家防治计算机犯罪的法律都是不健全的，远远滞后于计算机犯罪的现实罪情。今后计算机犯罪必将出现一些不同于现时期的特点，并由此引发与现行法律法规、理论研究的一些冲突，导致某些行为无法可依，某些行为适用原来的刑法理论将不能予以合理的解释。因此，应该不断制定和完善计算机安全方面的法律、法规，加强计算机安全执法力度，保证计算机及信息系统的安全。

1.4.2　计算机安全法规简介

1983 年经合组织开始研究利用刑事法律对付计算机犯罪或者滥用的国际协调的可能性，1986 年发表了《与计算机犯罪相关的法律政策分析报告》。

继经合组织的报告发表之后，欧盟开始研究帮助立法者确定什么行为应受刑法禁止及如何禁止等指南性问题。欧盟犯罪问题研究会计算机犯罪专家委员会提出了诸如隐私保护、对电子货币进行全球范围内的跟踪、查封，以及调查、起诉计算机犯罪等方面进行国际合作的建议。

加拿大 1985 年 12 月 2 日的刑法修正案规定了非法使用计算机系统或损毁资料为犯罪行为，具体包括：非法取得计算机服务、截取系统功能、借用计算机取得利益，以及故意毁损、篡改数据或干扰计算机资料合法使用等罪行。

日本于 1987 年对于刑法条文做出 36 处修订，主要补充了不正当运用计算机系统进行诈骗、侵害或利用计算机以妨害他人业务、伪造电磁记录、破坏软件和硬件等罪行。

法国于 1988 年 1 月 5 日实施计算机欺诈法，对计算机犯罪进行了规定。

在 1990 年联合国第 8 次防范犯罪及处罚罪犯大会第 12 次全会上，加拿大代表 21 个成员国提出了一项关于打击计算机犯罪的草案，该草案在第 13 次会议上通过。草案建议，如果可能，各成员国可以考虑采取包括改进刑事和程序法律、改进计算机安全措施、培训专业司法人员等方面的内容。

英国于 1990 年通过了计算机犯罪单行法规《计算机滥用条例》。

美国于 1996 年 1 月 3 日通过了《国家信息基础设施保护法》。美国还制定有《计算机相关欺诈及其他行为法》、《伪造存取手段及计算机诈骗与滥用法》、《联邦计算机安全处罚条例》、《计算机诈骗与滥用法》等相关法律。

德国于 2006 年 11 月 15 日通过了《德国联邦数据保护法》。

我国 1991 年颁布了《计算机软件保护条例》，1994 年 2 月又颁布了《中华人民共和国计算机信息系统安全保护条例》，它揭开了我国计算机安全工作新的一页，是我国计算机安全领域内第一个全国性的行政法规。它标志着我国的计算机安全工作开始走上规范化的法律轨道。1995 年以后开始规范互联网的立法，特别是 1997 年以来采取了一系列措施，防止网络用户卷入非法在线行为。1997 年 12 月 30 日由公安部发布的《计算机信息网络国际联网安全保护管理办法》第 5、6 条对禁止利用国际互联网制作、复制、查阅和传播信息的范围，以及哪些属于危害计算机信息网络安全的活动，都做了列举性规定。在 1997 年 3 月 14 日第八届人大五次会议上通过了新刑法，将计算机犯罪纳入到刑事立法体系中。2004 年 8 月 28 日通过了《中华人民共和国电子签名法》。2006 年 7 月 1 日起施行《信息网络传播权保护条例》。在 2012 年 12 月 28 日第十一届全国人民代表大会常务委员会第三十次会议上通过了《关于加强网络信息保护的决定》。

我国颁布的计算机安全法规还有：《中华人民共和国计算机信息网络国际联网管理暂行规定》、

《中华人民共和国计算机信息网络国际联网管理暂行规定实施办法》、《中国公用计算机 Internet 国际联网管理办法》、《计算机信息系统国际联网保密管理规定》、《商用密码管理条例》、《计算机病毒防治管理办法》、《计算机信息系统安全专用产品检测和销售许可证管理办法》、《电子出版物管理规定》等。

总体看来，我国信息安全政策法规的标准制定和实施工作已经步入规范化进程，我国的信息安全立法（特别是在互联网安全管理方面的立法），在实践中不断完善、发展，为国民经济的发展和信息化社会的建设做出了重要的贡献。

1.5   计算机安全技术的发展方向与市场分析

随着计算机应用范围的不断扩大和系统安全隐患的急剧增加，人们对计算机安全技术也提出了更高的要求。对此，我们应从 3 个方面把握：一个是安全威胁与需求。因为安全技术的发展必须要满足安全的需求，能够解决和对应存在的安全威胁。第二，安全管理与标准。因为现在信息安全是采用技术方法解决问题，所以管理和标准也有一些大的趋势。第三，是安全技术与产品。下面，我们就计算机安全技术的发展方向给出一些参考。

① 由于计算机能力越来越强，通信的速度越来越快，各式各样的分析工具散布得越来越广，再加上技术创新利弊并存，给安全带来了巨大的挑战。在这种情况下，尤其需要为技术的发展提供相应的管理和控制手段。所以，越来越多的安全标准将被日益广泛地采用及应用。

② 认证、认可将成为一种制度。由于人们对计算机技术的依赖性越来越强，全球一体化以后，我们在信息技术方面的自主性越来越弱，很多自主性的东西，需要其他人参与开发，在这种情况下，使得我们对于技术的安全性存有疑虑。所以，信息安全和计算机技术安全的认证和认可，将成为信息安全管理的重要措施。

③ 安全策略越来越合理化。大致包括以下几个方面的转变：从静态防范向动态防护转变；从集中安全向分布式安全管理转变；从自己单位的信息系统管理人员负责安全问题，向职业化的解决方向转变；从被动防范向积极的防御转变。

④ 安全体系升级换代。整个安全方案的体系，大致走过了 3 个阶段，一是自下而上的可信系统；二是自上而下的深度方位体系；第三将是动态、高度支持和高度相关的自主制系统。

⑤ 安全管理。包括安全策略的管理、安全配制的管理、资源的管理和权限的管理等。目前，企业界和产业界还没有开发出可以统一管理的工具，这方面也是一个技术挑战和技术发展的新方向。

⑥ 生物识别技术。此项技术原来很少引入到安全系统，但现在却异军突起，主要就是指生物识别。它包括指纹、掌纹识别，脸型、面相识别，视网膜、虹膜识别以及 DNA 识别。这项技术将会作为识别终端用户的手段。这对信息安全技术的发展，提供了很好的发展领域。

⑦ 灾难恢复技术。人们通过调查发现采用信息安全手段比较好的公司，尤其是在灾害恢复方面做得好的公司，损失相对比较少一些。而有些公司则相当惨，不仅专业技术人员死于非命，而且资料、文档及数据无法重新建立档案，给商业发展带来很大的困难。所以，物理灾难恢复、安全备份和安全存储方面也是计算机安全技术的发展方向。

计算机安全技术的其他方面，诸如操作系统的增强、密码制度的发展、无线管理项目的安全、电子商务的安全等也都在不断发展和完善之中。

同时，在这一领域中也孕育了巨大的市场与商机。信息安全产业应运而生，成为信息产业中发展最快、最具市场前景的高新技术产业。就目前来看，信息安全产业仍将保持持续的增长态势，主要原因有以下 3 点：

① 计算机安全是一个永久性的课题，只要有计算机的应用，安全问题就不容忽视，安全产品就有着存在的必要。

② 中国国民的计算机安全意识还不强，市场潜力很大。

③ 中国计算机技术起步较晚，网络尚未完全普及，安全产品前景广阔。

近年来，随着国际化趋势的不断加强，优秀国际化产品纷纷进入中国计算机安全市场，竞争可谓激烈，不过随着计算机、网络技术的不断深入发展，相信中国的安全产品在这一市场上一定会有出色的表现，并取得良好的业绩。

习　题

1. 简述计算机系统面临的安全威胁。
2. 试归纳网络本身存在的安全缺陷。
3. 计算机系统安全的重要性体现在哪些方面？
4. 列举一些你了解的安全标准。
5. 各种计算机安全标准的覆盖范围有哪些？
6. 我国颁布的《计算机信息系统安全保护等级划分准则》对计算机安全等级是怎样划分的？
7. 计算机安全技术有哪些发展方向？
8. 计算机安全市场的前景如何？你的依据是什么？

第 2 章 实体安全技术

计算机系统的实体安全技术是指保护计算机设备、设施（网络及通信线路）及其他媒体免遭地震、水灾、火灾、有害气体和其他环境事故（包括电磁污染等）破坏的措施和过程。实体安全是整个计算机系统安全的前提，如果实体安全得不到保证，则整个系统就失去了正常工作的基本环境。实体安全包括环境安全、电源系统安全、设备安全和通信线路安全等。

2.1　计算机机房安全的环境条件

2.1.1　计算机机房场地环境选择

计算机机房设备是由大量的微电子设备、精密机械设备和机电设备组成的。这些设备使用了大量易受环境条件影响的电子元器件、机械构件及材料。如果环境条件不能满足这些设备对环境的使用要求，就会降低计算机的可靠性，加速元器件及材料的老化，缩短机器的使用寿命，甚至丢失重要的数据和出现故障及差错。因此，为计算机机房选择一个合适的安装场所，对计算机系统长期稳定、可靠、安全地工作是至关重要的。

我们在选择计算机机房场地环境时要注意以下几点：

① 应尽量满足水源充足、电源稳定可靠、交通通信方便、自然环境清洁的条件。

② 应避开环境污染区，远离产生粉尘、油烟、有害气体等污染的区域。

③ 应远离生产或存储具有腐蚀性、易燃、易爆物品的工厂、仓库、堆场等场所。

④ 应避开低洼、潮湿、落雷区域和地震频繁的地方。

⑤ 应避开强振动源和强噪声源，如车间、工地、闹市、机场等。

⑥ 应避开强电磁场的干扰，当无法避开时，可采取有效的电磁屏蔽措施。

⑦ 机房在多层建筑或高层建筑物内宜设于第二、三层，应避免设在建筑物的高层或地下室，以及用水设备的下层或隔壁。

⑧ 计算机机房的位置应充分考虑计算机系统和信息的安全。

如果无法完全满足以上要求，则应该采取相应的技术措施加以弥补。

从机房建筑和结构的角度分析，我们还应该注意以下几点：

① 机房的建筑平面和空间布局应具有适当的灵活性，主体结构宜采用大开间大跨度的柱网，内隔墙宜具有一定的可变性。

② 机房净高，应按机柜高度和通风要求确定，宜为 2.4 m～3.0m。

③ 机房主体结构应具有耐久、抗震、防火、防止不均匀沉陷等性能。

④ 机房各门的尺寸均应保证设备运输方便。

⑤ 机房围护结构的构造和材料应满足保温、隔热、防火等要求。

⑥ 计算机设备宜采用分区布置，一般可分为主机区、存储器区、数据输入区、数据输出区、通信区和监控调度区等。具体划分可根据系统配置及管理而定。

⑦ 产生尘埃及废物的设备应远离对尘埃敏感的设备，并应集中布置在靠近机房的回风口处。

⑧ 机房的安全出口，不应少于两个，并宜设于机房的两端。门应向疏散方向开启，走廊、楼梯间应畅通并有明显的疏散指示标志。

其他的注意事项可以参阅国标《计算站场地技术条件》GB 2887—2000。这个标准是计算机场地建设的主要技术依据。

2.1.2　计算机机房内环境条件要求

1. 温度

计算机系统中的设备绝大部分是由中、大规模集成电路及其他电子元器件所构成的。这些电子元器件在工作时会产生大量的热量，加之机房设备密度较大，如果没有有效的措施及时把热量散发出去，温度上升就会加速元器件老化，引起计算机及其他微电子设备发生故障。实践表明，当环境温度超过规定范围时，温度每升高 10℃，机器可靠性就会降低约 25%；而温度过低，也会出现能量浪费、设备表面结露、存储媒体性能变差等诸多问题。

因此，机房内需要使用散热装置和空调设备，使温度控制在（20±2）℃之间。

2. 湿度

为了确保计算机设备连续可靠地运转，除了严格地控制温度以外，还应把湿度控制在规定的范围内。湿度与温度有关，在绝对湿度不变的情况下，相对湿度随温度上升而降低，随温度降低而升高。一般来讲，当相对湿度低于 40% 时，空气被认为是干燥的，而当相对湿度高于 80% 时，则认为空气是潮湿的。湿度过高或过低，都会直接影响计算机系统的工作质量。

机房相对湿度过高，会引起湿气附着于计算机部件的表面，金属材料易结露、易被氧化腐蚀，纸媒体易吸湿、变形，强度降低，易于破损。更为严重的是，计算机内吸入湿空气后，会导致磁盘驱动器的金属部件生锈，印刷线路板的绝缘性能变差。湿度过高还会影响磁性材料，造成读写错误，计算机内部的接插件及有关接触部分也会因湿度过大而漏电和接触不良。这些现象的出现，都会影响计算机系统的正常工作，使机内电路工作性能降低，甚至出现短路而烧毁某些部件。

机房湿度太低，又会造成静电荷的聚集。实验表明，当计算机机房的相对湿度为 30% 时，静电电压为 5 000V；当相对湿度为 20% 时，静电电压就达到 10 000V；而当相对湿度降到 5% 时，则静电电压可高达 20 000V。由此可见，在相同的条件下，相对湿度越低，也就是说越干燥，静电电压越高。静电的产生会严重影响数据处理及机器的正常工作。不仅会因为产生放电现象而造成火灾，还很易吸附灰尘，造成计算机线路短路和磁盘读写错误，严重时还会使磁盘或磁头受到损伤，导致存储器里的数据丢失或电路芯片被烧毁。同时，静电还会危害工作人员的身心健康，给操作人员带来心理上的极大不安，降低工作效率。

因此，应该采取各种措施及设备，避免和减少湿度对计算机系统的影响。一般情况下，计算机系统在工作时，环境的最佳湿度范围通常为 40%～60% 为宜。

3．洁净度

灰尘对计算机的影响也非常大，灰尘的积聚会给计算机造成漏电、静电感应及磁头、磁盘磨损等故障，特别是对一些精密设备和接插件的影响最为明显。

计算机设备中最怕灰尘的是磁盘存储器，特别是密封性差的软盘驱动器更易受灰尘的侵害。存储器的主要功能是保存大量的信息，其盘片与磁头之间的缝隙很小。若灰尘进入盘片中，当磁头落下进行读写时，将会引起磁头与盘片的损伤，造成读写错误和数据的丢失。另外，如果灰尘沉积在集成块和其他电子元器件上，将降低其散热性能。有些导电性灰尘落入计算机设备中，会使有关材料的绝缘性能降低，甚至造成短路或断路。而落入设备中的绝缘性灰尘则可能引起接触不良。如果灰尘落进接插件、磁盘机及其他外部设备的接触部分或传动部分，还将会使摩擦阻力增加，使设备的磨损加快，甚至发生卡死现象。

因此，机房内要采取必要的防尘、除尘设备及措施，控制和降低机房空气中的含尘浓度，保证设备的正常工作。一般要求是，在标态条件下，每升空气中大于或等于 0.5 μm 的尘粒数，应少于 18 000 粒。

下面列举一些常见的机房防尘措施：

① 有条件的情况下应在机房的入口安装风浴通道，防止工作人员把灰尘带入机房。
② 机房装修材料应采用不吸尘、不起尘材料。
③ 对进入机房的新鲜空气要进行过滤，控制含尘量。
④ 工作人员在机房内工作时，应戴工作帽，穿无尘工作服和工作鞋。
⑤ 制定合理的清洁卫生制度，禁止在机房内吸烟、吃东西、乱扔垃圾。
⑥ 采取措施，使设备运行中产生的尘埃量减至最少。

4．腐蚀性气体

空气中含有的有害气体（如二氧化硫、硫化氢、二氧化氮、一氧化碳、臭氧等）对计算机设备具有很大的腐蚀作用。它们可以使金属表面、半导体元器件管脚、电子线路等被氧化、腐蚀，出现锈迹，影响设备的稳定使用。

腐蚀性气体对计算机设备的影响是一个长时间的反应，故障开始不明显，损失不直接，这些慢性损坏是人们难以感觉到的，有时候甚至被人们忽视。所以，人们必须知道，这些有害气体时时刻刻都在侵害计算机设备，使设备的可靠性能慢慢下降，寿命日趋缩短。腐蚀性气体对计算机设备的这种损坏是不能恢复的。其损坏程度与有害气体的浓度和设备暴露腐蚀的时间成正比。有害气体浓度越大，腐蚀时间越长，其腐蚀程度就越厉害。

机房内有害气体对计算机设备的影响往往不是单一的，而是几种有害气体综合作用的结果。另外，腐蚀性气体的腐蚀程度与周围环境也有关系，比如温度、湿度、洁净度都会影响到其腐蚀的程度。腐蚀性气体对设备的腐蚀在没有水蒸气的情况下，很多化学的或电化学的腐蚀很难发生。因此，在高温高湿状态下，各种腐蚀性气体的腐蚀能力最强。空气中的灰尘吸收水分后，也会加速有害气体的腐蚀作用。

5．静电

静电对计算机的主要危害是由于静电噪声对电子线路的干扰，引起电位的瞬时改变，导致存储器中的信息丢失或误码。静电不仅会使计算机设备的运转出现故障，而且还会影响操作人员的身心健康。

减少静电对计算机系统的危害主要从两个方面着手，一方面要在计算机及外围设备所使用的元器件、电路设计和组装设计等过程中考虑防静电问题，采取相应措施。另一方面要在机房的设备上减少静电来源。例如：

① 机房内应严禁使用挂毯、地毯等容易产生静电的物品。

② 接地是最基本的防静电措施，计算机系统本身应有一套合理的接地与屏蔽系统。

③ 机房的地板是静电产生的主要来源，机房要保证安装防静电地板。

④ 机房内的工作台面及坐椅垫套的材料应该是导静电的，并且必须进行静电接地。

⑤ 工作人员的着装要采用不易产生静电的衣料制作。

⑥ 机房内应保持一定的湿度，在干燥季节应该加湿。

6. 振动与噪声

振动也会对计算机设备造成很大的危害。例如，由于计算机磁盘驱动器中的磁头和磁盘在工作中的接触是非常精密的，稍为强烈的振动就会损坏磁头和磁盘。振动还会使元器件产生变形、松脱及相互碰撞，造成设备的损坏。因此，计算机工作的环境应尽量避免振动的发生，并采取相应的减震措施。

机房的噪声主要包括两个方面，一是外界产生的噪声干扰，二是计算机系统产生的噪声干扰。对于前者，应该在机房的选址、设计和建造过程中采取隔离和消音的措施。对于后者，其噪声源主要有打印机、交流电源、空调设备、系统中的散热风扇及硬盘噪声等，应在设备本身采取措施。一般而言，计算机机房内的噪声应小于 65 dB。

7. 电源

计算机系统电源质量的好坏会直接影响到计算机系统的正常运行。机房应提供良好的供电环境，避免因电源波动、干扰、停电等原因对计算机系统造成危害。

（1）计算机设备的供电线路应使用专用线路，并能够提供稳定、可靠的电源

在这条线路上不使用任何其他会产生电气噪声的用电设备。机房内其他电力负荷不得由计算机主机电源和不间断电源系统供电。计算机机房内配电系统还应考虑计算机系统有扩散、升级等可能性，并应预留备用容量。当城市电网电源质量不能满足计算机系统供电要求时，应根据具体情况采用相应的电源质量改善措施和隔离防护措施。

（2）计算机系统应使用符合要求的不间断电源 UPS，并配置应急电源

UPS 能提供高级的电源保护功能，特别是对断电更具有保护作用。一旦供电中断，UPS 电源能够利用自身的电池给计算机系统继续供电，从而有效保护计算机系统及数据的安全。在选择和购买 UPS 电源系统时要弄清很多问题，其中包括计算机系统在停电后需由 UPS 电源继续供电的时间，计算机系统的供电容量，UPS 电源的电池类型及后备电源的供电方式等。应急电源主要通过汽油机或柴油机带动发电机，为系统提供紧急供电。一般情况下，它只对最重要的设备提供支持，如计算机主机、照明系统、报警系统、通信设备等。

（3）保证良好供电环境的另一个重要措施是接地

机房一般应具有以下几种地线种类：

① 直流地，又称逻辑地。用于保护设备电信号的正确，接地电阻在 0.5～2Ω 之间。

② 交流地。用于保护设备正常工作，其接地电阻应在 4Ω 以内。

③ 安全保护地。用来释放设备外壳静电，保证设备、人身安全，接地电阻也应在 4Ω 内。

④ 防雷接地，应按现行国家标准《建筑防雷设计规范》采取防雷措施。

这 4 种接地最好共用一组接地装置，其接地电阻按其中最小值确定。如果防雷接地单独设置接地装置时，其余 3 种接地则应共用一组接地装置，其接地电阻不应大于其中最小值。

通过采取以上措施，我们可以基本满足计算机系统及外部设备对电源的要求，使其安全、稳定、正常地运行。

8. 照明

机房照明通常分为自然采光和人工采光两种形式。基于防尘和机房结构等方面的考虑，室内照明一般以人工采光（人工照明）为主。根据经验，按照 20 W/m^2 照明功率配置，就可在比较宽敞的机房内，离地点 0.8 m 处达到 400～500 lx 的照度，完全满足了机房照明的技术条件要求，同时也保证了计算机操作人员和软硬件维修人员的工作效率和身心健康。

机房照明除正常工作照明外，还应有应急照明。应急照明是指在正常照明因故熄灭的情况下，供暂时继续工作、保障安全或疏散用的照明。计算机机房必须具备应急照明系统，照度要求不低于 50 lx。应急照明系统由 UPS 供电，自动切入，确保上机人员在紧急情况下停机停电及安全疏散。机房还应设置疏散照明和安全出口标志灯，其照度不应低于 0.5 lx。

2.2　实体的安全防护

实体及硬件的安全防护是针对自然、物理灾害及人为蓄意破坏而采取的安全措施与防护对策。通常包括防火、防水、防盗、防电磁干扰及对存储媒体的安全防护等。

2.2.1　三防措施（防火、防水、防盗）

1. 防火

计算机机房火灾不仅会造成巨大的经济损失，还会造成信息资料的丢失、破坏，后果相当严重。火灾的原因主要有：设备自身故障、电气设备短路、线路破损、过载、人为事故、蓄意放火、外部火灾蔓延等。为了有效预防计算机火灾，最大程度地降低火灾带来的损失，通常应采取以下的具体措施：

① 要有合理的建筑构造，这是防火的基础。建筑物的耐火等级不应低于二级，保温材料、架空地板等都应采用难燃或不燃材料，装饰材料应尽量少用可燃材料，严禁使用易燃或燃烧时产生有毒气体的材料。机房的主体部分与辅助部分应采用防火墙分隔，纸张、清洗剂、油墨等易燃品应单独存放。

② 完善电气设备的安装与维护，这是防火的关键。机房的电气设备和电路很多，电气设备和电线选型不合理或随意增加电气设备，就会造成接触电阻过大，引发火灾。因此，安装机房电缆时，应用非燃烧体隔板分开，其耐火极限不应低于 1 小时。电缆应穿金属套管并有防潮和防鼠咬的措施，供电系统的控制部分应靠近机房，并设置紧急断电装置，做到供电系统远距离控制，一旦出现故障能够较快地切断电源。电气设备的安装和检查维修要按国家规定标准严格执行，由正式的电工操作，严禁违章作业。

③ 要建立完善消防设施，这是减少火灾损失的保障。机房要设自动报警装置，以便及时发

现火警。计算机机房火灾是不能用水扑救的，只能用气体灭火剂，所以要安装自动灭火系统，当发生火灾时，能自动喷出灭火剂，将火灾扑灭在初起阶段，又不至于损害电子元件。为保证报警灭火系统的可靠使用，火灾自动报警装置和自动灭火系统，应设有自动和手动两种触发装置。同时应设二氧化碳式轻便灭火器，以备急用，并设置在明显便于取用的地方。

④ 加强消防管理工作，消除火灾隐患。计算机机房属于重点防火部位，室内严禁存放易燃易爆物品，对纸张、清洗剂和油墨等物品应限量存放，随用随取。机房内严禁吸烟，工作人员必须进行全员安全培训，掌握必要的防火常识和灭火技能，并定期考试和训练。对设备线路备用电源等要定期检查维护保养，做好记录。值班人员发现异常要及时处理和报告，处理不了时要停机检查，排除隐患后方可继续开机运行，并将检查情况做好记录。

总之，为了防止火灾的发生，应该采取切实有效的防火措施。万一机房起火，应立即关闭电源，火小可使用手提式灭火器灭火，火势变大时，应立即启动火灾自动报警和自动灭火系统，并注意观察火情。当灭火失败，火势无法控制时，应立即离开机房，关上房门，发出警报，并及时拨打火警电话"119"。

2．防水

机房的水害来源主要有：机房顶棚屋面漏水；机房地面由于上下水管道堵塞造成漏水；空调系统排水管设计不当或损坏漏水；空调系统保温不好形成冷凝水。机房水患会导致计算机设备短路或损坏，影响其正常运行，甚至造成整个系统运行瘫痪。因此，机房防水工作是机房建设和日常运行管理的重要内容之一，应采取必要的防护措施：

① 机房不应设置在建筑物底层或地下室，位于用水设备下层的计算机机房，应在吊顶上设防水层，并设漏水检查装置。

② 机房内应避免铺设水管或蒸汽管道。已铺设的管道，必须采取防渗漏措施。

③ 机房应具备必要的防水、防潮设备。

④ 机房应指定专人定期对管道、阀门进行维护、检修。

⑤ 完善机房用水制度，有条件的机房应安装漏水检测系统。

3．防盗

由于计算机设备本身属于贵重仪器，其内部又存储了大量的信息，一旦发生盗窃，将产生极其严重的后果。因此，加强机房的防盗措施和安全管理至关重要。常用的防盗措施如下：

① 放置计算机设备的建筑物应该比较隐蔽，不要用相关的标志标明机房所在地。

② 机房门窗应具备防盗措施，如加固门窗、安装监视器等。

③ 机房内的各类贵重物品应配置具有防盗功能的安全保护设备，如各种锁定装置、侵入报警器等。

④ 严格出入登记制度，非本系统操作人员，一般情况下不准随意出入机房。

⑤ 加强机房管理责任制，建立健全设备器材出入制度。

2.2.2　电磁防护

1．电磁干扰

所谓电磁干扰（electromagnetic interference，EMI），是指无用的电磁信号对接收的有用电磁信号造成的扰乱。电气设备在运行过程中所产生的电磁干扰不仅会影响附近设备的正常运行，同时也会对人们的工作、生活和健康造成极大的危害。其主要影响如下：

① 会破坏无线电通信的正常工作，影响诸如电话、电视和收音机等电器的正常播送和接收。

② 会降低电气设备、仪表的工作性能，影响其精度和灵敏度，产生误动作、误指示等。

③ 会干扰遥控遥测装置、数控电路、计算电路等的正常工作。

④ 会引起人们中枢系统的机能障碍、植物神经功能紊乱和循环系统综合征，如记忆力衰退、乏力及失眠等。

一般说来，电磁干扰的传输方式分为两种：一种是传导方式，即通过连接的导线、电源线、信号线等耦合引起的干扰；另一种是辐射方式，即电子设备辐射的电磁波通过电路耦合引入到其他设备中引起的干扰。两者的区别在于前者沿导线传播，而后者是在空气中传播。

在实际工程中，设备之间发生干扰通常包含着许多种途径的耦合。正是因为多种途径的耦合同时存在，反复交叉，共同产生干扰，加之当前电子设备的高度密集化、数字化，使得电磁干扰变得越来越难以控制。这种系统、设备之间相互干扰所造成的影响，称之为电磁兼容性问题。电磁兼容性（electronic magnetic compatible，EMC）是指电子设备在可能的电磁干扰环境下仍能按预期功能正常工作的能力，它已经成为了当前产品可靠性保证的重要组成部分。我国已对电子产品的电磁兼容性做出了强制性的限制，形成了电磁兼容标准。电磁兼容标准突出包括两个方面：一是限制设备对外界产生的电磁干扰；二是要求设备不能对来自外界的电磁干扰过度敏感。只有对每一个设备都做出这两个方面的约束和改进，才能保证系统达到完全电磁兼容。

2. 电磁泄漏

电磁泄漏是指电子设备的杂散（寄生）电磁能量通过导线或空间向外扩散。任何处于工作状态的电磁信息设备，都存在不同程度的电磁泄漏。如果这些泄漏"夹带"着设备所处理的信息，就构成了所谓的电磁信息泄漏。事实上，几乎所有电磁泄漏都"夹带"着设备所处理的信息，只是程度不同而已。在满足一定条件的前提下，运用特定的仪器均可以接收并还原这些信息。例如，1985 年，在法国召开的一次国际计算机安全会议上，年轻的荷兰人范•艾克当着各国代表的面，做了一个著名的范•艾克实验，公开了他窃取计算机信息的技术。他用价值仅几百美元的器件对普通电视机进行改造，然后安装在汽车里，这样就从楼下的街道上，接收到了放置在 8 层楼上的计算机电磁波的信息，并显示出计算机屏幕上显示的图像。美国的实验也表明，银行计算机显示的密码在马路上就能轻易地被截获。通常窃视这种微弱电磁辐射的方法是：用定向天线对准作为窃视目标的微机所在的方向，搜索信号，然后依靠特殊的办法清除掉无用信号，将所需的图像信号放大，这样计算机荧屏上的图像即可重现。据报道，目前在距离计算机百米乃至千米的地方，都可以收到并还原其屏幕上显示的图像。这些事例清楚地表明了电磁波辐射造成的严重泄密问题，引起世界对此问题的高度关注。由于电磁泄漏是无法摆脱的电磁学现象，是客观存在的，因此，一旦所涉及的信息是保密的，这些泄漏就威胁到了信息安全。

电磁泄漏通过辐射和传导两种途径向外传播。辐射泄漏是指杂散的电磁能量以电磁波的形式透过设备外壳、外壳上的各种孔缝、连接电缆等辐射出去；传导泄漏是指杂散的电磁能量通过电源线、信号线等各种线路传导出去。同时，二者又相互关联，存在能量交换现象。一方面，沿线路传导的电磁能量可以因导线的天线效应部分地转化为电磁波辐射出去；另一方面，辐射到空间的杂散电磁能量又可因导线的天线效应耦合到外连导线上。

为了最大程度地防止和抑制电磁泄漏带来的安全问题，人们采取了许多专门的技术措施，如干扰技术、屏蔽技术和 TEMPEST 技术。

TEMPEST 技术（即低辐射技术）是指对计算机系统设备的电磁辐射泄漏信号中所携带的敏感信息进行分析、测试、接收、还原及防护的一系列技术，发展至今已有 40 多年的历史，它是在电磁兼容（EMC）领域发展起来的一个新的研究方向。TEMPEST 技术最初是由美国国防部和国家安全局开发的一个研究项目，其具体内容是针对信息设备的电磁辐射与信息泄露问题，从信息接收和防护两个方面所展开的一系列研究和研制工作，包括信息接收、破译水平、防泄露能力与技术、相关规范、标准及管理手段等。世界各国对 TEMPEST 技术的应用都非常重视，使用在重要场合的计算机设备对辐射的要求都极为严格。可以说，生产和使用符合 TEMPEST 技术规范的低辐射计算机设备是防止计算机电磁辐射泄密的较为根本的防护措施。对计算机 TEMPEST 技术的研究也已经被认为是涉及计算机信息安全的重要方面，受到国内外学者的广泛关注。

3．电磁防护措施

根据电磁干扰和电磁泄漏的成因，可以把电磁防护的措施分为两类：一是对传导发射的防护，主要采取对电源线和信号线加装性能良好的滤波器，减小传输阻抗和导线间的交叉耦合；二是对辐射的防护，主要采用各种电磁屏蔽措施和加装干扰装置。常用的电磁防护措施有：屏蔽、滤波、隔离、接地、选用低辐射设备和使用干扰器等。

（1）屏蔽

所谓屏蔽，就是将计算机和辅助设备用屏蔽材料封闭起来。屏蔽既可以防止屏蔽体内的泄漏源产生的电磁波泄漏到外部空间去，又可以使外来电磁波终止于屏蔽体。因此，屏蔽既达到了防止信息外泄的目的，同时又兼具了防止外来强电磁辐射。屏蔽是抑制辐射泄漏最有效的手段。

（2）滤波

滤波是抑制传导泄漏的主要方法之一。滤波电路可以让一定频率范围内的电信号通过而阻止其他频率的信号。电源线或信号线上加装合适的滤波器可以阻断传导泄漏的通路，从而大大抑制传导泄漏。

（3）隔离

隔离是降低电磁泄漏的有效手段。隔离是将信息系统中需要重点防护的设备从系统中分离出来，加以特别防护，并切断其与系统中其他设备间电磁泄漏通路。隔离也包括合理地放置信息系统中的有关设备，尽量拉大涉密设备与非安全区域（公共场所）的距离。

（4）接地

接地也是抑制传导泄漏的有效方法。良好的接地可以给杂散电磁能量一个通向大地的低阻回路，从而在一定程度上分流掉可能经电源线和信号线传输出去的杂散电磁能量。将这一方法和屏蔽、滤波等技术配合使用，对抑制电子设备的电磁泄漏可起到事半功倍的效果。

（5）选用低辐射设备

使用低辐射计算机设备是防止计算机辐射泄密的根本措施。这些设备在设计和生产时，已对可能产生信息辐射的元器件、集成电路、连接线和 CRT 等采取了防辐射措施，把设备的信息辐射抑制到了最低限度。

（6）使用干扰器

干扰器是一种根据电子对抗原理，能辐射出电磁噪声的电子仪器。它是通过增加电磁噪声降低辐射泄漏信息的总体信噪比，增大辐射信息被截获后破解还原的难度，从而达到"掩盖"真实信息的目的。其成本相对低廉，但防护的可靠性也相对较差，主要防护低密级的信息。因为设备辐射出的信息量并未减少。从原理上讲，运用合适的信息处理手段，仍有可能还原出有用信息，只是还原的难度相对增大。另外，干扰器还会增加周围环境的电磁污染，对其他电磁兼容性较差的电子信息设备的正常工作也构成了一定的威胁。因此，干扰器在使用上有一定的局限性和弱点。

随着人们对信息电磁泄漏问题的认识逐渐清晰，防护技术研究的角度开始从频域转向时频结合，技术手段也从以硬件为主转向软硬结合。新的屏蔽材料和部件的出现使信息电磁泄漏屏蔽性能不断提高。目前，电磁屏蔽玻璃、导电橡胶、金属纤维等材料已处于实用阶段。

总之，电磁防护是一项系统工程，任何单一的防护措施都不是万无一失的，应根据不同系统的特点采用与之相适应的最佳防护措施进行综合防护，力争把电磁干扰和电磁泄漏降到最低水平。

2.2.3　存储媒体的访问控制

访问控制是信息系统保密性、完整性、可用性和合法使用性的重要基础，是网络安全防范和资源保护的关键策略之一。由于信息系统中的大量信息都存储在某种媒体上，如磁盘、磁带、半导体、光盘、打印纸等，为了防止对信息的破坏、篡改、盗窃等事件的发生，就必须对存储媒体进行保护和管理，严格其访问控制。

访问控制的主要目的是限制访问主体对客体的访问，从而保障数据资源在合法范围内得以有效使用和管理。为了达到上述目的，访问控制需要完成两个任务：身份识别和控制访问权限。

1. 身份识别

身份识别的目的是确定系统的访问者是否是合法用户，一般包含"识别"和"验证"两个方面。识别就是要明确访问者的身份。系统必须对每个合法用户都有识别的能力，必须保证任意两个用户之间不能具有相同的标识符。系统可以通过唯一的标识符，识别访问系统资源的每一个用户。验证是指系统要对用户所标明的身份进行证实，以防假冒。验证需要用户出具能够证明其身份的特殊信息，这个信息必须是秘密的，是任何其他用户都不能拥有的。只有确认识别与验证的正确性以后，系统才能允许用户访问起资源。

当前用于身份识别的技术方法主要有以下 4 种：

① 利用用户身份、口令、密钥等技术措施进行身份识别。

② 利用用户的体貌特征、指纹、签字等技术措施进行身份识别。

③ 利用用户持有的证件，如光卡、磁卡等，进行身份识别。

④ 多种方法交互使用进行身份识别。

这几种方法各有利弊，如利用口令进行身份识别的方法最简单，系统开销最小，但其安全性也最差，而利用用户的指纹、签字等技术进行的身份识别，一般不能伪造，安全性较高。

目前，口令识别仍是最常用的验证手段。其识别机制在技术上需要进行两步处理：第一步是给予身份标识，第二步是鉴别。首先，计算机系统给每个用户分配一个唯一的标识，每个用户选择一个供以后鉴别用的口令。然后，计算机系统将所有用户的身份标识和相应口令存入口令表。口令表中的标识和口令是成对出现的，唯一用户身份标识是公开的，口令是秘密的，口令由用户自己掌握。当用户需要进入系统时，必须先向系统提交他的身份标识和口令，系统根据身份标识检索口令表得到相应的口令，如果口令相符则认为该用户是合法用户，系统接收该用户，否则用户将遭系统拒绝。口令识别这种控制机制的优点是简单易掌握，能减缓受到攻击的速度。目前对其攻击主要有尝试猜测、假冒登录和搜索系统口令表等 3 种方法。用户应根据具体威胁，有针对性地加强其可靠性。

2. 控制访问权限

系统对用户进行识别和验证以后，还要对用户的访问操作范围实施一定的限制，以防止合法用户越权访问系统资源，对系统造成破坏。因此，系统要确定用户对资源（比如 CPU、内存、I/O 设备、计算机终端等）的访问权限，并赋予用户不同的权限等级，如工作站用户、超级用户、系统管理员等。一般来说，用户的权限等级是在注册时赋予的。

系统对用户的访问权限要进行合理的控制，其方式可分为任意访问控制和强制访问控制两种。任意访问控制指用户可以随意在系统中规定访问对象，包括目录式访问控制、访问控制表、访问控制矩阵和面向过程的访问控制等。强制访问控制指用户和文件都有固定的安全属性，由系统管理员按照严格程序设置，不允许用户修改。如果系统设置的用户安全属性不允许用户访问某个文件，那么不论用户是否是该文件的拥有者都不能进行访问。任意访问控制的优点是方便用户，强制访问控制则通过无法回避的访问限制来防止对系统的非法入侵。对安全性要求较高的系统通常采用任意访问控制和强制访问控制相结合的方法，如安全要求较低的部分采用任意访问控制，安全要求较高的部分则采用强制访问控制。

3. 管理措施

存储媒体安全管理的目标是：保证系统在有充分保护的安全环境中运行，由可靠的操作人员按规范使用计算机系统，系统符合安全标准。管理应紧紧围绕信息的输入、存储、处理和交换这个过程来进行。以下是一些具体的管理措施：

① 涉密的计算机信息系统必须与其他信息系统实行物理隔离，不得直接与其他外部任何网络进行联网。非涉密计算机信息系统中严禁存储、运行、传递、发布涉密信息。

② 对系统的访问要采取访问控制、身份认证和系统安全保密监控管理等技术措施。

③ 系统用户不得进行越权操作。未经许可不得私自复制、打印他人非共享信息资源。不得对不属于自己权限的计算机信息进行修改、添加、删除等操作。用户应严格保守自己的系统口令、密码等，不得随意扩大知悉范围。

④ 输出的信息要有相应的标识，且不能与正文分离。

⑤ 信息的复制、存储、传递、处理、输出必须得到有效控制，信息的销毁必须有效且不可恢复。

⑥ 存储的信息应该制定完善的备份制度，并采取有效的防盗、防灾措施，保证备份的安全保密。

⑦ 系统的操作者，必须对自己管理的存储媒体的安全保密负责，严格执行岗位责任制，妥善保管诸如软盘、硬盘、磁带、光盘等存储媒体。

⑧ 媒体设备需由专人保管，未经批准，任何人不得擅自携带存储媒体外出。

⑨ 淘汰的媒体设备，首先要彻底清除其中的信息，然后由主管部门批准，彻底销毁。对存有机密信息的媒体不得以旧换新。

⑩ 媒体设备的维护与检修应由指定的部门负责，并对维修人员、维修对象、维修内容、维

修前后状况等进行监督和记录。

除此之外，还应该健全机构和岗位责任制，完善安全管理的规章制度，加强对技术、业务、管理人员的法制教育、职业道德教育，增加安全保密和风险防范意识，以实现科学化、规范化的安全管理。

2.3　计算机硬件的检测与维修

在计算机系统的故障现象中，硬件的故障占到了很大的比例。正确地分析故障原因，快速地排除故障，可以避免不必要的故障检索工作，使系统得以正常运行。

2.3.1　计算机硬件故障的分析

计算机硬件故障是指由于计算机硬件损坏、品质不良、安装、设置不正确或接触不良等而引起的故障。其原因多种多样，下面对其进行简要分析。

（1）工艺问题引起的故障

工艺问题引起的故障是常见的现象。一些简单的故障有时会使整个系统瘫痪。这类故障常见的有：电源插头、插件板等各类接插件的接触不良，以及印刷电路板线路不通或阻值变大及导线的虚焊、假焊、漏焊、短路等。

（2）元器件损坏引起的故障

元器件本身有一个品质因素，即平均无故障间隔时间（MTBF）。元器件故障大多出现在初期或后期，如果所购置的计算机元器件在使用前没有进行严格的试验和筛选，那么失效率就有可能较高，当然故障率也就较高。另外，如果机器使用时间较久，故障也会多一些。

（3）干扰或噪声引起的故障

干扰和噪声几乎处处都会产生。例如，导线太长，容性、感性的干扰就会经常发生。如果有太多电路同时接通或断开，那么电源电压的变化就可能影响电路的其他部分。电源设计如果不够严格，就会产生较大的纹波，影响存储器内容。基准电压不准确会造成模数转换器转换不可靠，其他外部设备驱动部分的噪声尖峰也会使数据丢失。此外，静电放电现象也会损坏元器件。

（4）设计上造成的故障

使用不正确的技术规格和元器件设计出的产品容易造成硬件故障。另外，不适当地使用元器件也会使其短路或烧毁。

（5）人为故障（计算机假故障）

这类故障大多并不是真正的硬件故障，而是由于操作、使用、维护人员粗心大意或操作错误而引起的故障。此类故障在整个故障现象中占很大比例，例如，由于电源开关未打开造成的"黑屏"和"死机"假象；由于数据线脱落、接触不良等造成的外设工作异常；存储器开关设置错误；设备实际配置情况与系统程序内已有的设置不符等。所以，发生故障时，首先应判断自身操作是否有疏忽之处，而不要盲目断言某设备出了问题。

2.3.2　硬件故障的检测步骤及原则

1．检测的基本步骤

检测的基本步骤通常是由大到小、由粗到细。首先，设法判断出故障的大部件，例如，计算机系统中的中央处理单元、存储器、键盘、显示器、磁盘机等都属于大部件。其次，设法将故障的范围缩小到大部件中的某一级，例如，经判断故障可能是磁盘存储器，就应设法将故障原因压缩到磁盘存储器的有关部分，如磁盘控制器、磁盘适配器、磁盘驱动器、磁盘片等。接着，要设法查明故障"线"，例如，经判断故障在磁盘存储器的磁盘适配器板上，要查明板上哪一条"线"有问题。最后，要设法找到故障点，例如，故障是否为某一部件损坏，或某一焊点、某一插头、插座接触不良，或某一根导线故障等。

判断故障部位与故障性质不能截然分开，而是要有机地结合在一起。一般检测时要循序渐进，不可一开始就抓"点"。有的人企图一开始就找到故障点，摸摸这个零件，动动那个零件，这种判断故障的方法，结果往往是徒劳的。常常还会人为造成不少额外的麻烦，甚至损坏器件，引起更大的故障。

2．检测的原则

（1）先静后动

在开始检查故障原因时，检测人员要先静下来，不要盲目动手。要根据故障现象，考虑好用哪种方法维修后再动手。同时要详细了解系统设备或工作电路在静态和动态下的工作状态。

（2）先外后内

在动手前，一定要仔细观察设备的外部表现，要先外后内地进行维修。尽量避免随意启封或拆卸，例如显示器的维修检测，可先从暴露在外面的机壳、旋钮、插头等部分着手，接着再检查机内的零件，然后再拆卸封口的组件。

（3）先辅后主

系统发生故障后，应先确定故障是主机本身还是由其他设备引起的。有时故障是由连接电缆、外接插头、插座引起的，这时可先解决这些辅助设备的问题，再排除其他设备故障，最后排除主机本身的故障。

（4）先电源后负载

电源故障是最常见的故障之一，因此，一般应首先检查电源部分，然后再检查负载部分。检查电源时，应先检查保险丝，若保险丝正常，再检查电源的输出电压、交流电压等是否正常。

（5）先一般后特殊

分析某一故障时，要首先考虑最常见的原因，然后再考虑稀奇少见的原因。

（6）先简单后复杂

先解决容易解决的问题，后解决难度较大的问题。当计算机设备故障较多时，应先易后难地排除故障。在解决容易问题的过程中，难度大的问题也就变得容易了。或者在排除容易解决的问题时，受到启发，难解决的问题也就比较容易了。

（7）先主要后次要

故障对整个计算机系统功能的影响程度，决定了故障的重要性。设备的主要故障不一定就是很难排除的故障，同样，次要故障也不等于就是易于排除的故障。不管是主要故障还是次要故障，只要好维修，就要先修理。在难易程度相当的时候，则要先排除主要故障，后排除次要故障。

计算机的检测维修方法很多，因设备的不同、组件的不同，各自有不同的特点，对以上原则应灵活运用，当故障原因较为复杂时，要综合考虑。

2.3.3　硬件故障的诊断和排除

要排除硬件故障，最主要的是要设法找到产生故障的原因。一旦找到原因，排除故障就很容易了。下面介绍一些寻找故障原因常用的方法。

（1）直接观察法

直接观察法即"看、听、闻、摸"。

"看"即观察系统板卡的插头、插座是否歪斜，电阻、电容引脚是否相碰，表面是否烧焦，芯片表面是否开裂，主板上的铜箔是否烧断。还要查看是否有异物掉进主板的元器件之间（造成短路），也可以看看板上是否有烧焦变色的地方，印刷电路板上的走线（铜箔）是否断裂等。

"听"即监听电源风扇、软/硬盘电机或寻道机构、显示器变压器等设备的工作声音是否正常。另外，系统发生短路故障时常常伴随着异常声响。监听可以及时发现一些事故隐患和帮助在事故发生时即时采取措施。

"闻"即辨闻主机、板卡中是否有烧焦的气味，便于发现故障和确定短路位置。

"摸"即用手按压管座的活动芯片，看芯片是否松动或接触不良。另外，在系统运行时用手触摸或靠近 CPU、显示器、硬盘等设备的外壳，根据其温度可以判断设备运行是否正常；用手触摸一些芯片的表面，如果发烫，则表明其散热有问题或该芯片损坏。

例如一台计算机每次开机一段时间后死机，或是运行大的程序游戏时频繁死机，则可以判断其主要原因是由散热系统工作不良、CPU 与插座接触不良、BIOS 中有关 CPU 高温报警设置错误等造成的。在进行维修时，应该检查 CPU 风扇是否正常运转，散热片与 CPU 接触是否良好、导热硅脂涂敷是否均匀，取下 CPU 检查插脚与插座的接触是否可靠，进入 BIOS 设置调整温度保护点。

（2）拔插法

计算机系统产生故障的原因很多，例如，主板自身故障、I/O 总线故障、各种插卡故障均可导致系统运行不正常。采用拔插法是确定故障在主板或 I/O 设备的简捷方法。其具体操作方法是，关机将插件板逐块拔出，每拔出一块板就开机观察机器运行状态，一旦拔出某块后主板运行正常，那么故障原因就是该插件板故障或相应 I/O 总线插槽及负载电路故障。若拔出所有插件板后系统启动仍不正常，则故障很可能就在主板上。

拔插法的另一含义是，一些芯片、板卡与插槽接触不良，将这些芯片、板卡拔出后再重新正确插入可以解决因安装接触不当引起的计算机部件故障。

例如一台计算机开机后连续报警，这是典型的内存报错故障，估计是内存条损坏、内存条局部短路或接触不良，造成启动计算机时报错。可以用手先按几下内存条再开机，看其接触是否良好。如果还不行，可以将内存条取下，先将内存表面的灰尘打扫干净，然后再用小号细刷子将内存插槽内部清扫干净，重新插好内存条，故障即可排除。

（3）交换法

交换法是指将同型号插件板，总线方式一致、功能相同的插件板或同型号芯片相互交换，根据故障现象的变化情况判断故障所在。

此法多用于易拔插的维修环境，例如，若内存自检出错，可交换相同的内存芯片或内存条来判断故障部位，若交换后故障现象变化，则说明交换的芯片中有一块是坏的，可进一步通过逐块交换确定部位。如果能找到相同型号的微机部件或外设，使用交换法可以快速判定是否是元件本身的质量问题。

交换法也可以用于以下情况：没有相同型号的微机部件或外设，但有相同类型的微机主机，则可以把微机部件或外设插接到同型号的主机上判断其是否正常。

另外还有清洁法、比较法、振动敲击法、程序测试法等一些方法，这里就不再赘述。

总之，为了排除故障，首先要设法查出产生故障的原因。要能正确、迅速地查出故障原因，最主要的是掌握基本原理，多参加实际工作，而且在方法上应从一些简单的检查方法入手，逐步运用复杂的方法进行检查。

习　题

1. 计算机机房在场地环境的选择上有哪些要求？
2. 简述计算机机房内部环境条件的要求。
3. 实体的安全防护包括哪些内容？
4. 什么叫电磁干扰？它有哪些方面的危害？
5. 根据实例，谈谈对硬件故障诊断和排除方法的理解及应用。

第3章 | 密码技术

密码学（cryptology）是一门古老而深奥的学科，有着悠久、灿烂的历史。最早的密码形式可以追溯到 4000 多年前，古埃及人在墓志铭中使用过的类似于象形文字的奇妙符号。从古至今，密码技术一直在社会各个领域，尤其是军事、外交、情报等部门广泛使用。在信息化社会的今天，密码技术更是得到了前所未有的重视，并迅速普及和发展起来。它已经成为了信息安全研究的一个主要方向。

3.1 密码技术概述

信息安全主要包括系统安全和数据安全两个方面。其中系统安全一般采用防火墙、防病毒及其他安全防范技术等措施，属于被动型的安全措施；数据安全则主要采用现代密码技术对数据进行主动的安全保护，如数据保密、数据完整性和身份认证等技术。

密码技术是研究数据加密、解密及变换的科学，涉及数学、计算机科学、电子与通信等诸多学科。密码技术不仅服务于信息的加密和解密，还是身份认证、访问控制、数字签名等多种安全机制的基础。密码技术包括密码算法设计、密码分析、安全协议、身份认证、消息确认、数字签名、密钥管理、密钥托管等技术，是保护大型网络传输信息安全的唯一实现手段，是保障信息安全的核心技术。它以很小的代价，就可以对信息提供一种强有力的安全保护。

虽然密码技术的理论相当高深，但其概念却十分简单。它包含两方面密切相关的内容，即加密和解密。加密就是研究、编写密码系统，把数据和信息转换为不可识别的密文的过程，而解密就是研究密码系统的加密途径，恢复数据和信息本来面目的过程。加密和解密过程共同组成了加密系统。

在加密系统中，要加密的信息称为明文（plaintext），明文经过变换加密后的形式称为密文（ciphertext）。由明文变为密文的过程称为加密（enciphering），通常由加密算法来实现。由密文还原成明文的过程称为解密（deciphering），通常由解密算法来实现。为了有效地控制加密和解密算法的实现，在其处理过程中要有通信双方掌握的专门信息参与，这种信息称为密钥（key）。可以用 $C= E_K(P)$ 来表示对明文 P 使用密钥 K 加密，获得密文 C，用 $P=D_K(C)$ 表示对 C 解码重新得到明文。可以看出，对数据进行加密要通过算法和密钥来实现。

对于较为成熟的密码体系，其算法是公开的，而密钥是保密的。这样使用者简单地修改密钥，就可以达到改变加密过程和加密结果的目的。密钥通常是由一小串字符组成，它可以选择多种可能的加密方法中的一种，并且可以按需频繁更换。在加密系统的设计中，密钥的长度是一个主要的设计问题。一个 2 位数字的密钥意味着有 100 种可能性，一个 3 位数字的密钥意味着有 1 000

种可能性，一个 6 位数字的密钥则意味着有 100 万种可能性。密钥越长，加密系统被破译的几率就越低。

　　根据加密和解密过程是否使用相同的密钥，加密算法可以分为对称密钥加密算法（简称对称算法）和非对称密钥加密算法（简称非对称算法）两种。对称算法是指加密和解密的过程使用同一个密钥。它的特点是运算速度非常快，适合用于对数据本身的加解密操作。常见的对称算法如各种传统的加密算法、DES 算法等。相对于对称算法来讲，非对称算法的运算速度要慢得多，但是在多人协作或需要身份认证的数据安全应用中，非对称算法具有不可替代的作用。使用非对称算法对数据进行签名，可以证明数据发行者的身份并保证数据在传输的过程中不被篡改。在这种加密算法中有两个密钥，一个称为公钥，一个称为私钥。在加密时，公钥用于加密，私钥用于解密。举例来说，公钥就像信箱，私钥就像能打开信箱的钥匙。用公钥加密就相当于把信放入信箱，用私钥解密就相当于用钥匙打开信箱收信。这种算法比较复杂，如 RSA 算法、PGP 算法等。由于非对称算法的速度较慢，现在多采用对称算法与非对称算法相结合的加密方法，这样，既可以有很高的加密强度，又可以有较快的加密速度。此方法已广泛用于数据加密传送和数字签名。

　　通过对传输的数据进行加密来保障其安全性，已经成为了一项计算机系统安全的基本技术，它可以用很小的代价为数据信息提供相当大的安全保护，是一种主动的安全防御策略。

3.2　传统的加密方法

　　传统加密方法的密钥是由简单的字符串组成的，这种加密方法是稳定的，人所共知的。它的好处在于可以秘密而又方便地变换密钥，从而达到保密的目的。传统的加密方法有 3 种：替换密码、变位密码及一次性加密。

3.2.1　替换密码

　　替换密码是用一组密文字母来代替一组明文字母以隐藏明文，同时保持明文字母的位置不变。最古老的一种替换密码是凯撒密码，据说是 Julius Caesar 发明的。以英文字母为例，它把 a 换成 D，b 换成 E，c 换成 F，…，z 换成 C。也就是说密文字母相对明文字母循环左移了 3 位，因此，凯撒密码又称为循环移位密码。将凯撒加密法通用化，即允许加密码字母不仅移动 3 个字母，而且可以移动 k 个字母。在这种情况下，k 就成了循环移位密码的密钥。显而易见，这种密码最多只需尝试 25 次，即可被破译。其优点是密钥简单易记，但由于明文和密文的对应关系过于简单，所以安全性较差。

　　对于凯撒密码的另一种改进办法是，使明文字母和密文字母之间的映射关系没有规律可循。如将 26 个字母中的每一个都映射成另一个字母，如表 3-1 所示。

表 3-1　字母映射表

明文	A	B	C	D	E	F	G	H	I	J	K	L	M	N	O	P	Q	R	S	T	U	V	W	X	Y	Z
密文	Q	W	E	R	T	Y	U	I	O	P	A	S	D	F	G	H	J	K	L	Z	X	C	V	B	N	M

　　这种方法称为单字母表替换，其密钥是对应于整个字母表的 26 个字母串。同时，也可以是一个由不同字母组成的且字母数小于 26 的字母串。例如，密钥是 WORD，那么就会得到表 3-2 所示的映射表。

表 3-2　密钥 WORD 的映射表

明文	A	B	C	D	E	F	G	H	I	J	K	L	M	N	O	P	Q	R	S	T	U	V	W	X	Y	Z
密文	W	O	R	D	A	B	C	E	F	G	H	I	J	K	L	M	N	P	Q	S	T	U	V	X	Y	Z

用单字母表替换算法进行加密或解密可以看成是直接查找类似上面的映射表来实现的。这种方法看起来似乎是一个很安全的系统，因为破译者即使知道是用单字母表替换法进行的加密，也不可能知道使用的是 26 个可能的密钥中的哪一个。若要试遍所有可能的密钥几乎是不可能的。

不过，若是给出一小段密文，还是可以找到破解的突破口的。一种方法是猜测可能的单词或短语。有重复模式的单词，以及常用的起始和结束字母都可以给出猜测字母表排列的线索。另一种方法是利用自然语言的统计特点。例如在英文中，e 是最常用的字母，接下来是 t、o、a、n、i 等。最常用的两个字母的组合是 th、in、er、re 和 an。最常见的 3 个字母的组合是 the, ing 和 ion。破译的方法是，首先计算所有字母在密文中出现的相对频率，然后把频率最高的暂时指定为 e，次高的暂时指定为 t。如果在密文中 3 个字母组合 tXe 出现频繁，那么 X 就很有可能是 h。以此类推，如果 thYt 出现频繁，则 Y 可能为 a。根据这个方法，可以认为另一个频繁出现的 3 个字母的组合 aZW 有相当大的可能性为 and。这样，通过常用的字母组合，并且了解元音和辅音的可能形式，就可以逐字逐句地初步构成一个试探性的明文。

由于替换密码是明文字母与密文字母之间的一对一映射，所以在密文中仍然保存了明文中字母的分布频率，这使得其安全性大大降低。

3.2.2　变位密码

在替换密码中保持了明文的符号顺序，只是将它们隐藏起来，而变位密码却是对明文字母重新排序，但不隐藏它们。常用的变位密码有列变位密码和矩阵变位密码。

1. 列变位密码

列变位密码的密钥是一个不含任何重复字母的单词或短语，然后将明文排序，以密钥中的英文字母大小顺序排出列号，最后以列的顺序写出密文。下面举例说明，如表 3-3 所示。

表 3-3　列变位密码

密　　钥	M	E	G	A	B	U	C	K
列　　号	7	4	5	1	2	8	3	6
	P	L	E	A	S	E	T	R
	A	N	S	F	E	R	O	N
	E	M	I	L	L	I	O	N
	D	O	L	L	A	R	S	T
	O	M	Y	S	W	I	S	S
	B	A	N	K	A	C	C	O
	U	N	T	S	I	X	T	W
	O	T	W	O	A	B	C	D

在该例中，密钥为 MEGABUCK，其作用是对每一列进行编号。在最接近英文字母表头的那个

字母的下面为第一列，以此类推，得出其他各列的编号。然后，明文按行书写，若最后的明文不满一行，可用"ABCD…"填充。从第一列开始生成密文，如表3-4所示。

表3-4 生成密文

明文	PLEASETRANSFERONEMILLIONDOLLARSTOMYSWISSBANKACCOUNTSIXTWOTWO
密文	AFLLSKSOSELAWAIATOOSSCTCLNMOMANTESILYNTWRNNTSOWDPAEDOBUOERIRICXB

2．矩阵变位密码

矩阵变位密码是把明文中的字母按给定的顺序排列在一个矩阵中，然后用另一种顺序选出矩阵的字母来产生密文。下面举例来说明此种加密方法。

将明文"ENGINEERING"按行排列在一个 3×4 的矩阵中，若明文排不满最后一行，可用"ABCD…"填充，如下所示：

$$
\begin{array}{cccc}
1 & 2 & 3 & 4 \\
E & N & G & I \\
N & E & E & R \\
I & N & G & A \\
\end{array}
$$

然后给出一个置换，如 $f=((1234)(2413))$，并根据给定的置换，按序排列，可得：

$$
\begin{array}{cccc}
1 & 2 & 3 & 4 \\
N & I & E & G \\
E & R & N & E \\
N & A & I & G \\
\end{array}
$$

相应的密文为：NIEGERNENAIG。

此法的密钥为矩阵的行数 m 和列数 n，以及给定的置换 $f=((1234)(2413))$，可表示为：$k=(m\times n, f)$。其解密过程是将以上步骤逆行。

变位密码同样有其不安全的一面。以列变位密码为例，破译者可以通过查看 E、T、A、O、I、N 等字母的出现频率，知道它们是否满足明文的普通模式。如果满足，则该密码显然是变位密码。然后猜测列的编号，一般可以从信息的上下文中猜出一个可能的单词或短语，通过寻找各种可能性，常常可以较容易地确定密钥的长度。最后一步确定列的顺序，当列的编号较小时，可以逐个检查列对，看其中的字母组合频率是否与英文字母组合频率相同。把两字母组合和3字母组合最符合的列暂定为正确。以此类推，直到找出可能正确的顺序为止。

3.2.3 一次性加密

如果要既保持代码加密的可靠性，又保持替换加密器的灵活性，可采用一次性密码进行加密。

首先选择一个随机比特串作为密钥。然后把明文转换成一个比特串，最后逐位对这两个比特串进行异或运算。例如，以比特串 011010101001 作为密钥，明文转换后的比特串为 101101011011，则经过异或运算后，得到的密钥为 110111110010。

这种密文没有给破译者提供任何信息，在一段足够长的密文中，每个字母或字母组合出现的频率都相同。由于每一段明文同样可能是密钥，如果没有正确的密码，破译者是无法知道究竟怎样的一种映射可以得到真正的明文，所以也就无法破译这样生成的密文。

与此同时，一次性加密在实践中也暴露出了许多的缺陷。第一，一次性加密是靠密码只使用一次来保障的，如果密码多次使用，密文就会呈现出某种规律性，就有被破译的可能。第二，由于这种密钥无法记忆，所以需要收发双方随身携带密钥，极不方便。第三，因为密钥不可重复，所以可传送的数据总量受到可用密钥数量的限制。第四，这种方法对丢失信息或信息错序十分敏感，如果收发双方错序，那么所有的数据都将被篡改。

以上这些传统加密方法的算法虽然简单，但它们却是现代加密方法的基础，它们的基本思想将指导我们采用越来越复杂的算法和密钥，使数据达到尽可能高的保密性。

3.3 常用加密技术介绍

3.3.1 DES 算法

数据加密标准（data encryption standard，DES）是美国国家标准局于 1977 年公布的由 IBM 公司研制的加密算法。DES 被授权用于所有非保密通信的场合，后来还曾被国际标准组织采纳为国际标准。

DES 是一种典型的按分组方式工作的单钥密码算法。其基本思想是将二进制序列的明文分组，然后用密钥对这些明文进行替代和置换，最后形成密文。DES 算法是对称的，既可用于加密又可用于解密。它的巧妙之处在于，除了密钥输入顺序之外，其加密和解密的步骤完全相同，从而在制作 DES 芯片时很容易达到标准化和通用化，很适合现代通信的需要。

DES 算法将输入的明文分为 64 位的数据分组，使用 64 位的密钥进行变换，每个 64 位的明文分组数据经过初始置换、16 次迭代和逆置换 3 个主要阶段，最后输出得到 64 位的密文。在迭代前，先要对 64 位的密钥进行变换，密钥经过去掉其第 8、16、24、…、64 位减至 56 位，去掉的 8 位被视为奇偶校验位，不含密钥信息，所以实际密钥长度为 56 位。DES 加密概况如图 3-1 所示。

DES 算法的初始置换过程为：输入 64 位明文，按初始置换规则把输入的 64 位数据按位重新组合，并把输出分为左右两部分，每部分各长 32 位。其初始置换规则如表 3-5 所示。

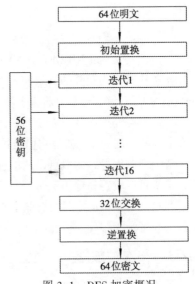

图 3-1 DES 加密概况

表 3-5 DES 算法的初始置换规则

58	50	12	34	26	18	10	2
60	52	44	36	28	20	12	4
62	54	46	38	30	22	14	6

续表

64	56	48	40	32	24	16	8
57	49	41	33	25	17	9	0
59	51	43	35	27	19	11	3
61	53	45	37	29	21	13	5
63	55	47	39	31	23	15	7

即将输入的第 58 位换到第 1 位，第 50 位换到第 2 位，第 12 位换到第 3 位，以此类推，最后一位是原来的第 7 位。例如：置换前的输入值为 D1D2D3…D64，则经过初始置换后，左面部分为：D58D50…D8，右面部分为：D57D49…D7。

DES 算法的迭代过程为：密钥与初始置换后的右半部分相结合，然后再与左半部分相结合，其结果作为新的右半部分。结合前的右半部分作为新的左半部分。这样一些步骤组成一轮，如图 3-2 所示。这种过程要重复 16 次。在最后一次迭代之后，所得的左右两部分不再交换，这样可以使加密和解密使用同一算法。

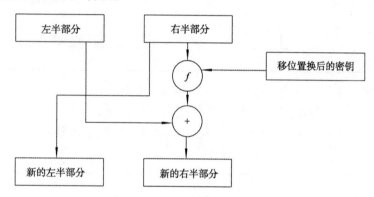

图 3-2　迭代过程

以下是一次详细的迭代过程：

首先看如何得到移位置换后的密钥。舍弃 64 位密钥中的奇偶校验位，根据表 3-6（PC-1）进行密钥变换得到 56 位的密钥（在变换中，奇偶校验位已被舍弃）。

表 3-6　PC-1

57	49	41	33	25	17	9
1	58	50	42	34	26	18
10	2	59	51	43	35	27
19	11	3	60	52	44	36
63	55	47	39	31	23	15
7	62	54	46	38	30	22
14	6	61	53	45	37	29
21	13	5	28	20	12	4

　　然后将变换后的密钥分为两个部分，开始的 28 位称为 C[0]，最后的 28 位称为 D[0]。设 I 初始值为 1，将 C[I]、D[I]左移 1 位或 2 位。根据表 3-7 决定左移的位数。

表 3-7　各轮移动位数表

I 值	1	2	3	4	5	6	7	8	9	10	11	12	13	14	15	16
左移位数	1	1	2	2	2	2	2	2	1	2	2	2	2	2	2	1

　　将 C[I]D[I]作为一个整体按表 3-8（PC-2）变换，可得到 48 位的 K[I]。

表 3-8　PC-2

14	17	11	24	1	5
3	28	15	6	21	10
23	19	12	4	26	8
16	7	27	20	13	2
41	52	31	37	47	55
30	40	51	45	33	48
44	49	39	56	34	53
46	42	50	36	29	32

　　重复执行以上步骤，直到 K[16]被计算完成，即可生成 16 个子密钥。

　　接下来看具体的迭代过程。将初始置换后的数据分为两部分，开始的 32 位称为 L[0]，最后的 32 位称为 R[0]。设 I 初值为 1，再将 32 位的 R[I-1]按表 3-9 扩展为 48 位的 E[I-1]。

表 3-9　扩展排列表

32	1	2	3	4	5
4	5	6	7	8	9
8	9	10	11	12	13
12	13	14	15	16	17
16	17	18	19	20	21
20	21	22	23	24	25
24	25	26	27	28	29
28	29	30	31	32	1

　　将 E[I-1]和 K[I]进行异或运算，其结果分为 8 个 6 位长的部分，第 1 位到第 6 位称为 B[1]，第 7 位到第 12 位称为 B[2]，以此类推，第 43 位到第 48 位称为 B[8]。按表 3-10（S 表）变换所有的 B[J]，所有在 S 表的值都被当做 4 位长度处理。将 B[J]的第 1 位和第 6 位组合为一个 2 位长度的变量 M，M 作为在 S[J]中的行号。将 B[J]的第 2 位到第 5 位组合，作为一个 4 位长度的变量 N，N 作为在 S[J]中的列号。用 S[J][M][N]来取代 B[J]。

表 3-10 S 表

	0 1 2 3 4 5 6 7 8 9 10 11 12 13 14 15
S1	14 4 13 1 2 15 11 8 3 10 6 12 5 9 0 7
	0 15 7 4 14 2 13 1 10 6 12 11 9 5 3 8
	4 1 14 8 13 6 2 11 15 12 9 7 3 10 5 0
	15 12 8 2 4 9 1 7 5 11 3 14 10 0 6 13
S2	15 1 8 14 6 11 3 4 9 7 2 13 12 0 5 10
	3 13 4 7 15 2 8 14 12 0 1 10 6 9 11 5
	0 14 7 11 10 4 13 1 5 8 12 6 9 3 2 15
	13 8 10 1 3 15 4 2 11 6 7 12 0 5 14 9
S3	10 0 9 14 6 3 15 5 1 13 12 7 11 4 2 8
	13 7 0 9 3 4 6 10 2 8 5 14 12 11 15 1
	13 6 4 9 8 15 3 0 11 1 2 12 5 10 14 7
	1 10 13 0 6 9 8 7 4 15 14 3 11 5 2 12
S4	7 13 14 3 0 6 9 10 1 2 8 5 11 12 4 15
	13 8 11 5 6 15 0 3 4 7 2 12 1 10 14 9
	10 6 9 0 12 11 7 13 15 1 3 14 5 2 8 4
	3 15 0 6 10 1 13 8 9 4 5 11 12 7 2 14
S5	2 12 4 1 7 10 11 6 8 5 3 15 13 0 14 9
	14 11 2 12 4 7 13 1 5 0 15 10 3 9 8 6
	4 2 1 11 10 13 7 8 15 9 12 5 6 3 0 14
	11 8 12 7 1 14 2 13 6 15 0 9 10 4 5 3
S6	12 1 10 15 9 2 6 8 0 13 3 4 14 7 5 11
	10 15 4 2 7 12 9 5 6 1 13 14 0 11 3 8
	9 14 15 5 2 8 12 3 7 0 4 10 1 13 11 6
	4 3 2 12 9 5 15 10 11 14 1 7 6 0 8 13
S7	4 11 2 14 15 0 8 13 3 12 9 7 5 10 6 1
	13 0 11 7 4 9 1 10 14 3 5 12 2 15 8 6
	1 4 11 13 12 3 7 14 10 15 6 8 0 5 9 2
	6 11 13 8 1 4 10 7 9 5 0 15 14 2 3 12
S8	13 2 8 4 6 15 11 1 10 9 3 14 5 0 12 7
	1 15 13 8 10 3 7 4 12 5 6 11 0 14 9 2
	7 11 4 1 9 12 14 2 0 6 10 13 15 3 5 8
	2 1 14 7 4 10 8 13 15 12 9 0 3 5 6 11

重复执行以上操作，直到 B[8]被替代完成。将 B[1]到 B[8]组合，按表 3-11（P 置换表）变换，得到 P。

表 3-11　P 置换表

16	7	20	21
29	12	28	17
1	15	23	26
5	18	31	10
2	8	24	14
32	27	3	9
19	13	30	6
22	11	4	25

把 P 和 L[I-1]进行异或运算，结果放在 R[I]中。循环执行，直到 K[16]被变换完成。

最后，进入逆置换阶段。组合变换后的 R[16]L[16]，按表 3-12（逆置换表）变换得到最后的结果。

表 3-12　逆 置 换 表

40	8	48	16	56	24	64	32
39	7	47	15	55	23	63	31
38	6	46	14	54	22	62	30
37	5	45	13	53	21	61	29
36	4	44	12	52	20	60	28
35	3	43	11	51	19	59	27
34	2	42	10	50	18	58	26
33	1	41	9	49	17	57	25

至此，完成了一个完整的 DES 算法的描述。

DES 的解密过程和加密完全类似，只要将 16 轮的子密钥序列逆过来使用即可。

3.3.2　IDEA 算法

国际数据加密算法（international data encryption algorithm，IDEA）是瑞士的著名学者提出的。IDEA 是在 DES 算法的基础上发展起来的一种安全高效的分组密码系统。

IDEA 密码系统的明文和密文长度均为 64 位，密钥长度则为 128 位。其加密由 8 轮类似的运算和输出变换组成，主要有异或、模加和模乘 3 种运算。其加密概况如图 3-3 所示。

IDEA 密码系统在加密和解密运算中，仅仅使用作用于 16 位子块对的一些基本运算，因此效率很高。IDEA 密码系统具有规则的模块化结构，

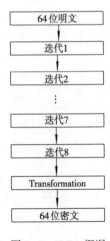

图 3-3　IDEA 概况

有利于加快其硬件实现速度。由于 IDEA 的加密和解密过程是相似的，所以有可能采用同一种硬件器件来实现加密和解密。

　　IDEA 算法的密钥长度为 128 位，是 DES 密钥长度的两倍。它能够抵抗差分密码分析方法和相关密钥密码分析方法的攻击。科学家已证明 IDEA 算法在其 8 轮迭代的第 4 轮之后便不受差分密码分析的影响。假定穷举法攻击有效的话，那么即使设计一种每秒可以试验 10 亿个密钥的专用芯片，并将 10 亿片这样的芯片用于此项工作，仍需 1 013 年才能解决问题。目前，尚无一篇公开发表的试图对 IDEA 进行密码分析的文章。因此，就现在来看应当说 IDEA 是一种安全性好、效率高的分组密码算法。

3.3.3　RSA 算法

　　RSA 算法是公开密钥密码体制中最著名、使用最广泛的一种。首先来对公开密钥密码体制进行简单介绍。

　　公开密钥密码体制，又称非对称密钥密码体制，是与传统的对称密钥密码体制相对应的。在传统的加密方法中，加密、解密使用的是同样的密钥，由发送者和接收者分别保存，在加密和解密时使用。通常，使用的加密算法比较简便高效，密钥简短，破译极为困难。但采用这种方法的主要问题是在公开的环境中如何安全地传送和保管密钥。1976 年，Diffie 和 Hellman 为解决密钥的分发与管理问题，在《密码学的新方向》一文中，提出了一种新的密钥交换协议，允许在不安全的媒体上通过通信双方交换信息，安全地传送密钥。在此新思想的基础上，很快出现了公开密钥密码体制。在该体制中，使用一个加密算法 E 和一个解密算法 D，它们彼此完全不同，并且解密算法不能从加密算法中推导出来。此算法必须满足下列 3 点要求：

　　① D 是 E 的逆，即 D[E(P)]=P。

　　② 从 E 推导出 D 极其困难。

　　③ 对一段明文的分析，不可能破译出 E。

　　从上述要求可以看出，公开密钥密码体制下，加密密钥不等于解密密钥。加密密钥可对外公开，使任何用户都可将传送给此用户的信息用公开密钥加密发送，而该用户唯一保存的私有密钥是保密的，也只有它能将密文恢复为明文。虽然解密密钥理论上可由加密密钥推算出来，但实际上在这种密码体系中是不可能的，或者虽然能够推算出，但要花费很长的时间而使之成为不可行的，所以将加密密钥公开也不会危害密钥的安全。

　　公开密钥密码体制，是现代密码学最重要的发明和进展。一般理解密码学就是保护信息传递的机密性，但这仅仅是当今密码学的一个方面。对信息发送与接收人的真实身份的验证，对所发出/接收信息在事后的不可抵赖，以及保障数据的完整性也是现代密码学研究的另一个重要方面。公开密钥密码体制对这两方面的问题都给出了出色的解答，并正在继续产生许多新的思想和方案。

　　在所有的公开密钥加密算法中，RSA 算法是理论上最为成熟、完善，使用最为广泛的一种。RSA 算法是由 R.Rivest、A.Shamir 和 L.Adleman 三位教授于 1978 年提出的，RSA 就来自于三位教授姓氏的第一个字母。该算法的数学基础是初等数论中的 Euler（欧拉）定理，其安全性建立在大整数因子分解的困难性之上。RSA 算法是第一个能同时用于加密和数字签名的算法，并且易于理解和操作。RSA 算法从提出到现在已近 20 年，经历了各种攻击的考验，逐渐为人们接受，普遍认为是目前最优秀的公钥方案之一。下面简要介绍如何运用这种方法。

首先准备加密所需的参数：选择两个大的质数 p 和 q，一般应为 100 位以上的十进制质数。然后计算 $n=p \times q$ 和 $z=(p-1) \times (q-1)$。选择一个与 z 互为质数的数 d。找出 e，使得 $e \times d=1 \bmod z$。其中，(e, n) 便是公开密钥，(d, n) 便是私有密钥。

加密过程为：将明文看做一个比特串，划分成块，使每段明文信息 P 落在 $0<P<n$ 之间，这可以通过将明文分成每块有 k 位的组来实现，并且 k 为满足 $2k<n$ 成立的最大整数。对明文信息 P 进行加密，计算 $C=Pe(\bmod n)$。解密 C，要计算 $P=Cd(\bmod n)$。可以证明，在确定的范围内，加密和解密函数是互逆的。为实现加密，需要 e 和 n，为实现解密需要 d 和 n。所以公钥由 (e, n) 组成，私钥由 (d, n) 组成。

下面是一个简单的例子，我们为明文 "SUZANNE" 进行加密和解密，如表 3-13 所示。

表 3-13   RSA 实例

明 文		密 文			解 密	
字母	序号	P3	P3（mod 33）	C7	C7（mod 33）	字母
S	19	6859	28	13492928512	19	S
U	21	9261	21	1801088541	21	U
Z	26	17576	20	128000000	26	Z
A	01	1	1	1	1	A
N	14	2744	5	78125	14	N
N	14	2744	5	78125	14	N
E	05	125	26	8031810176	5	E

我们选择了 $p=3$，$q=11$，则 $n=33$，$z=20$。因为 7 和 20 没有公共因子，所以设 d 的一个适合的值为 $d=7$。选定这些值后，求解方程 $7e = 1(\bmod 20)$，得出 $e=3$。然后根据 $C=P3(\bmod 33)$ 得出明文 P 的密文 C。接收者则根据 $P=C7(\bmod 33)$ 将密文解密。

在上例中，因为质数选择得很小，所以 P 必须小于 33，因此，每个明文块只能包含一个字符。结果形成了一个普通的单字母表替换密码。但它与 DES 还是有很大区别的，如果 p，q 的选择为 10100，就可得到 $n=10200$，这样，每个明文块就可多达 664 bit，而 DES 只有 64 bit。

以上情况并不能说明 RSA 可以替代 DES。相反，它们的优缺点可以很好地互补，RSA 的密钥很长，加密速度慢，而采用加密速度快，适合加密较长的报文 DES 正好弥补了 RSA 的缺点。即可以把 DES 用于明文加密，RSA 用于 DES 密钥的加密。这样因使用 RSA 而耗掉的时间就不会太多。同时，RSA 也可以解决 DES 密钥分配的问题。

RSA 的缺点主要有：第一，产生密钥很麻烦，受到素数产生技术的限制，因此难以做到一次一密。第二，分组长度太大，为保证安全性，n 至少也要 600 bit 以上，使运算代价很高，尤其是速度较慢，比对称密码算法慢几个数量级。而且随着大数分解技术的发展，这个长度还在增加，不利于数据格式的标准化。第三，RSA 的安全性依赖于大整数的因子分解，但并没有从理论上证明破译 RSA 的难度与大整数分解难度等价。即 RSA 的重大缺陷是无法从理论上把握它的保密性能如何，为了保证其安全性，只能不断增加模 n 的位数。

3.4　加密技术的典型应用——数字签名

3.4.1　数字签名的概念

为了鉴别文件或书信的真伪，传统的做法是相关人员在文件或书信上手写签名或印章。签名可以起到认证、核准、生效的作用。随着信息时代的来临，人们希望通过数字通信网络进行远距离贸易合同的传递，这就出现了文件真实性的认证问题，数字签名应运而生了。如今，数字签名已经在诸如电子邮件、电子转账、办公室自动化等系统大量应用。

数字签名（digital signature）是指信息发送者使用公开密钥算法的主要技术，产生别人无法伪造的一段数字串。发送者用自己的私有密钥加密数据后，传给接收者。接收者用发送者的公钥解开数据后，就可以确定数据来自于谁。同时这也是对发送者发送信息的真实性的一个证明，发送者对所发送的信息是不能抵赖的。

数字签名用来保证信息传输过程中信息的完整性和提供信息发送者的身份认证。例如，在电子商务中要求安全、方便地实现在线支付，而数据传输的安全性、完整性，身份验证机制及交易的不可抵赖性等，大多是通过安全性认证手段加以解决的。数字签名可以进一步方便电子商务的开展。例如，商业用户无须在纸上签字或为信函往来而等待，足不出户就能够通过网络获得抵押贷款、购买保险或者与房屋建筑商签订契约等。企业之间也能通过网上磋商达成有法律效力的协议。

一个数字签名算法主要由两个算法组成，即签名算法和验证算法。签名者能使用一个秘密的签名算法签一个消息，所得的签名能通过一个公开的验证算法来验证。给定一个签名后，验证算法根据签名是否真实来做出一个"真"或"假"的问答。其过程可描述为：甲首先使用他的密钥对消息进行签名得到加密的文件，然后将文件发给乙，最后，乙用甲的公钥验证甲的签名的合法性。这样的签名方法是符合以下可靠性原则的：

① 签字是可以被确认的。
② 签字是无法被伪造的。
③ 签字是无法重复使用的。
④ 文件被签字以后是无法被篡改的。
⑤ 签字具有无可否认性。

目前已有大量的数字签名算法，如 RSA 数字签名算法、EIGamal 数字签名算法、美国的数字签名标准/算法（DSS/DSA）、椭圆曲线数字签名算法和有限自动机数字签名算法等。

3.4.2　数字签名的实现方法

数字签名可以用对称算法实现，也可以用非对称算法实现，还可以用报文摘要算法来实现。

1. 使用对称密钥密码算法进行数字签名

对称密钥密码算法所用的加密密钥和解密密钥通常是相同的，即使不同也可以很容易地由其中的一个推导出另一个。在此算法中，加解密双方所用的密钥都要保守秘密。由于其计算速度快，因此广泛应用于大量数据的加密过程中。使用对称密钥密码算法进行数字签名的加密标准有：DES、RC2、RC4 等。

其签名和验证过程为：利用一组长度是报文的比特数 n 两倍的密钥 A 来产生对签名的验证信

息，即随机选择 $2n$ 个数 B，由签名密钥对这 $2n$ 个数 B 进行一次加密交换，得到另一组 $2n$ 个数 C。发送方从报文分组的第一位开始依次检查，若为 0 时，取密钥 A 的第 1 位，若为 1 则取密钥 A 的第 2 位……直至报文全部检查完毕。所选取的 n 个密钥位形成了最后的签名。接收方对签名进行验证时，也是首先从第 1 位开始依次检查报文分组，如果它的第 x 位为 0 时，它就认为签名中的第 x 组信息是密钥 A 的第 x 位，若为 1 则为密钥 A 的第 $x+1$ 位，直至报文全部验证完毕后，就得到了 n 个密钥。由于接收方具有发送方的验证信息 C，所以可以利用得到的 n 个密钥检验验证信息，从而确认报文是否是由发送方所发送。

由于这种方法是逐位进行签名的，所以只要有一位被改动过，接收方就得不到正确的数字签名，因此其安全性较好。其缺点是：签名太长，签名密钥及相应的验证信息不能重复使用，否则极不安全。

2. 使用非对称密钥密码算法进行数字签名

非对称密钥密码算法（即公钥密码算法）使用两个密钥：公开密钥和私有密钥，分别用于对数据的加密和解密，即如果用公开密钥对数据进行加密，只有用对应的私有密钥才能进行解密。如果用私有密钥对数据进行加密，则只有用对应的公开密钥才能解密。使用公钥密码算法进行数字签名的加密标准有 RSA、DSA、Diffie-Hellman 等。

其签名和验证过程为：发送方首先用公开的单向函数对报文进行一次变换，得到数字签名，然后利用私有密钥对数字签名进行加密后，附在报文之后一同发出。接收方用发送方的公开密钥对数字签名进行解密交换，得到一个数字签名的明文。发送方的公钥可以由一个可信赖的技术管理机构，即认证中心（CA）发布。接收方将得到的明文通过单向函数进行计算，同样得到一个数字签名，再将两个数字签名进行对比。如果相同，则证明签名有效，否则无效。

这种方法使任何拥有发送方公开密钥的人都可以验证数字签名的正确性。由于发送方私有密钥的保密性，使得接收方既可以根据结果来拒收该报文，也能使其无法伪造报文签名及对报文内容进行修改，原因是数字签名是对整个报文进行的，是一组代表报文特征的定长代码，同一个人对不同的报文将产生不同的数字签名。这就解决了银行通过网络传送一张支票，而接收方可能对支票数额进行改动的问题，也避免了发送方逃避责任的可能性。

3. 报文摘要算法

报文摘要法是最主要的数字签名方法，也称为数字摘要法或数字指纹法。该数字签名方法是将数字签名与要发送的信息紧密联系在一起，它更适合于电子商务活动。将一个报文内容与签名结合在一起，与内容和签名分开传递的方法相比，有着更强的可信度和安全性。使用报文摘要算法进行数字签名的通用加密标准有 SHA-1、MD5 等。下面以 MD5 为例做简要说明。

MD5 是目前应用最广泛的报文摘要算法，是一个可以为每个文件生成一个数字签名的工具。MD5 属于一种 HASH（哈希）函数，其定义为：算法以一个任意长信息作为输入，产生一个 128 位的"指纹"或"摘要信息"。

MD5 算法是对需要进行摘要处理的报文信息块按 512 位进行处理的。首先它对报文信息进行填充，使其长度等于 512 的倍数。填充的方法是在需要进行摘要处理的报文信息块后填充 64 字节长的信息，然后再用首位为 1，后面全为 0 的信息进行填充。然后对信息报文进行处理，每次处理 512 位，每次进行 4 轮（每轮 16 步，共 64 步）的信息变换处理，每次输出结果为 128 位。然后把前一次的输出作为下一次信息变换的输入初始值，这样最后输出一个 128 位的 HASH 摘要结果。

MD5 提供了一种单向的 HASH 函数，是一种校验工具。它将一个任意长的字串作为输入，产生一个 128 位的"报文摘要"，附在信息报文后面，以防报文被篡改。MD5 被认为对两个不同报文产生相同的报文摘要是不可计算的，并且对一个已给定的报文摘要，对另一个报文产生同样的报文摘要也是不可计算的。

在信息安全中，MD5 算法是非常有效的一种对付特洛伊木马程序的工具。通过 MD5 算法计算每个文件的数字签名可以检查文件是否被更换或是否与原来的一致。

3.4.3 数字签名的其他问题

1. 数字签名的保密性

数字签名的保密性在很大程度上依赖于公开密钥。数字签名的加密解密过程和密钥的加密解密过程虽然都使用公开密钥体系，但实现的过程正好相反，使用的密钥对也不同。数字签名使用的是发送方的密钥对，发送方用自己的私有密钥进行加密，接收方用发送方的公开密钥进行解密。这是一个一对多的关系，任何拥有发送方公开密钥的人都可以验证数字签名的正确性。而秘密密钥的加密解密则使用的是接收方的密钥对，这是多对一的关系，任何知道接收方公开密钥的人都可以向接收方发送加密信息，只有唯一拥有接收方私有密钥的人才能对信息解密。这是一个复杂但又很有趣的过程。在实用过程中，通常一个用户拥有两个密钥对，一个密钥对用来对数字签名进行加密解密，一个密钥对用来对密钥进行加密解密。这样的方式提供了更高的安全性。

由于加密密钥是公开的，所以密钥的分配和管理就很简单，而且能够很容易地实现数字签名。因此，非常适合于电子商务应用的需要。在实际应用中，公开密钥加密系统并没有完全取代秘密密钥加密系统，这是因为公开密钥加密系统的计算非常复杂，它的速度远赶不上密钥加密系统。因此，在实际应用中可利用二者各自的优点，采用密钥加密系统加密文件，采用公开密钥加密系统加密"加密文件"的密钥，这就是混合加密系统，它较好地解决了运算速度问题和密钥分配管理问题。

2. 数字签名的不足

在实际应用中，数字签名还存在以下一些不足之处：

① 数字签名急需相关法律条文的支持。需要立法机构对数字签名技术有足够的重视，并且在立法上加快脚步，迅速制定有关法律，以充分实现数字签名具有的特殊鉴别作用，有力地推动电子商务及其他网上事务的发展。

② 如果发送方的信息已经进行了数字签名，那么接收方就一定要有数字签名软件，这就要求软件具有很高的普及性。

③ 假设某人发送信息后，被取消了原有数字签名的权限，以往发送的数字签名在鉴定时只能在取消确认列表中找到原有确认信息，这样就需要鉴定中心结合时间信息进行鉴定。

④ 数字签名中的基础设施，如鉴定中心、在线存取数据库等的建设费用，可能会影响到这项技术的全面推广。

3. 数字签名的发展方向

首先，现有的一些基于优良算法的数字签名还会有很大的发展，如基于大整数因子分解难题的 RSA 算法和基于椭圆曲线上离散对数计算难题的 ECC 算法等。

今后的加密、生成和验证数字签名的工具将不断完善，会建立广泛的协作机制来支持数字签名。确保数据保密性、数据完整性和不可否认性才能保证电子商务的安全交易。今后，与数字签名有关的复杂认证将像现在应用环境中的口令保护一样，直接内嵌到操作系统环境、信息传递系统及 Internet 防火墙中。

数字签名作为电子商务的应用技术，其中涉及的关键技术和协议也很多，如网上交易安全协议 SSL、SET 协议都会涉及数字签名，究竟使用哪种算法、哪种 HASH 函数，以及数字签名管理、在通信实体与可能有的第三方之间使用协议等问题都可以作为新的课题。相信数字签名的应用将越来越广阔。

3.5　加密软件实例——PGP

3.5.1　PGP 简介

PGP（pretty good privacy）是一种操作简单、使用方便、普及程度较高的混合型加密体系。PGP 不但可以对电子邮件加密，防止非授权者阅读信件，还能对电子邮件附加数字签名，使收信人能明确了解发信人的真实身份，也可以在不需要通过任何保密渠道传递密钥的情况下，使人们安全地进行保密通信。

PGP 创造性地把 RSA 不对称加密算法的方便性和传统加密体系结合起来，在数字签名和密钥认证管理机制方面采用了无缝结合的巧妙设计，同时具有良好的人机工程设计。它功能强大，有很快的速度，而且是完全免费的。另外，PGP 还可以用来加密各种类型的文件，这些使其几乎成为最为流行的公钥加密软件包。

PGP 的加密机制为：假设甲要寄信给乙，他们互相知道对方的公钥。甲就用乙的公钥加密邮件寄出，乙收到后就可以用自己的私钥解密出甲的原文。由于别人不知道乙的私钥，所以即使是甲本人也无法解密那封信，这就解决了信件保密的问题。另一方面，由于每个人都知道乙的公钥，他们都可以给乙发信，那么乙怎么确定来信是不是甲的，这就是数字签名的必要性，用数字签名可确认发信的身份。

PGP 的数字签名是利用一个叫"邮件文摘"的功能，简单地讲就是对一封邮件用某种算法算出一个最能体现这封邮件特征的数来，这个数加上用户的名字和日期等，就可以作为一个签名了，确切地说，PGP 是用一个 128 位的二进制数作为"邮件文摘"的。

PGP 给邮件加密和签名的过程是这样的：首先甲用自己的私钥将上述 128 位值加密，附加在邮件后，再用乙的公钥将整个邮件加密（要注意这里的次序，如果先加密再签名的话，别人可以将签名去掉后签上自己的签名，从而篡改了签名）。这样这份密文被乙收到以后，乙用自己的私钥将邮件解密，得到甲的原文和签名，乙的 PGP 也从原文计算出一个 128 位的特征值来和用甲的公钥解密签名所得到的数进行比较，如果符合就说明这份邮件确实是甲寄来的。这样两个安全性要求都得到了满足。

PGP 还可以只签名而不加密，这适用于公开发表声明时，声明人为了证实自己的身份，可以用自己的私钥签名，这样就可以让收件人能确认发信人的身份，也可以防止发信人抵赖自己的声明。这一点在商业领域有很大的应用前途，它可以防止发信人抵赖和信件被途中篡改。

3.5.2　PGP 的使用

1. 安装

PGP 的安装非常简单，下面以 PGP 10.0.2 版本为例进行说明。PGP 软件的安装程序可以从互联网下载得到。经解压缩后，双击 PGP10.0.2 版本的安装文件，出现如图 3-4 所示的界面。

按照提示，依次单击"下一步"按钮，待计算机重新启动后，即可成功安装。

图 3-4　PGP 安装

2. 注册及生成密钥

计算机重新启动后，会出现设置助手，帮助完成注册及生成密钥，如图 3-5 所示。

单击"下一步"按钮，填写注册用的名称、组织和邮件地址等，如图 3-6 所示。

图 3-5　PGP 注册及生成密钥（一）　　　图 3-6　PGP 注册及生成密钥（二）

单击"下一步"按钮，进入注册阶段，填写序列号，也就是许可证号码，如图 3-7 所示。

单击"下一步"按钮，忽略错误提示，选择"输入一个 PGP 客服提供的许可证授权"单选按钮，如图 3-8 所示。

图 3-7　PGP 注册及生成密钥（三）　　　图 3-8　PGP 注册及生成密钥（四）

单击"下一步"按钮，在空白处粘贴上许可证授权码，如图 3-9 所示。

单击"下一步"按钮，屏幕显示授权成功，所有功能全部激活，注册完成，如图 3-10 所示。

图 3-9　PGP 注册及生成密钥（五）

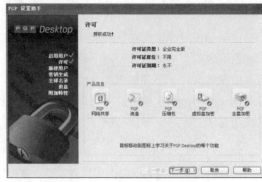

图 3-10　PGP 注册及生成密钥（六）

单击"下一步"按钮，开始引导生成密钥，如图 3-11 所示。

单击"下一步"按钮，填写全名及主要邮件，这是为了名称与邮箱的对应，方便使用密钥，如图 3-12 所示。

图 3-11　PGP 注册及生成密钥（七）

图 3-12　PGP 注册及生成密钥（八）

单击"下一步"按钮，输入密钥口令，要求至少 8 位字符长度，并包含数字和字母，这个口令一定要牢记！如图 3-13 所示。

单击"下一步"按钮，进行生成密钥及传输密钥到服务器、邮件账号等设置，如图 3-14 至图 3-17 所示。

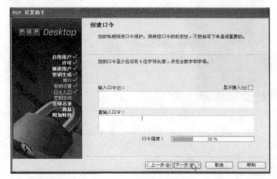

图 3-13　PGP 注册及生成密钥（九）

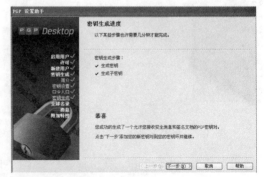

图 3-14　PGP 注册及生成密钥（十）

图 3-15　PGP 注册及生成密钥（十一）　　　　图 3-16　PGP 注册及生成密钥（十二）

至此，PGP 软件的安装、注册和密钥生成结束。在任务栏中出现 PGP 托盘，桌面上出现 PGP Shredder 图标（非常实用的文件粉碎器），如图 3-18 所示。

图 3-17　PGP 注册及生成密钥（十三）　　　　　　图 3-18　PGP 图标

选择"打开 PGP Desktop"选项，其窗口如图 3-19 所示。

图 3-19　PGP 窗口

在窗口中可以看到 PGP 有着完善的功能和广泛的应用范围，需要多尝试，多摸索、多实践，才会运用自如。另外，PGP还配置了右键快捷菜单，当右击某文件时，可以快捷地使用相关功能，如图3-20所示。

3．加密、解密

PGP的加密、解密功能非常强大，下面对其为系统剪贴板中的文本加密功能做简单说明。这个功能非常有用，我们可以将自己的重要密码经过加密后，放在网络或者任意文本文件中，在需要找回密码时，经过解密就可以将其还原，而不用担心其安全受到威胁。

首先，复制文本文档中的一段话，如图3-21所示。

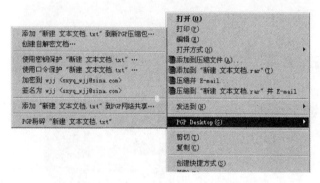

图3-20　PGP右键快捷菜单　　　　　图3-21　PGP加密、解密（一）

然后单击屏幕右下角任务栏中的锁头标记，在新出现的菜单中选择"加密"命令，如图3-22所示。

这时会出现一个公钥选择对话框，选择用来加密的公钥，这段文本就被加密好了，如图3-23所示。

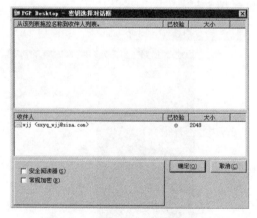

图3-22　PGP加密、解密（二）　　　　图3-23　PGP加密、解密（三）

经过加密的密文已经是一堆乱码，无法解读出真实信息，如图3-24所示。

如果要解密加密后的文本，首先仍然复制这段密文，然后单击锁头标记，选择"解密&校验"命令，如图3-25所示。

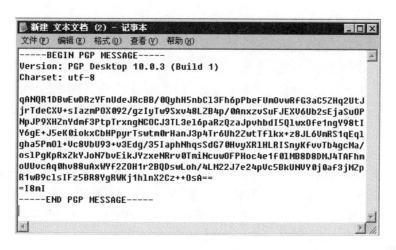

图 3-24　PGP 加密、解密（四）

在输入正确的口令后，弹出新的界面，可以看到加密文本已经被正确解密了，如图 3-26 所示。

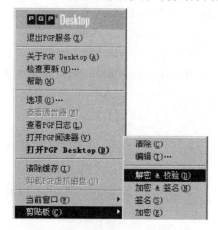

图 3-25　PGP 加密、解密（五）

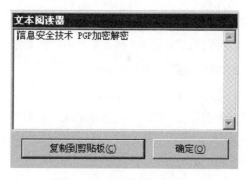

图 3-26　PGP 加密、解密（六）

如果希望发出的信件或者文件不被冒名或篡改，PGP 还可以实现加密后签名，方法与上面类似。

PGP 的功能还有很多，有兴趣的读者可以进行测试。

3.6　密钥管理

由于加密算法的公开，对明文的保密将主要依赖于密钥。一旦密钥丢失或出错，不仅合法用户不能提取信息，而且可能会导致非法用户窃取信息。所以，密钥的安全管理在信息系统安全中是极为重要的。它不仅会影响系统的安全性，还会涉及系统的可靠性、有效性和经济性。

密钥管理包括密钥的产生、存储、装入、分配、保护、丢失、销毁等内容。其方法的选取是基于参与者对使用该方法的环境所做的评估之上。对环境的考虑包括要进行防范所使用的技术、提供的密码服务的体系结构与定位，以及密码服务提供者的物理结构与定位。

1．对称密钥的管理

对称加密是基于共同保守秘密来实现的。采用对称加密技术的通信双方必须要保证采用的是相同的密钥，要保证彼此密钥的交换是安全可靠的，同时还要设定防止密钥泄露和更改密钥的程序。这样对称密钥的管理就会变成一件烦琐且充满潜在威胁的工作，解决的办法是通过公开密钥加密技术实现对称密钥的管理。这样将使相应的管理变得简单和更加安全，同时还解决了纯对称密钥模式中存在的可靠性问题和鉴别问题。

通信的一方可以为每次交换的信息生成唯一的一把对称密钥，并用公开密钥对该密钥进行加密，然后再将加密后的密钥和用该密钥加密的信息一起发送给相应的另一方。由于对每次信息交换都对应生成了唯一的一把密钥，因此双方就不再需要对密钥进行维护和担心密钥的泄露或过期。这种方式的另一优点是，即使泄露了一把密钥也将只影响一次通信过程，而不会影响双方之间其他的通信。同时，这种方式也提供了发布对称密钥的一种安全途径。

2．公开密钥的管理

通信双方可以使用数字证书（公开密钥证书）来交换公开密钥。国际电信联盟制定的标准X.509 对数字证书进行了定义。该标准等同于国际标准化组织（ISO）与国际电工委员会 （IEC）联合发布的 ISO/IEC 9594—8:195 标准。数字证书通常包含有唯一标识证书所有者的名称、唯一标识证书发布者的名称、证书所有者的公开密钥、证书发布者的数字签名、证书的有效期及证书的序列号等。证书发布者一般称为证书管理机构（CA），它是通信双方都信赖的机构。数字证书能够起到标识通信双方的作用，是目前广泛采用的密钥管理技术之一。

3．密钥管理的相关标准规范

目前国际有关的标准化机构都着手制定了关于密钥管理的技术标准规范。ISO 与 IEC 下属的信息技术委员会（JTC1）已起草了关于密钥管理的国际标准规范。该规范主要由 3 部分组成，第1 部分是密钥管理框架，第 2 部分是采用对称技术的机制，第 3 部分是采用非对称技术的机制。

习　题

1. 列举传统的加密方法，并对它们做简要描述。
2. 简述并画出 DES 算法中其中一轮的生成过程图。
3. 公开密钥体制 RSA 算法的主要特点是什么？
4. 简述 RSA 算法的密钥选取步骤。
5. 说明公开密钥体制实现数字签名的过程。
6. 简述 PGP 加密软件的工作原理。
7. 下载、安装 PGP 软件，然后进行加密文件及邮件的操作。

第4章 │ 数据与数据库安全技术

随着信息化、电子化进程的发展，数据越来越成为企事业单位日常运作与核心决策的依据。数据安全问题逐步成为计算机世界关注和讨论的焦点。数据安全包括数据传输的安全、数据处理的安全与数据存储的安全。

在数字经济时代最重要的资源并不是网络和设备，而是有价值的数据和存储这些关键数据的地方——数据库。在数据库中，这些数据作为商业信息或知识，一旦遭受安全威胁将带来难以想象的严重后果。

一般来说，在考虑安全问题时会考虑众多威胁、外部或内部、应用系统实现的各个方面。绝大多数人或企业往往把注意力集中于网络和操作系统安全，而容易忽视最重要的数据库安全。

数据库安全是一个广阔的领域，从传统的备份与恢复、认证与访问控制，到数据存储和通信环节的加密，它作为操作系统之上的应用平台，其安全与网络和主机安全息息相关。本章着重从数据存储和传输安全、数据库安全管理角度讨论相关问题。

4.1 数据安全概述

数据安全有两方面的含义：一是数据本身的安全，主要是指采用现代密码算法对数据进行主动保护，如数据保密、数据完整性和双向强身份认证等；二是数据防护的安全，主要是采用现代信息存储手段对数据进行主动防护，如通过磁盘阵列、数据备份、异地容灾等手段保证数据的安全，数据安全是一种主动的保护措施，数据本身的安全必须基于可靠的加密算法与安全体系。

数据安全越来越引起人们的重视。研究表明：在一个依赖计算机应用系统的企业，丢失300MB的数据对于市场营销部门就意味着13万元人民币的损失，对财务部门意味着16万元人民币的损失，对工程部门来说损失可达80万元人民币，而企业丢失的关键数据如果15天内仍无法恢复，企业就有可能被淘汰出局。丢失数据在国内外都时有发生，这都证明了保证数据安全的重要性，随着计算机系统越来越成为国内用户的数据载体，如何保证数据安全也成为我们迫切需要研究的问题。

4.1.1 数据及基本安全问题

1. 数据的概念

数据是对客观事物的符号表示，是对事实、概念或指令的一种特殊表达形式，这种特殊的表达形式可以用人工的方式或者用自动化的装置进行通信、翻译转换或进行加工处理。在计算机科学中，数据是指所有输入到计算机中并被计算机程序处理的符号的总称，是指计算机系统中处理的对象。计算机中的"数据"是一个广义的概念，包括数值、文字、图形、图像、声音、视频、动画等多种形式。例如电影、歌曲、图片等都是数据，HTTP 请求发送的一些对象也是数据，数据库里存储的是数据，QQ 号是数据，QQ 号里的好友也是数据，存储在计算机里的个人信息也是数据……一切都是数据。

2．数据的基本安全问题

广义的数据安全范畴包括数据传输的安全、数据处理的安全与数据存储的安全。

数据传输安全保证正在网络系统或系统总线上传输的数据安全，传输过程中的数据可能会遇到被中断、复制、篡改、伪造、监听和监视等主要威胁。利用数据加密（encryption）技术，可确保数据在网络上的传输过程中不会被截取及窃听，用以保障在 Internet 上数据传输之安全。

数据处理的安全是指如何有效地防止数据在录入、处理、统计或打印中由于硬件故障、断电、死机、人为的误操作、程序缺陷、病毒或黑客等造成的数据库损坏或数据丢失现象，某些敏感或保密的数据可能被不具备资格的人员或操作员阅读，而造成数据泄密等后果。

数据存储的安全是指数据库在系统运行之外的可读性，一个标准的 Access 数据库，稍微懂得一些基本方法的计算机人员，都可以打开阅读或修改。一旦数据库被盗，即使没有原来的系统程序，照样可以另外编写程序对盗取的数据库进行查看或修改。从这个角度来看，不加密的数据库是不安全的，容易造成商业泄密。这就涉及计算机网络通信的保密、安全及软件保护等问题。

4.1.2　威胁数据安全的因素

威胁数据安全的因素有很多，主要有以下几个比较常见：

（1）硬盘驱动器损坏

一个硬盘驱动器的物理损坏意味着数据丢失。设备的运行损耗、存储介质失效、运行环境及人为的破坏等，都能对硬盘驱动器设备造成影响。

（2）人为错误

由于操作失误，使用者可能会误删除系统的重要文件，或者修改影响系统运行的参数，以及没有按照规定要求或操作不当导致的系统死机。

（3）黑客

这里是指入侵者通过网络远程入侵系统，侵入原因包括很多，如系统漏洞、管理不力等。

（4）病毒

近年来，由于感染计算机病毒而破坏计算机系统，造成的重大经济损失事例屡屡发生，计算机病毒的复制能力强，感染性强。特别是在网络环境下，传播性更快。

（5）信息窃取

从计算机上复制、删除信息或干脆将计算机偷走。

（6）自然灾害

火灾、地震、严重的洪涝灾害等造成设备的损坏无法恢复数据。

（7）电源故障

电源供给系统故障，一个瞬间过载电功率会损坏在硬盘或存储设备上的数据。

（8）磁干扰

磁干扰是指重要的数据接触到磁性物质，造成计算机数据被破坏。

4.2　数据安全技术

现在的计算机存储的信息越来越多，而且越来越重要，为防止计算机中的数据意外丢失，一般都采用许多重要的安全防护技术来确保数据的安全，下面简单地介绍常用和流行的数据安全防护技术。

（1）磁盘阵列

磁盘阵列是指将多个类型、容量、接口甚至品牌一致的专用磁盘或普通硬盘连成一个阵列，使其以快速、准确、安全的方式读写磁盘数据，从而达到数据读取快速和安全的一种手段。

（2）数据备份

备份管理包括备份的可计划性、自动化操作、历史记录的保存或日志记录。

（3）双机容错

双机容错的目的在于保证系统数据和服务的在线性，即当某一系统发生故障时，仍然能够正常地向网络系统提供数据和服务，使得系统不至于停顿，双机容错的目的在于保证数据不丢失和系统不停机。

（4）NAS

NAS 解决方案通常配置为文件服务的设备。由工作站或服务器通过网络协议和应用程序来进行文件访问，大多数 NAS 链接在工作站客户机和 NAS 文件共享设备之间进行。这些链接依赖于企业的网络基础设施正常运行。

（5）数据迁移

由在线存储设备和离线存储设备共同构成一个协调工作的存储系统。该系统在在线存储和离线存储设备间动态地管理数据，使得访问频率高的数据存放于在线存储设备中，而访问频率低的数据存放于较为廉价的离线存储设备中。

（6）异地容灾

以异地实时备份为基础的高效、可靠的远程数据存储。在各单位的 IT 系统中，必然有核心部分，通常称之为生产中心，往往给生产中心配备一个备份中心，该备份中心是远程的，并且在生产中心的内部已经实施了各种各样的数据保护。不管怎么保护，当火灾、地震这种灾难发生时，一旦生产中心瘫痪了，备份中心会接管生产，继续提供服务。

（7）SAN

SAN 允许服务器在共享存储装置的同时仍能高速地传送数据。这一方案具有带宽高、可用性高、容错能力强的优点，而且它可以轻松升级，容易管理，有助于改善整个系统的总体成本状况。

4.2.1　数据完整性

数据完整性包括 3 种，分别是实体完整性、参照完整性及用户定义的完整性约束，其中前两种完整性约束由关系数据库系统自动支持。

实体完整性约束要求关系的主键中属性值不能为空，这是数据库完整性的最基本要求，因为主键是唯一决定元组的，如为空，则其唯一性就成为不可能的了。

参照完整性约束是关系之间相关联的基本约束，它不允许关系引用不存在的元组：即在关系中的外键要么是所关联关系中实际存在的元组，要么是空值。

自定义完整性是针对具体数据环境与应用环境由用户具体设置的约束，它反映了具体应用中数据的语义要求。

数据完整性是数据安全的 3 个基本要点之一，指在传输、存储信息或数据的过程中，确保信息或数据不被未授权的篡改或在篡改后能够被迅速发现。在信息安全领域的使用过程中，常常和保密性边界混淆。以普通 RSA 对数值信息加密为例，黑客或恶意用户在没有获得密钥破解密文的情况下，可以通过对密文进行线性运算，相应地改变数值信息的值。例如交易金额为 X 元，通过对密文乘 2，可以使交易金额成为 2X。也称为可延展性（malleably）。为解决以上问题，通常使用数字签名或散列函数对密文进行保护。

数据完整性测试工具有以下 4 种：

（1）Tripwire

Tripwire 是一款入侵检测和数据完整性产品，它允许用户构建一个表现最优设置的基本服务器状态。这一软件采用的技术核心就是对每个要监控的文件产生一个数字签名，保留下来。当文件现在的数字签名与保留的数字签名不一致时，那么现在这个文件必定被改动过了。如果检测到了任何变化，就会被降到运行障碍最少的状态。

当 Tripwire 运行在数据库生成模式时，会根据管理员设置的一个配置文件对指定要监控的文件进行读取，对每个文件生成相应数字签名，并将这些结果保存在自己的数据库中，在默认状态下，MD5 和 SNCFRN（Xerox 的安全哈希函数）加密手段被结合用来生成文件的数字签名。除此以外，管理员还可使用 MD4、CRC32、SHA 等哈希函数。但实际上，使用上述两种哈希函数的可靠性已相当高了，而且结合 MD5 和 sncfrn 两种算法（尤其是 sncfrn）系统资源的耗费已较大，所以在使用时可根据文件的重要性做取舍。当怀疑系统被入侵时，可由 Tripwire 根据先前生成的数据库文件来做一次数字签名的对照，如果文件被替换，则与 Tripwire 数据库内相应数字签名不匹配，这时 Tripwire 会报告相应文件被更动，管理员就明白系统不干净了。

Tripwire 支持绝大多数 UNIX 操作系统，它的安装需要编译环境，如 gcc，还需要 gzip、gunzip 等解压工具。

（2）COPS

COPS（computer oracle and password system）是一个能够支持很多 UNIX 平台的安全工具集。自从 1989 年，就开始自由分发，它使用 CRC（循环冗余校验）监视系统的文件。但是 COPS 有很多不足。例如：它不能监视文件索引结点（inode）结构所有的域。

（3）TAMU

TAMU 是一个脚本集，以和 COPS 相同的方式扫描 UNIX 系统的安全问题。TAMU 通过一个操作系统的特征码数据库来判断文件是否被修改。不过，它不能扫描整个文件系统，而且每当操作系统升级和修补之后，需要升级自己的特征码数据库。

（4）ATP

ATP 能够做一个系统快照并建立一个文件属性的数据库。它使用 32 位 CRC 和 MD 校验文件，而且每当检测到文件被修改时，它会自动把这个文件的所有权改为 root。与 COPS、TAMU 及 Hobgoblin 相比，这个特征是独一无二的。

但是，以上这些工具，都不能提供足够的能力和移植性用于完整性检查。

4.2.2　数据的备份与恢复

由于计算机中的数据十分宝贵又比较脆弱，数据备份无论是对国家、企业还是个人都非常重要。数据备份能在较短的时间内用很小的代价，将有价值的数据存放到与初始创建的存储位置相异的地方；当数据被破坏时，用较短的时间和较小的花费将数据全部恢复或部分恢复。

1．数据备份概念

数据备份是容灾的基础，是指为防止系统出现操作失误或系统故障导致数据丢失，而将全部或部分数据集合从应用主机的硬盘或阵列复制到其他的存储介质的过程。传统的数据备份主要是采用内置或外置的磁带机进行冷备份。但是这种方式只能防止操作失误等人为故障，而且其恢复时间也很长。随着技术的不断发展，数据的海量增加，不少企业开始采用网络备份。网络备份一般通过专业的数据存储管理软件结合相应的硬件和存储设备来实现。网络备份实际上不仅仅是指网络上各计算机的文件备份，它实际上包含了整个网络系统的一套备份体系。网络备份的最终目的是保障网络系统顺利运行。所以，优秀的网络备份方案能够备份系统的关键数据，能够将需要的数据从庞大的数据库文件中抽取出来，在网络出故障甚至损坏时，能够迅速地恢复网络系统。从发现故障到完全恢复系统，好的备份方案耗时不应超过半个工作日。数据备份是一项繁重的任务，网络备份能够实现定时、自动备份，大大减轻了管理员的压力。目前在数据存储领域可以完成网络数据备份管理的软件产品主要有 NetWorker、Tivoli 和 NetBackup 等。另外有些操作系统，诸如 UNIX、Windows 7 也可以作为备份软件。

电子数据恢复是指通过技术手段，将保存在台式机硬盘、笔记本硬盘、服务器硬盘、存储磁带库、移动硬盘、U 盘、数码存储卡、MP3 等设备上丢失的电子数据进行抢救和恢复的技术。

2．对备份系统的要求

不同的应用环境有不同的备份需求，一般来说，备份系统应该有以下特性：

- 稳定性：备份系统本身要很稳定和可靠。
- 兼容性：备份系统要能支持各种操作系统、数据库和典型应用软件。
- 自动化：备份系统要有自动备份功能，并且要有日志记录。
- 高性能：备份的效率要高，速度要尽可能地快。
- 操作简单：以适应不同层次的工作人员的要求，减轻工作人员负担。
- 实时性：对于某些不能停机备份的数据，要可以实时备份，以确保数据正确。
- 容错性：若有可能，最好有多个备份，确保数据安全可靠。

3．数据备份的种类

数据备份按所备份数据的特点可分为完全备份、增量备份和系统备份。

完全备份是指对指定位置的所有数据都备份，它占用较大的空间，备份过程的时间也较长。增量备份是指数据有变化时对变化的部分进行备份，它占用空间小，时间短；完全备份一般在系统第一次使用时进行，而增量备份则经常进行；系统备份是指对整个系统进行备份，它一般定期进行，占用空间较大，时间较长。

4．数据备份的常用方法

数据备份根据使用的存储介质种类可分为软盘备份、磁带备份、光盘备份、U 盘备份、移动硬盘备份、本机多个硬盘备份和网络备份。用户可以根据数据大小和存储介质的大小是否匹配进行选择。数据备份是被动的保护数据的方法，用户应根据不同的应用环境来选择备份系统、备份设备和备份策略。

5．数据备份重要性

文件可能会以多种方式从计算机中丢失，用户可能会意外删除文件，病毒也可能会毁坏文件，整个硬盘驱动器也可能会出现故障。硬盘驱动器不合时宜地毁坏就好像是房子烧毁一样。重要的个人物品通常会永远失去，如家庭照片、重要文档和下载的音乐等。

幸好现在将用户的内容备份到另一个单独的位置非常简单。这样可以保护用户的文件不会因为病毒或整个计算机发生故障而被破坏。这样可以很容易地将备份放在一个新硬盘驱动器上，并重新找回这些文件。

备份内容如今有许多可供选择的方式。不需要任何先进设备，可以使用 CD、DVD、外部硬盘驱动器、闪存驱动器、网络驱动器甚至是像 Windows Live SkyDrive 这样的联机存储空间。最好将数据备份到多个位置。例如，用户可以选择将内容备份到外部硬盘驱动器和联机存储站点。

6．数据恢复

数据恢复是数据备份的逆过程，就是将备份的数据再恢复到硬盘上。数据恢复操作可分为完全恢复、选择恢复和重定向恢复 3 种方式。

7．数据备份和恢复实例

计算机使用者都知道在硬盘驱动器崩溃的情况下备份文件的重要性，但很多人并不是很清楚如何备份文件及如何恢复数据。

下面重点介绍 Windows 7 的"备份和还原"功能，此功能可节省使用者大量的时间并减少麻烦；并介绍如何备份 Microsoft Outlook 文件及如何备份云中的文件。所有这些工具和过程都可以在计算机发生故障的情况下帮助恢复数据。

（1）Windows 7 的备份和还原

Windows 7 的"备份和还原"功能与 Vista 的类似功能相比，最大的改进是增加了新的选项，通过这些选项用户可以自由定制、控制系统备份。

依次选择"控制面板"→"系统与安全"→"备份您的计算机"命令，可进入 Windows 7 的"备份和还原文件"中心，在此用户可以完成系统的备份与还原的所有操作。

① 系统备份。

Windows 7 安装完成后，有必要做一份 Windows 备份，这对于系统恢复和迁移是非常必要的。在 Windows 7 控制面板的"系统和安全"窗口，可以找到"备份和还原"中心，如图 4-1 所示。单击"设置备份"超链接可启动"Windows 系统备份"向导，备份全程全自动运行，如图 4-2 所示。

图 4-1 "备份和还原"中心

图 4-2 单击"设置备份"超链接

可以将备份保存在本地任何一个有足够空间的非系统分区中，如图 4-3 所示，当然也可以保存到某一个网络位置，例如一台文件服务器中。在网络位置中输入其 UNC 地址，以及其用户名、密码等网络凭据。如果要保存在本地，建议最好保存在本地的另外一块硬盘的分区中。在这里提醒一下，为了更加确保 Windows 7 数据的安全性，建议把备份的数据保存在移动硬盘等其他非本地硬盘的地方。

对于备份内容，使用 Windows 备份来备份文件时，可以让 Windows 选择备份哪些文件，也可以让用户选择要备份的个别文件夹和驱动器。根据选择的内容，备份将包含以下各部分所描述的项目。

- 让 Windows 选择。

Windows 7 默认会保存所有用户的库、桌面及 Windows 文件夹中的数据文件，此外还会创建一份系统映像，用于在计算机无法正常工作时将其还原，系统将定期备份这些项目，如图 4-4 所示。

图 4-3 选择备份目标

图 4-4 Windows 7 选择备份的内容

注意：只有库中的本地文件会包括在备份中。如果文件所在的库保存在以下位置，则不会包括在备份中：位于网络上其他计算机的驱动器上；位于与保存备份相同的驱动器上；或者位于不是使用 NTFS 文件系统格式化的驱动器上。

默认 Windows 文件夹包括 AppData、"联系人"、"桌面"、"下载"、"收藏夹"、"链接"、"保存的游戏"和"搜索"。

如果保存备份的驱动器使用 NTFS 文件系统进行了格式化并且拥有足够的磁盘空间，则备份中也会包含程序、Windows 和所有驱动器及注册表设置的系统映像。如果硬盘驱动器或计算机无法工作，则可以使用该映像来还原计算机的内容。

● 让用户选择。

当然，有些备份项并不是用户所必需的，因此用户可自定义要备份的内容。在此用户可选择自己要保存的内容（比如库、系统盘中与用户相关的内容及应用程序信息等），如果不需要保存系统映像，可取消选择"包括驱动器 SYSTEM_DRV，Windows 7_OS(C:)的系统映像"复选框。如图 4-5 所示。

注意：如果未选择某个文件夹或驱动器，则不会备份该文件夹或驱动器的内容。

Windows 备份不会备份下列项目：程序文件（安装程序时，在注册表中将自己定义为程序的组成部分的文件）；存储在使用 FAT 文件系统格式化的硬盘上的文件；回收站中的文件；小于 1GB 的驱动器上的临时文件。

需要特别注意的是：定制完备份任务后，默认情况下系统会在每个星期日的 19:00 执行备份计划，关于这一点非常容易被有些管理员忽略。如图 4-6 所示。曾经有人设置备份任务后并没有修改默认的备份计划，自认为系统进行了备份，其实系统连一次备份都没有执行，因为他的 PC 在星期日的 19:00 点运行过。对此，我们可根据自己的需要进行修改，一般将备份设置为工作日的某个比较空闲的时间段。此外，还可以设置系统备份的频率，对于系统安全要求比较高可设置每天执行一次备份。在 Windows 备份设置完成后，单击"启用计划"按钮系统就会按照你设置的计划执行备份。如图 4-7 所示。当然，可以执行"立即备份"或者更改备份计划。

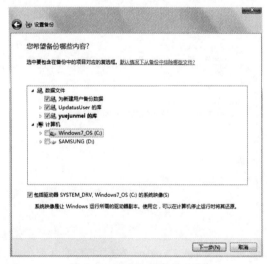

图 4-5　用户选择备份内容

图 4-6　查看备份设置

图 4-7 备份过程

② 系统还原。

一般在系统错误、不稳定或者重新安装系统迁移用户配置时，用户可通过"还原"功能快速恢复或者出现迁移系统配置。进入 Windows 7 的"备份和还原"中心，用户可根据需要从备份中还原。

例如，可只还原"我的文件"，也可还原"所有用户的文件"。此外，用户也可从其他位置中进行还原。如图 4-8 所示。

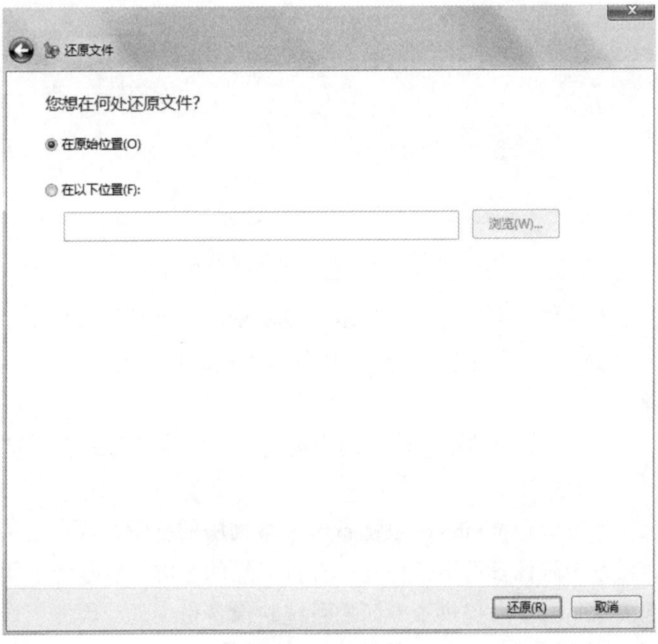

图 4-8 还原文件

　　当然，如果 Windows 7 系统出问题了，需要还原到早期的系统之中，此前也做了关于系统映像的备份，可执行对整个系统的还原。如图 4-9 所示。单击"打开系统还原"按钮，打开"系统还原"对话框，如图 4-10 所示。

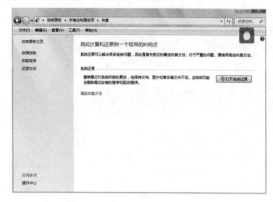 

图 4-9　系统恢复　　　　　　　　　　　图 4-10　"打开系统还原"对话框

　　如果有更高的还原需求，那使用"高级恢复"，这里可以让用户有更多的选择。单击"高级恢复方法"超链接，进入"高级恢复方法"窗口。如图 4-11 所示。

图 4-11　Windows 7 高级恢复

　　在此，有两种恢复方法供大家选择：一是用映像恢复计算机，前提是此前已经创建了系统映像；二是用 Windows 7 的安装盘重装系统，然后从备份中还原用户的文件。这两种方法各有利弊，用户可根据需要选择。

　　为了提高恢复 Windows 7 的成功率，建议用户创建系统映像备份或者创建系统修复光盘。

　　③ 系统映像备份。

　　毫无疑问，系统映像备份是 Windows 系统备份中最彻底的备份，这也是系统管理员必须要做的一项工作。其实，做系统映像备份不仅是基于有备无患的考虑，也是为了便于在局域网中快速部署系统的需要。在 Windows 7 中提供了专门的系统映像备份工具，因此用户不需要借助第三方工具就可以轻易实现系统映像的备份。

同样在 Windows 7 的"备份和还原"中心窗口中，单击左侧窗格中的"创建系统映像"超链接，可启动"创建系统映像"向导，如图 4-12 所示。创建系统映像的过程如图 4-13 所示。同样的，出于安全考虑，建议不要将系统映像保存在与系统同一的磁盘上，因为如果此磁盘出现故障，那么系统将无法从映像中恢复。基于这样的考虑，大家可将系统映像保存在 DVD 盘中，或者保存在网络上的某个位置。

图 4-12　创建系统镜像

图 4-13　创建系统镜像过程

④ 系统修复光盘。

系统错误甚至崩溃在所难免，有一个修复光盘往往能够让系统起死回生，在 Windwos 7 中用户可用系统提供的工具创建一个系统修复光盘。在 Windows 7 的"备份和还原"中心窗口中，单击左侧窗格中的"创建系统修复光盘"超链接，可启动"创建系统修复光盘"向导，如图 4-14 所示。根据向导可轻松创建一张系统修复盘。可以看到光盘上有 Winre.wim 和 boot.sdi 这两个关键文件，负责系统的引导和修复。用系统修复光盘引导修复系统其最终效果和 Windows 7 自带的系统修复完全一样。不过，系统修复光盘的使用范围更广。当连修复计算机都不能进入的时候，修复光盘就派上用场了。此外，这个系统修复光盘可用于 Vsita 系统的引导和修复。

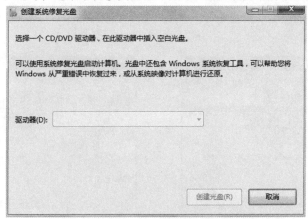

图 4-14　创建系统修复光盘

对于 Windows 7 而言，用户可以完全不需要借助任何系统备份工具就能达到备份 Windows 7 系统的目的。而且 Windows 7 的备份更个性化，可以自由选择要备份的数据。让用户可以很快恢复 Windows 7 到之前的最佳状态。

（2）在 Microsoft Outlook 2007 中备份电子邮件

多数人都不真正知道，电子邮件并不一定像其他文件那样保存在备份中。那是因为 Outlook 将电子邮件保存在扩展名为.pst 的个人文件夹中，该文件夹并不自动包含在一般备份中。除非用户使用 Microsoft Exchange Server 电子邮件账户或第三方 HTTP 账户（例如 Windows Live Hotmail ），否则将需要执行一些额外步骤才能确保计算机彻底崩溃时不会永久丢失 Outlook 电子邮件。.pst 文件可能非常大，因此最好确保备份位置有足够的空间，并有足够时间进行电子邮件备份。在准备好进行备份后，只需按以下步骤备份 Outlook 内容即可：

① 打开 Microsoft Outlook 2007，选择"文件"→"导入和导出"命令。如图 4-15 所示。

图 4-15　打开导入和导出向导

② 在"请选择要执行的操作"列表框中，选择"导出到文件"选项，如图 4-16 所示，然后单击"下一步"按钮。

③ 在"创建文件的类型"列表框中，选择"个人文件夹文件（.pst）"选项，如图 4-17 所示。然后单击"下一步"按钮。

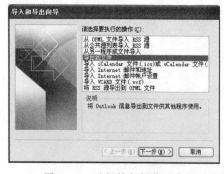

图 4-16　选择执行操作列表

图 4-17　创建个人文件夹（.pst）

④ 在"选定导出的文件夹"列表框中，单击要导出的文件夹，例如"收件箱"或"已发送邮件"，如图 4-18 所示，然后单击"下一步"按钮。

⑤ 浏览并选择文件保存的位置，请记住，备份应该放在与源文件的原始位置不同的位置。例如如果源文件在计算机硬盘上，用户需要将备份文件保存到外部源，例如 CD 或外部硬盘驱动器。

⑥ 请选择默认设置"用导出的项目替换重复的项目"单选按钮。

⑦ 单击"完成"按钮。如图 4-19 所示。

图 4-18　导出文件夹"收件箱"　　　　　图 4-19　导出文件完成

⑧ 用户随时可以通过将文件导入到 Outlook 来还原文件。

注意：如果只想查看或访问导出的.pst 文件中的内容，而不将其重新导入到 Outlook，只需打开.pst 文件即可。

在 Outlook 2007 中，选择"文件"→"打开"命令，然后单击 Outlook 数据文件。

保护用户自己的数据和防止数据出现永久性丢失是一件简单的事！备份数据可能需要用户每月几次付出额外几分钟时间，但如果发生了紧急情况，用户就会庆幸付出了这点时间。

4.2.3　数据的压缩

数据压缩是指通过减少数据的冗余度来减少数据在存储介质上的存储空间，而数据备份则是指通过增加数据的冗余度来达到保护数据安全的目的。两者在实际应用中常常结合起来使用。通常将要备份的数据进行压缩处理，然后将压缩后的数据用备份进行保护。当需要恢复数据时，先将备份数据恢复，再解压缩。有些文件格式相对较大。比如 BMP 格式的图片。压缩比基本上在 100 倍左右，因此为了节省空间，就需要对数据进行压缩。

1．什么是数据压缩

数据压缩，通俗地说，就是用最少的数码来表示信号。其作用是：能较快地传输各种信号，如传真、Modem 通信等；在现有的通信干线并行开通更多的多媒体业务，如各种增值业务；紧缩数据存储容量，如 CD-ROM、VCD 和 DVD 等；降低发信机功率，这对于多媒体移动通信系统尤为重要。由此看来，通信时间、传输带宽、存储空间甚至发射能量，都可能成为数据压缩的对象。

2．数据压缩的必要性

多媒体信息包括文本、数值、声音、动画、图形、图像以及视频等多种媒体信息。经过数字化处理，其数据量是非常大的，如果不进行数据压缩处理，计算机系统就无法对它进行存储和交换。因此在多媒体系统中必须采用数据压缩技术，它是多媒体技术中一项十分关键的技术。

首先，数据中间常存在一些多余成分，即冗余度。如在一份计算机文件中，某些符号会重复出现、某些符号比其他符号出现得更频繁、某些字符总是在各数据块中可预见的位置上出现等，这些冗余部分便可在数据编码中除去或减少。冗余度压缩是一个可逆过程，因此称为无失真压缩。

其次，数据中间尤其是相邻的数据之间，常存在着相关性。如图片中常常有色彩均匀的背影，电视信号的相邻两帧之间可能只有少量的变化影物是不同的，声音信号有时具有一定的规律性和周期性等。因此，有可能利用某些变换来尽可能地去掉这些相关性。但这种变换有时会带来不可恢复的损失和误差，因此称为不可逆压缩，或称有失真压缩。

此外，人们在欣赏音像节目时，由于耳、目对信号的时间变化和幅度变化的感受能力都有一定的极限，如人眼对影视节目有视觉暂留效应，人眼或人耳对低于某一极限的幅度变化已无法感知等，故可将信号中这部分感觉不出的分量压缩掉。这种压缩方法同样是一种不可逆压缩。

对于数据压缩技术而言，最基本的要求就是要尽量降低数字化后的信息数据量，同时仍保持一定的信号质量。不难想象，数据压缩的方法应该是很多的，但本质上不外乎上述完全可逆的冗余度压缩和实际上不可逆的熵压缩两类。冗余度压缩常用于磁盘文件、数据通信和气象卫星云图等不允许在压缩过程中有丝毫损失的场合中，但它的压缩比通常只有几倍，远远不能满足数字视听应用的要求。

在实际的数字视听设备中，差不多都采用压缩比更高但实际有损的熵压缩技术。只要作为最终用户的人觉察不出或能够容忍这些失真，就允许对数字音像信号进一步压缩以换取更高的编码效率。熵压缩主要有特征抽取和量化两种方法，指纹的模式识别是前者的典型例子，后者则是一种更通用的熵压缩技术。

3．数据压缩方法的分类

常用的压缩编码方法可以分为两大类，一类是无损压缩法；另一类是有损压缩法。

常用的数据压缩方法按其原理分类也可分为：预测编码、变换编码、量化与矢量化编码、信息熵编码、分频带编码、结构编码和基于知识的编码。

4．数据压缩常用工具

现在操作简单、使用方便、功能强大的数据压缩工具有很多。最常见的是 WinRAR 和 FreeSpace 软件。

（1）WinRAR 软件介绍

WinRAR 是一个强大的压缩文件管理工具。它能备份用户的数据，减少用户的 E-mail 附件的大小，解压缩从 Internet 上下载的 RAR、ZIP 和其他格式的压缩文件，并能创建 RAR 和 ZIP 格式的压缩文件。WinRAR 是目前流行的压缩工具，界面友好，使用方便，在压缩率和速度方面都有很好的表现。其压缩率比高，3.x 采用了更先进的压缩算法，是现在压缩率较大、压缩速度较快的格式之一。3.3 增加了扫描压缩文件内病毒、解压缩"增强压缩"ZIP 压缩文件的功能，升级了分卷压缩的功能等。

WinRAR 软件有如下主要特点：

① WinRAR 压缩率更高。

WinRAR 在 DOS 时代就一直具备这种优势，经过多次试验证明，WinRAR 的 RAR 格式一般要比其他的 ZIP 格式高出 10%～30% 的压缩率，尤其是它还提供了可选择的、针对多媒体数据的压缩算法。

② 对多媒体文件有独特的高压缩率算法。

WinRAR 对 WAV、BMP 声音及图像文件可以用独特的多媒体压缩算法大大提高压缩率，虽然可以将 WAV、BMP 文件转为 MP3、JPG 等格式以节省存储空间，但 WinRAR 压缩是标准的无损压缩。

③ 完善地支持 ZIP 格式并且可以解压多种格式的压缩包。

虽然其他软件也能支持 ARJ、LHA 等格式，但却需要外挂对应软件的 DOS 版本，实在是功能有限。但 WinRAR 就不同了，不但能解压多数压缩格式，且不需外挂程序支持就可直接建立 ZIP 格式的压缩文件，所以不必担心离开了其他软件如何处理 ZIP 格式的问题。

④ 设置项目非常完善，并且可以定制界面。

通过"开始"菜单的程序组启动 WinRAR，在其主界面中选择"选项"→"设置"命令，打开设置窗口，分为常规、压缩、路径、文件列表、查看器、综合六大类，非常丰富，通过修改它们，可以更好地使用 WinRAR。

如果同时安装了某款压缩软件与 WinRAR，ZIP 文件的关联经常发生混乱，现在只需进入设置窗口，选"综合"选项卡，选择"WinRAR 关联文件"选项组中的 ZIP 复选框，确定后就可以使 ZIP 文件与 WinRAR 关联，反之如果取消选择该复选框，则 WinRAR 自动修改注册表使 ZIP 重新与这个压缩软件关联。

⑤ 可用命令行方式使 WinRAR 参与批命令。

WinRAR 中包含的 RAR 支持在 Windows/DOS 系统上的命令行操作，格式为：RAR ＜命令＞ － ＜开关＞ ＜压缩包＞ ＜文件…＞ ＜解压缩路径\＞　a 压缩，e、x 解压等常用参数基本无异于 DOS 版本，可以在批文件中方便地加以引用。

编辑如下批处理文件：WPS.bat：start /w "c:\program files\wps2000\winwps32.exe" start "c:\program files\winrar\rar" m −p328 c:\mywj\wj.rar c:\mywj*.wps。该批文件运行后首先调用 WPS 2000，用户编辑完文件并存入 Mywj 文件夹中，退出 WPS2000 后 RAR 立即将 Mywj 下的 WPS 文件压缩、加密码移入 Wj.rar 中，省去了每次压缩加密的繁琐。

⑥ 对受损压缩文件的修复能力极强。

在网上下载的 ZIP、RAR 类的文件往往因头部受损的问题导致不能打开，而用 WinRAR 调入后，只需单击界面中的"修复"按钮就可轻松修复，成功率极高。

⑦ 能建立多种方式的全中文界面的全功能（带密码）多卷自解包

不能建立多卷自解包是某种压缩软件的一大缺陷，而 WinRAR 处理这种工作却游刃有余，而且对自解包文件还可加上密码加以保护。

启动 WinRAR 进入主界面，选好压缩对象后，选择"文件"→"密码"命令，输入密码，确定后单击主界面中的"添加"按钮，选择"常规"选项卡下的"创建自解压缩包"复选框，在"分卷大小"数值框内输入每卷大小；在"高级"选项卡下选择"自解压缩包选项"，选择"图形"模块方式，并可在"高级自解压缩包选项"中设置自解包运行时显示的标题、信息、默认路径等项目，确定后开始压缩。

⑧ 辅助功能设置细致。

可以在压缩窗口的"备份"选项卡中设置压缩前删除目标盘文件；可在压缩前单击"估计"按钮对压缩先评估一下；可以为压缩包添加注释；可以设置压缩包的防受损功能，这些细微之处也能看出 WinRAR 的功能强大。

⑨ 压缩包可以锁住。

双击进入压缩包后，选择"命令"→"锁定压缩包"命令，就可防止人为的添加、删除等操作，保持压缩包的原始状态。

（2）FreeSpace 软件介绍

FreeSpace 是 Mijenix 公司的产品，属共享软件。它是一个基于 Windows 9x/NT 的高效磁盘空间管理工具，可以适用于 FAT16、FAT32 和 NTFS 硬盘分区。通过 FreeSpace 有选择地压缩文件和软件，就能节省出几百兆的硬盘空间，据说 FreeSpace 能使计算机硬盘空间的利用率提高 60%～150%。而且对于它压缩后的文件同样可以进行运行、打开、复制、保存、重命名、删除等操作。

FreeSpace 的安装比较简单，下载后直接双击 fs10eval.exe 即可执行安装程序。安装完成后在"开始"菜单中会建立 FreeSpace 程序组，主要有 FreeSpace Analyzer（FreeSpace 分析器）和 FreeSpace Manager（FreeSpace 管理器）两个选项。安装 FreeSpace 后系统最大的变化是右击选中文件夹后弹出的快捷菜单上多了"FreeSpace"命令及其子菜单，用它可完成压缩、解压缩、ZIP 转换为 FreeSpace 格式和检查文件夹等功能。

下面简单介绍一下 FreeSpace 的使用。

FreeSpace Analyzer（FreeSpace 分析器）可对硬盘上的所有文件和程序进行分析，得到硬盘已用空间、可以压缩的空间大小和压缩比率、驱动器信息等数据。并可对磁盘上的所有文件和文件夹进行压缩、解压缩、重命名等管理。

FreeSpace Manager（FreeSpace 管理器）的界面非常漂亮，它有以下 5 项主要内容：

① QuickSpace：QuickSpace（快速压缩）是一个执行自动压缩的向导，只需输入需要释放的空间大小，如 200MB，QuickSpace 向导就会自动搜索硬盘并向用户推荐为实现这一目的最适宜压缩的文件和文件夹，非常方便。

② Compress（硬盘压缩）：首先大家会看见一个压缩选项，从中可以确定压缩率、回收空间等参数。Compress 向导帮助用户选出可进行压缩的文件或文件夹，只需选择相应的文件夹或文件的类型即可完成压缩。

③ Decompress（解压缩）：虽然使用 FreeSpace 压缩目录后不影响文件和程序的使用，但是如果需要将某些文件复制出来，还是要先解压才行。Decompress 向导与 Compress 向导的使用相似功能相反，可以把被压缩的文件或文件夹还原。

④ Disk Checkup（磁盘检测）：这一选项的作用是检查压缩后的数据是否正确。它可以针对某一个目录进行检测，这样在由于死机等没有正常关机的情况下，只要调用此功能对几个目录进行检测即可。

⑤ Settings（系统设置）：Settings 向导可以使用户非常方便地对 FreeSpace 的工作属性进行设置。

FreeSpace 的特点是操作简单，使用灵活，可以根据使用者的需要对数据进行有选择的压缩。

注意：当不需要 FreeSpace 的帮助时，一定要先运行解压缩的功能将所有压缩过的目录还原之后再将其卸载，否则系统就会产生问题。

4.2.4 数据的容错与冗余

容错就是当由于种种原因在系统中出现了数据、文件损坏或丢失时，系统能够自动将这些损坏或丢失的文件和数据恢复到发生事故以前的状态，使系统能够连续正常运行的一种技术。

1．磁盘容错技术

在第一级磁盘容错技术中，包括以下容错措施：

① 双份目录和双份文件分配表。在磁盘上存放的文件目录和文件分配表 FAT 均为文件管理所用的重要数据结构，所以为之建立备份。在系统每次加电启动时，都要对两份目录和两份 FAT 进行检查，以验证它们的一致性。

② 热修复重定向和写后读校验，二者均用于防止将数据写入有缺陷的盘块中。就热修复重定向而言，系统将一定的磁盘容量作为热修复重定向区，用于存放当发现盘块有缺陷时的待写数据，并对写入该区的所有数据进行登记，方便将来对数据进行访问。而写后读校验则是为了保证所有写入磁盘的数据都能写入到完好的盘块中，故在每次从内存缓冲区向磁盘中写入一个数据块后，应立即从磁盘上读出该数据块并送至另一缓冲区中，再将该缓冲区中内容与原内存缓冲区中在写后仍保留的数据进行比较，若两者一致，便认为此次写入成功，可继续写入下一个盘块；否则重写。若重写后两者仍不一致，则认为该盘块有缺陷，此时便将应写入该盘块的数据写入热修复重定向区中，并将该损坏盘块的地址，记录在坏盘块表中。

在第二级磁盘容错技术中，包括以下容错措施：

① 磁盘镜像。在同一磁盘控制器下增设一个完全相同的磁盘驱动器，在每次向文件服务器的主磁盘写入数据后，都要采用写后读校验方式，将数据再同样地写到备份磁盘上，使二者具有完全相同的位像图。

② 磁盘双工。将两台磁盘驱动器分别接到两个磁盘控制器上，同样使这两台磁盘机镜像成对，从而在磁盘控制器发生故障时，起到保护数据的作用。在磁盘双工时，由于每一个磁盘都有着自己的独立通道，故可以同时（并行）地将数据写入磁盘。在读入数据时，可采用分离搜索技术，从响应快的通道上取得数据，因而加快了对数据的读取速度。

2．IDE 磁盘阵列技术

（1）磁盘阵列

磁盘阵列是指将多个类型、容量、接口甚至品牌一致的专用磁盘或普通硬盘连成一个阵列，使其以更快的速度、准确、安全的方式读写磁盘数据，从而达到数据读取速度和安全性的一种手段。

（2）廉价冗余磁盘阵列

作为高性能的存储系统，已经得到了越来越广泛的应用。RAID 的级别从 RAID 概念的提出到现在，已经发展了 6 个级别，其级别分别是 0、1、2、3、4、5 等。但是最常用的是 0、1、3、5、6 五个级别。下面就介绍这 5 个级别。

① RAID 0：将多个磁盘合并成一个大的磁盘，不具有冗余能力，并行 I/O，速度最快。RAID 0 亦称为带区集。它是将多个磁盘并列起来，成为一个大硬盘。在存放数据时，其将数据按磁盘的个数来进行分段，然后同时将这些数据写进这些盘中。

所以，在所有级别中，RAID 0 的速度是最快的。但是 RAID 0 没有冗余功能，如果一个磁盘（物理）损坏，则所有的数据都无法使用。

② RAID 1：把磁盘阵列中的硬盘分成相同的两组，互为镜像，当任一磁盘介质出现故障时，

可以利用其镜像上的数据恢复，从而提高系统的容错能力。对数据的操作仍采用分块后并行传输的方式。所以 RAID 1 不仅提高了读写速度，也增强了系统的可靠性。但其缺点是硬盘的利用率低，冗余度为 50%。

③ RAID 3：RAID 3 存放数据的原理和 RAID0、RAID1 不同。RAID 3 是以一个硬盘来存放数据的奇偶校验位，数据则分段存储于其余硬盘中。它像 RAID 0 一样以并行的方式来存放数据，但速度没有 RAID 0 快。如果数据盘（物理）损坏，只要将坏的硬盘换掉，RAID 控制系统则会根据校验盘的数据校验位在新盘中重建坏盘上的数据。不过，如果校验盘（物理）损坏的话，则全部数据都无法使用。利用单独的校验盘来保护数据虽然没有镜像的安全性高，但是硬盘利用率得到了很大的提高。

④ RAID 5：向阵列中的磁盘写数据，奇偶校验数据存放在阵列中的各个盘上，允许单个磁盘出错。RAID 5 也是以数据的校验位来保证数据安全的，但它不是以单独硬盘来存放数据的校验位，而是将数据段的校验位交互存放于各个硬盘上。这样任何一个硬盘损坏，都可以根据其他硬盘上的校验位来重建损坏的数据。硬盘的利用率为 $n-1$。

⑤ RAID 6：是 RAID 5 的加强版，提高的地方是对 RAID 5 的校检信息重新做一组备份，也就是要损失两块盘容量，实际使用量是 $N-2$，至少是 4 块硬盘

4.3　数据库安全概述

数据库系统作为计算机信息系统的重要组成部分，数据库文件作为信息的聚集体，担负着存储和管理数据信息的任务，其安全性将是信息安全的重中之重。本节主要探讨了数据库系统面临的安全问题，并提出了一定的建议。

4.3.1　数据库系统安全概述

1．数据库系统安全的概念

数据库系统安全（database system security）是指为数据库系统采取的安全保护措施，保护系统软件和其中的数据不遭到破坏、更改和泄露。

数据库安全（database security）是指采取各种安全措施对数据库及其相关文件和数据进行保护。数据库系统的重要指标之一是确保系统安全，以各种防范措施防止非授权使用数据库，主要通过 DBMS 实现。数据库系统中一般采用用户标识和鉴别、存取控制、视图及密码存储等技术进行安全控制。

数据库安全的核心和关键是其数据安全。数据安全是指以保护措施确保数据的完整性、保密性、可用性、可控性和可审查性。由于数据库存储着大量的重要信息和机密数据，且在数据库系统中大量数据集中存放，供多用户共享，因此，必须加强对数据库访问的控制和数据安全防护。

2．数据库系统安全的内涵

数据库系统一般可以理解成两部分：一部分是数据库，按一定的方式存取数据；另一部分是数据库管理系统（DBMS），为用户及应用程序提供数据访问，并具有对数据库进行管理、维护等多种功能。要访问某个数据库，必须首先能够以直接或间接的方式访问正在运行该数据库的计算

机系统。因此要使数据库安全，首先要使运行数据库的操作系统和网络环境安全。由此可知数据库系统安全包含两层含义，即系统运行安全和系统信息安全。

（1）系统运行安全

系统运行安全包括以下内容：

① 操作系统安全，如数据文件是否保护等。

② 法律、政策的保护，如用户是否有合法权利、政策是否允许等。

③ 物理控制安全，如机房加锁等。

④ 硬件运行安全。

⑤ 灾害、故障后的系统恢复。

⑥ 死锁的避免和解除。

⑦ 电磁信息泄露的防止。

（2）系统信息安全

系统信息安全包括以下内容：

① 用户口令字鉴别。

② 用户存取权限控制。

③ 数据存取权限、方式控制。

④ 审计跟踪。

⑤ 数据加密。

3．数据库系统安全的层次与结构

数据库系统安全的层次分布，一般数据库系统安全涉及 5 个层次。

① 用户层：侧重用户权限管理及身份认证等，防范非授权用户以各种方式对数据库及数据的非法访问。

② 物理层：系统最外层最容易受到攻击和破坏，主要侧重保护计算机网络系统、网络链路及其网络结点的实体安全。

③ 网络层：所有网络数据库系统都允许通过网络进行远程访问，网络层安全性和物理层安全性一样极为重要。

④ 操作系统层：操作系统在数据库系统中，与 DBMS 交互并协助控制管理数据库。操作系统安全漏洞和隐患将成为对数据库进行非授权访问的手段。

⑤ 数据库系统层：数据库存储着重要程度和敏感程度不同的各种数据，并为拥有不同授权的用户所共享，数据库系统必须采取授权限制、访问控制、加密和审计等安全措施。

为了确保数据库安全，必须在所有层次上进行安全性保护措施。若较低层次上的安全性存在缺陷，则严格的高层安全性措施也可能被绕过而出现安全问题。

4．数据库安全的目标

① 提供数据共享，集中统一治理数据。

② 简化应用程序对数据的访问，应用程序得以在更为逻辑的层次上访问数据。

③ 解决数据有效性问题，保证数据的逻辑一致性。

④ 保证数据独立性问题，降低程序对数据及数据结构的依靠。

⑤ 保证数据的安全性，在共享环境下保证数据所有者的利益。

以上仅是数据库几个最重要的要求，发展变化的应用对数据库提出了更多的要求。为达到上述目的，数据的集中存放和治理永远是必要的。其中的主要问题，除功能和性能方面的技术问题，最重要的问题就是数据的安全问题。如何既提供充分的服务同时又保证关键信息不被泄露而损害信息属主的利益，是 DBMS 的主要任务之一。

5. 常见的数据库安全问题及原因

虽然数据库安全的需求很明显，但多数人还是不愿在发生了无可挽回的事件之前就着手考虑和解决相关的安全问题，下面就讲述一下可能危及数据库安全的常见因素。

（1）脆弱的账号设置

在许多成熟的操作系统环境下，数据库用户往往缺乏足够的安全设置。比如，默认的用户账号和密码对大家都是公开的，却没被禁用或修改以防止非授权访问。用户账号设置在缺乏基于字典的密码强度检查和用户账号过期控制的情况下，只能提供很有限的安全功能。

（2）缺乏角色分离

传统数据库管理并没有"安全管理员（security administrator）"这一角色，这就迫使数据库管理员 DBA（database administrator）既要负责账号的维护管理，又要专门对数据库执行性能和操作行为进行调试跟踪，从而导致管理效率低下。

（3）缺乏审计跟踪

数据库审计经常被 DBA 以提高性能或节省磁盘空间为由忽视或关闭，这大大降低了管理分析的可靠性和效力。审计跟踪对了解哪些用户行为导致某些数据的产生至关重要，它将把与数据直接相关的事件都记入日志，因此，监视数据访问和用户行为是最基本的管理手段。

（4）未利用的数据库安全特征

为了实现个别应用系统的安全而忽视数据库安全是很常见的事情。但是，这些安全措施只应用在客户端软件的用户上，其他许多工具，如 Microsoft Access 和已有的通过 OBDC 或专有协议连接数据库的公用程序，它们都绕过了应用层安全。因此，唯一可靠的安全功能都应限定在数据库系统内部。

6. 数据库安全管理原则

一个强大的数据库安全系统应当确保其中信息的安全性并对其有效地控制。下面列举的原则有助于数据库信息资源的有效保护。

（1）管理细分和委派原则

在典型的数据库工作环境中，DBA 总是独立执行所有的管理和其他事务工作，一旦出现岗位交替，将带来一连串的问题和工作效率的低下。通过管理责任细分和任务委派，DBA 将得以从常规事务中解脱出来，而更多地关注于解决数据库执行效率及与管理相关的重要问题，从而保证两类任务的高效完成。应设法通过设置功能和可信赖的用户群进一步细分数据库管理的责任和角色。管理委派有助于灵活解决为员工重设密码（需要管理员权限）这样的常见问题，或者让管理员执行特殊部门（如市场部或财务部）的某些事务。

（2）最小权限原则

许多新的保密规则针对特定数据的授权访问。必须本着"最小权限"原则，从需求和工作职能两方面严格限制对数据库的访问权。通过角色（role）的合理运用，最小权限可确保数据库功能限制和对特定数据的访问。

（3）账号安全原则

用户账号对于每一个数据库连接来说都是必须的。账号应遵循传统的用户账号管理方法来进行安全管理。这些方法包括：更改默认密码；应用适当的密码设置；当登录失败时实施账号锁定；对数据提供有限制的访问权限；禁止休眠状态的账户；管理账户的生命周期等。

（4）有效的审计

数据库审计是数据库安全的基本要求。企业应针对自己的应用和数据库活动定义审计策略。审计并非一定要按"要么对所有目标，要么没有"审计的粗放模式进行，从这一点来看，智能审计的实现对安全管理意义重大，不仅能节省时间，而且能减少执行所涉及的范围和对象；通过智能限制日志大小，还能突出更加关键的安全事件。

4.3.2　数据库安全技术

随着办公自动化和电子商务的飞速发展，企业对信息系统的依赖性越来越高，数据库作为信息系统的核心担负着重要的角色。尤其是在一些对数据可靠性要求很高的行业，如银行、证券、电信等，如果发生意外停机或数据丢失其损失会十分惨重。为此数据库管理员应针对具体的业务要求制定安全技术策略，并通过模拟故障对每种可能的情况进行严格测试，只有这样才能保证数据的高可用性。

1. 数据库加密

对于一些重要的机密的数据，例如一些金融数据、商业秘密、游戏网站玩家的虚拟财产，都必须存储在数据库中，需要防止对它们未授权的访问，哪怕是整个系统都被破坏了，加密还可以保护数据的安全。对数据库安全性的威胁有时候来自于网络内部，某些用户尤其是一些内部用户仍可能非法获取用户名、口令字，或利用其他方法越权使用数据库，甚至可以直接打开数据库文件来窃取或篡改信息。因此，有必要对数据库中存储的重要数据进行加密处理，以实现数据存储的安全保护。

数据加密就是将称为明文的数据敏感信息经过一定的交换（一般为变序和代替），转换为一种难以直接辨认的密文。解密是加密的逆向过程，即将密文转换成可见的明文。数据库密码系统要求把明文数据加密成密文，数据库存储密文，查询时将密文取出解密后得到明文。数据库加密系统能够有效地保证数据的安全，即使黑客窃取了关键数据，他仍然难以得到所需的信息。另外，数据库加密以后，不需要了解数据内容的系统管理员不能见到明文，大大提高了关键数据的安全性。

2. 存取管理技术

存取管理技术主要包括用户认证技术和访问控制技术两方面。用户认证技术包括用户身份验证和用户身份识别技术。访问控制包括数据的浏览控制和修改控制。浏览控制是为了保护数据的保密性，而修改控制是为了保护数据的正确性和提高数据的可信性。在一个数据资源共享的环境中，访问控制就显得非常重要。

（1）用户认证技术

用户认证技术是系统提供的最外层的安全保护措施。通过用户身份验证，可以阻止未授权用户的访问，而通过用户身份识别，可以防止用户的越权访问。

① 用户身份验证。

该方法由系统提供一定的方式让用户标识自己的身份。每次用户请求进入系统时，系统必须对用户身份的合法性进行鉴别认证。用户要登录系统时，必须向系统提供用户标识和鉴别信息，以供安全系统识别认证。目前，身份验证采用的最常用、最方便的方法是设置口令法。但近年来，一些更加有效的身份验证技术迅速发展起来，如智能卡技术、物理特征认证技术等具有高强度的身份验证技术日益成熟，并取得了不少应用成果，为将来达到更高的安全强度要求打下了坚实的基础。

② 用户身份识别。

用户身份识别以数据库授权为基础，只有经过数据库授权和验证的用户才是合法的用户。数据库授权技术包括授权用户表、用户授权表、系统的读出/写入规则和自动查询修改技术。

（2）访问控制

访问控制是从计算机系统的处理功能方面对数据提供保护，是数据库系统内部对已经进入系统的用户的访问控制，是安全数据保护的前沿屏障。它是数据库安全系统中的核心技术，也是最有效的安全手段，限制了访问者和执行程序可以进行的操作，这样通过访问控制就可防止安全漏洞隐患。DBMS 中对数据库的访问控制是建立在操作系统和网络的安全机制基础之上的。只有被识别被授权的用户才有对数据库中的数据进行输入、删除、修改和查询等权限。通常采用下面两种方法进行访问控制：

① 按功能模块对用户授权。

每个功能模块对不同的用户设置不同的权限，如无权进入本模块、仅可查询、可更新可查询、全部功能可使用等，而且功能模块名、用户名与权限编码可保存在同一数据库。

② 将数据库系统权限赋予用户。

通常为了提高数据库的信息安全访问，用户在正常访问前服务器往往都需要认证用户的身份，确认用户是否被授权。为了加强身份认证和访问控制，适应对大规模用户和海量数据资源的管理，通常 DBMS 主要使用的是基于角色的访问控制 RBAC。

3．备份与恢复

数据备份与恢复是实现数据库系统安全运行的重要技术。数据库系统总免不了发生系统故障，一旦系统发生故障，重要数据总免不了遭到损坏。为防止重要数据的丢失或损坏，数据库管理员应及早做好数据库备份，这样当系统发生故障时，管理员就能利用已有的数据备份，把数据库恢复到原来的状态，以便保持数据的完整性和一致性。数据库的备份是一个长期的过程，而恢复只在发生事故后进行，恢复可以看做是备份的逆过程，恢复程度的好坏很大程度上依赖于备份的情况。此外，数据库管理员在恢复时采取的步骤正确与否也直接影响最终的恢复结果。

备份一个数据库，类似于买医疗保险——在遇到疾病之前不会意识到它的重要性，获得保险金的数量取决于保险单的种类。同理，随着制作备份的种类和频繁程度的不同，数据库发生故障后其恢复的可行性、难度与所花费的时间也不同。

（1）数据库故障

数据库故障是指数据库运行过程中影响数据库正常使用的特殊事件。数据库故障有许多类型，最严重的是介质失败（如磁盘损坏），这种故障如不能恢复将导致数据库中数据的丢失。数据库故障类型有以下几种：

① 语句失败。

② 用户进程失败。

③ 实例失败。

④ 用户或应用错误操作。这类错误可能是意外地删除了表中的数据等错误操作。

⑤ 介质失败。如硬盘失败、硬盘中的数据丢失。

⑥ 自然灾害。如地震、洪水等。

由于故障类型不同，恢复数据库的方法也不同。通过装载备份来恢复数据库既是常用的恢复手段，也是恢复介质失败故障的主要方法。

（2）数据库备份与恢复

所谓备份，就是把数据库复制到转储设备的过程。其中，转储设备是指用于放置数据库备份的磁带或磁盘。通常也将存放于转储设备中的数据库的备份称为原数据库的转储。一般来说，数据库备份常用的方法有：静态备份、动态备份和逻辑备份等；而数据库恢复则可以通过磁盘镜像、数据库备份文件和数据库日志 3 种方式来完成。

根据数据库的恢复程度，将恢复方法分为两种类型。

① 完全恢复：将数据库恢复到数据库失败时数据库的状态。这种恢复是通过装载数据库备份和并应用全部的重做日志做到的。

② 不完全恢复：将数据库恢复到数据库失败前的某一时刻数据库的状态。这种恢复是通过装载数据库备份和并应用部分的重做日志做到的。进行不完全恢复后必须在启动数据库时用 resetlogs 选项重设联机重做日志。

例如，在上午 10：00，由于磁盘损坏导致数据库中止使用。现在使用两种方法进行数据库的恢复，第一种方法使数据库可以正常使用，且使恢复后与损坏时（10：00）数据库中的数据相同，那么第一种恢复方法就属于完全恢复类型；第二种方法能使数据库正常使用，但只能使恢复后与损坏前（例如 9：00）数据库中的数据相同，没能恢复数据库到失败时（10：00）数据库的状态，那么第二种恢复方法就属于不完全恢复类型。

事实上，如果数据库备份是一致性的备份，则装载后的数据库即可使用，因此也可以不用重做日志恢复到数据库备份时的点。这也是一种不完全恢复。

4．建立安全的审计机制

审计就是对指定用户在数据库中的操作进行监控和记录的一种数据库功能。大型 DBMS 提供的审计功能是一个十分重要的安全措施，它用来监视各用户对数据库施加的动作。有两种方式的审计，即用户审计和系统审计。用户审计时，DBMS 的审计系统记下所有对自己表或视图进行访问的企图（包括成功的和不成功的）及每次操作的用户名、时间、操作代码等信息。这些信息一般都被记录在数据字典（系统表）之中，利用这些信息用户可以进行审计分析。系统审计由系统管理员进行，其审计内容主要是系统级命令及数据库客体的使用情况。

4.3.3　SQL Server 2008 数据库的安全设置

SQL Server2008 的安全设置主要包括 SQL Server 服务器登录、数据库用户账户、角色管理和权限管理。

1．SQL Server 服务器登录设置

（1）查看服务器登录模式

打开"SQL Server Management Studio"主窗口，依次选择"视图"→"已注册的服务器"命令，打开"已注册的服务器"窗格，依次展开"数据库引擎"、"Local Server Groups"结点，右击"Local Server Groups"选项，在弹出的快捷菜单中选择"新建服务器注册"命令，设置"服务器名称"

为"YJM"（说明：作者计算机名字），如图 4-20 所示。

在"已注册的服务器"窗格中，右击新建服务器名称（YJM），在弹出的快捷菜单中选择"属性"命令，打开"编辑服务器注册属性"对话框，如图 4-21 所示，在对话框中可以查看和改变身份验证方式。

 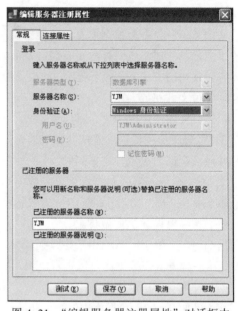

图 4-20 "新建服务器注册"对话框   图 4-21 "编辑服务器注册属性"对话框中

（2）在 Windows 操作系统中创建用户账户和用户组

① 在 Windows 操作系统中创建用户账户。

以 Windows XP 为例，说明在 Windows 操作系统中创建用户账户的具体步骤。

右击"我的电脑"图标，在弹出的快捷菜单中选择"管理"命令，打开"计算机管理"窗口，展开"本地用户和组"结点，右击"用户"选项，在弹出的快捷菜单中选择"新用户"命令，如图 4-22 所示。

图 4-22 选择"新用户"命令

在弹出的"新用户"对话框中输入用户名称"yuejunmei","全名"和"描述"文本框为空，在"密码"和"确认密码"文本框中输入相应密码，这里输入"jsjanquan"。取消默认选择的"用户下次登录时须更改密码"复选框，选择"密码永不过期"复选框，如图 4-23 所示。单击"创建"按钮，创建一个 Windows 用户账户"yuejunmei"。重复以上步骤，创建另一个 Windows 用户账户"songhong"。最后，单击"关闭"按钮，关闭"新用户"对话框。

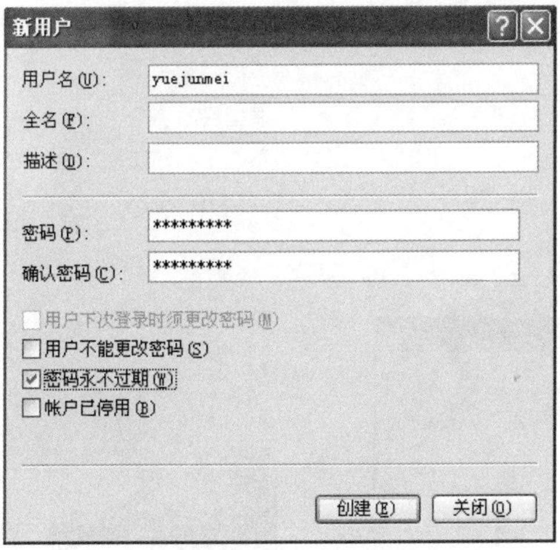

图 4-23　设置"新用户"信息

② 在 Windows 操作系统中创建用户组。

在 Windows XP 操作系统中创建用户组的具体操作如下：

右击"我的电脑"图标，在弹出的快捷菜单中选择"管理"命令，打开"计算机管理"窗口，展开"本地用户和组"结点，右击"组"选项，在弹出的快捷菜单中选择"新建组"命令，如图 4-24 所示。

图 4-24　选择"新建组"命令

在弹出的"新建组"对话框中输入组名"jsjanquan"，"描述"文本框为空，单击"添加"按钮，弹出"选择用户"对话框。在"选择用户"对话框中单击"对象类型"按钮，在弹出的"对象类型"对话框中取消选择"内置安全性原则"复选框，选择"用户"复选框，如图 4-25 所示。

　　单击"确定"按钮返回"选择用户"对话框。设置"查找位置"为本机（YJM），在"选择用户"对话框中单击左下角的"高级"按钮，单击该对话框中的"立即查找"按钮，系统根据目前选择的对象类型在指定的查找范围内搜索。搜索结果会显示在"选择用户"对话框下方的列表框中，按住【Shift】键，依次选择两个新创建的用户"yuejunmei"和"songhong"，如图 4-26 所示。

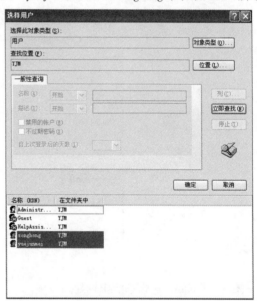

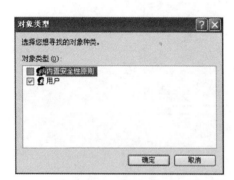

图 4-25　选择对象类型　　　　图 4-26　在"选择用户"对话框中搜索用户与选择用户

　　单击"确定"按钮后退出搜索用户状态，如图 4-27 所示。

　　在"选择用户"对话框中单击"确定"按钮返回"新建组"对话框，如图 4-28 所示，在"新建组"对话框中单击"创建"按钮，完成拥有两个用户账户的用户组的创建，单击"关闭"按钮退出。

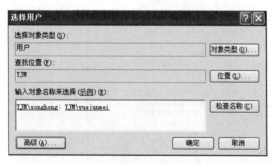

图 4-27　选择了两个用户账户　　　　图 4-28　"新建组"对话框

　　③ 指派用户组本地登录权利。

　　依次双击"我的电脑"、"控制面板"、"性能和维护"、"管理工具"和"本地安全策略"选项，打开"本地安全设置"窗口，在该窗口中，展开"本地策略"结点，选择"用户权利指派"结点，在右侧窗口双击"在本地登录"选项，如图 4-29 所示。

打开"在本地登录　属性"对话框，在"在本地登录　属性"对话框中单击"添加用户或组"按钮，打开"选择用户或组"对话框，在该对话框中单击"对象类型"按钮，打开"对象类型"对话框，在该对话框中只选择"组"复选框，单击"确定"按钮返回"选择用户或组"对话框。在"选择用户或组"对话框中单击"高级"按钮，再单击"立即查找"按钮，在"搜索结果"中选择登录名"YJM\jsjanquan"，单击"确定"按钮返回"在本地登录　属性"对话框。在该对话框中添加一个组，如图 4-30 所示，在该对话框中单击"确定"按钮返回"本地安全设置"窗口，关闭该窗口即可。

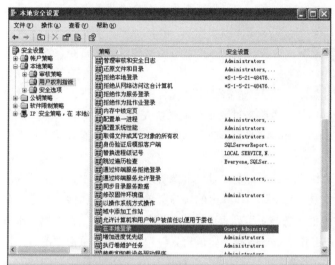

图 4-29　选择"在本地登录"选项

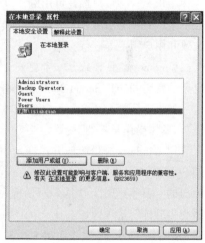

图 4-30　指派用户组"YJM\jsjanquan"
本地登录的权利

（3）SQL Server 的安全认证模式

SQL server 的安全认证模式包括两个阶段：身份认证阶段和权限认证阶段。

① 身份验证阶段。

登录数据库时进行身份验证，身份合法才允许连接到数据库。在 SQL Server 中包括两种登录数据库的方式："Windows 身份验证"模式和"SQL Server 身份验证"模式。

- Windows 身份验证模式必须满足的条件：客户端必须有合法的服务器上的 Windows 账户，服务器在域中能够验证该用户；或者服务器开启了 guest 账户。这两个条件满足一个就可以了，如图 4-31 所示。

图 4-31　Windows 身份验证

这种验证模式即为只要成功登录 Windows 就可以自动连接数据库，不需要 SQL Server 的账户和密码。

Windows 认证模式是默认的认证模式，也是推荐使用的认证模式。这种认证模式巧妙地利用了活动目录（active directory）用户账号或用户组来设置 SQL Server 的访问权限。在这个模式下，数据库管理员就能够设置域或本地服务器用户访问数据库服务器的权限，而不需要创建和管理一个独立的 SQL Server 账号。而且，Windows 认证模式下的用户域遵循活动目录域所实施的企业范围管理策略，例如复杂的密码、密码史、账号锁定、最小密码长度、最大密码长度和 Kerberos 协议等。

- SQL Server 身份验证模式必须提供登录名和密码，一般情况下默认为 sa 和空，信息存储在 syslogins 表中，这个账户将区分用户账户在 Windows 系统下是否可信，如果可信，则使用 Windows 验证机制，否则将通过账户的存在性和密码的匹配性自动进行验证。

当设置 SQL Server 的访问认证时，在 SQL Server 身份验证模式（混合模式）下，活动目录账户和 SQL Server 账户都是可用的。SQL Server 2008 在使用 SQL Server 认证时为 SQL Server 登录账号引入了一种方法可以加强密码和锁定策略。这些 SQL Server 策略能够通过复杂密码设置、密码失效和用户锁定等进行实施。

Windows 认证模式是一个更安全的选择，不过，在需要用到混合模式的情况下，要确保设置复杂的密码和 SQL Server 2008 密码并利用锁定策略来进一步加强系统安全性。

如果需要把 SQL Server 2008 单一的"Windows 身份验证"改为"SQL Server 混合模式身份验证"。具体操作步骤如下：

用 Windows 身份验证方式进入 SQL Server 2008，在"对象资源管理器"窗格中，右击已登录的 SQL Server 服务器实例名称（在这里是"YJM"），在弹出的快捷菜单中选择"属性"命令，在弹出的"服务器属性-YJM"对话框左侧的"选择页"列表中选择"安全性"选项，在右侧"服务器身份验证"选项区域选择"SQL Server 和 Windows 身份验证模式"单选按钮，单击"确定"按钮，如图 4-32 所示。重新启动 SQL Server 实例即可，至此就可以断开连接，退出并使用"SQL Server 身份验证"模式登录了。

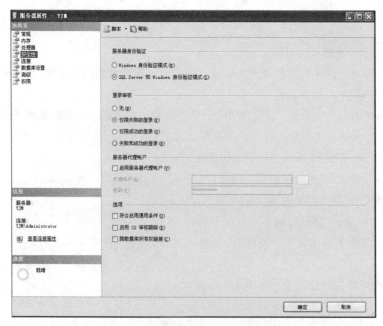

图 4-32　"Windows 身份验证"改为"SQL Server 和 Windows"身份验证模式

② 权限认证阶段。

登录连接数据库以后，不一定就能操作数据库，因为还需要操作的权限才能执行命令，这需要设置数据库的认证权限，数据库的所有者可以设置这些认证权限。

- 创建 Windows 身份验证的安全登录名及配置权限。

打开"SQL Server Management Studio"主窗口，以 Windows 身份验证模式进入数据库，然后在左侧的"对象资源管理器"窗格中展开"安全性"结点，右击结点中的"登录名"文件夹，在弹出的快捷菜单中选择"新建登录名"命令，如图 4–33 所示。打开"登录名—新建"窗口，在"常规"界面右侧选择"Windows 身份验证"单选按钮，单击"搜索"按钮，在弹出的"选择用户或组"对话框中，单击"对象类型"按钮。在弹出的"对象类型"对话框中选择"组"复选框，取消选择"内置安全原则"和"用户"复选框，单击"确定"按钮返回"选择用户或组"对话框。在"选择用户或组"对话框中单击"高级"按钮，显示"一般性查询"选项卡。单击"立即查找"按钮，在该对话框的下方显示查找结果，在查找结果中选择新创建的组"jsjanquan"，如图 4–34所示。单击"确定"按钮退出搜索状态，如图 4–35 所示。

图 4–33　选择"新建登录名"命令

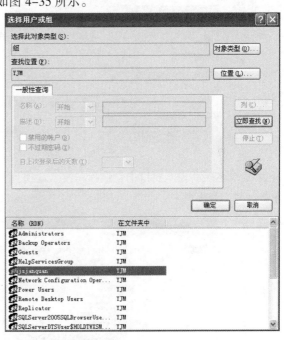

图 4–34　搜索与选择组

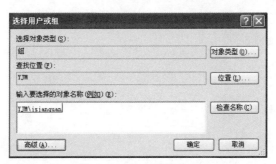

图 4–35　选中所需的组

在"选择用户或组"对话框中单击"确定"按钮，返回"登录名—新建"窗口的"常规"界面。可以看到登录名"YJM\jsjanquan"显示在"登录名"文本框中。在"默认数据库"下拉列表框中选择"learnself"（说明：learnself 是作者自己建的数据库）选项，在"默认语言"下拉列表框中选择"Simplified Chinese"选项，即"简体中文"，如图 4-36 所示。

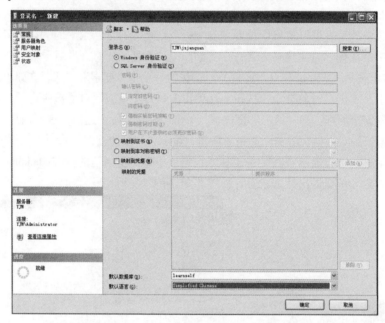

图 4-36   "登录名-新建"常规设置

在"登录名—新建"窗口中，选择左侧"选项页"窗格中的"服务器角色"选项，在右侧的"服务器角色"列表框中，选择"public"和"sysadmin"两个复选框，如图 4-37 所示。

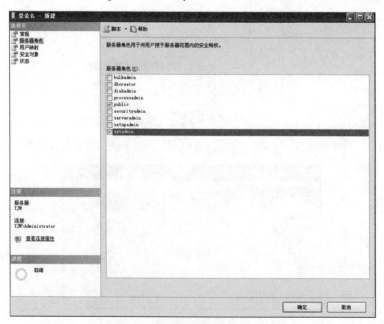

图 4-37   "服务器角色"选项设置

注意：如果建立的账号不需要具备系统管理员的权限时，则不要选择"sysadmin"复选框。

在"登录名—新建"窗口中，继续选择左侧"选项页"窗格中的"用户映射"选项，在右侧的"映射到此登录名的用户"列表框中选择可以进行管理操作的数据库名称"learnself"复选框，并在下面的"数据库角色成员身份"列表框中选择"public"复选框和"db_owner"复选框，如图 4-38 所示。

说明：如果给一个无系统管理权限的账号指定管理一个数据库时，则一定要选择"db_owner"复选框，否则该账号无法看到该数据库中的任何数据表。

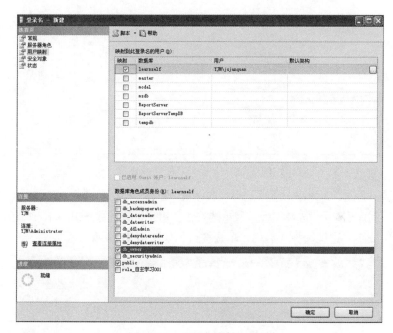

图 4-38   "用户映射"设置

在"登录名—新建"窗口中，继续选择"选择页"窗格中的"安全对象"选项，在此界面添加对象，单击"搜索"按钮，在弹出的"添加对象"对话框选择一个对象，如选择"服务器'YJM'"选项，如图 4-39 所示。

图 4-39   选择一个对象

单击"确定"按钮，返回"登录名—新建"窗口，如图 4-40 所示。

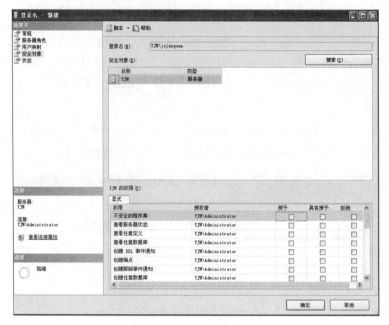

图 4-40　"安全对象"设置

在"登录名—新建"窗口中，继续选择"选择页"窗格中的"状态"选项进行设置，设置"是否允许连接到数据库引擎"，选择"授予"单选按钮，用户可以连接 SQL Server。还可以设置启用或禁用"登录"账户，这里选择"启用"单选按钮，如图 4-41 所示。

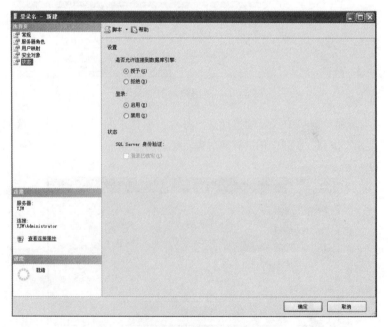

图 4-41　"状态"设置

在"登录名—新建"窗口中，单击"确定"按钮返回 SQL Server 2008 的"对象资源管理器"

窗格，新创建的登录名 "YJM\jsjanquan" 将出现在 "对象资源管理器" 窗格的 "登录名" 文件夹中，如图 4-42 所示。由该登录名左侧的图标可知它是一个组账户，当用户 "yuejunmei" 和 "songhong" 登录 Windows 操作系统时，就可以以组账户的身份通过身份验证登录 SQL Server。

- 创建 SQL Server 身份验证的安全登录名及配置权限。

在 "SQL Server Management Studio" 主窗口的 "对象资源管理器" 窗格中，展开 "安全性" 文件夹，右击 "登录名" 文件夹，在弹出的快捷菜单中选择 "新建登录名" 命令，在打开的 "登录名—新建" 窗口中的 "常规" 界面右侧的 "登录名" 文本框中输入 "SQLUseryjm"，选择 "SQL Server 身份验证" 单选按钮，在 "密码" 和 "确认密码" 文本框中自行输入，这里输入 "jsjanquan"，取消选择 "强制实施密码策略" 复选框，在 "默认数据库" 下拉列表框中选择 "learnself" 选项，如图 4-43 所示。

图 4-42　查看新建的 Windows
　　　　身份验证的登录名

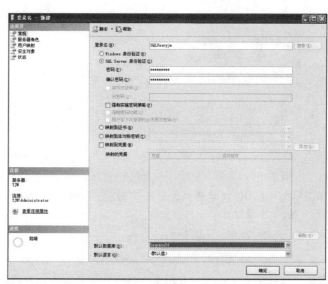

图 4-43　创建 "SQL Server 身份验证" 登录名

在 "登录名—新建" 窗口中切换到 "状态" 界面，在 "设置" 选项区域设置 "是否允许连接到数据库引擎"，选择 "授予" 单选按钮，设置 "登录" 选项为 "启用"。

单击 "确定" 按钮创建一个 SQL Server 身份验证账户，返回 "对象资源管理器" 窗格中，新创建的 SQL Server 身份验证的登录名 "SQLUseryjm" 将出现在 "对象资源管理器" 窗格的 "登录名" 文件夹中，如图 4-44 所示。

2.数据库用户账户设置

登录服务器需要有 SQL Server 服务器实例的登录账户，登录成功后，想要操作数据库和数据库对象，还需要成为数据库用户，数据库用户是数据库级别上的主体。

（1）创建 SQL Server 身份验证的数据库用户账户

在 "SQL Server Management Studio" 主窗口的 "对象资源管理器" 窗格中，依次展开 "数据库"、"learnself"、"安全性"、"用户" 文件夹，在 "用户" 文件夹中查看数据库 "learnself" 当前默认的用户账户（默认账户通常包括 dbo、guest、sys 等），如图 4-45 所示。

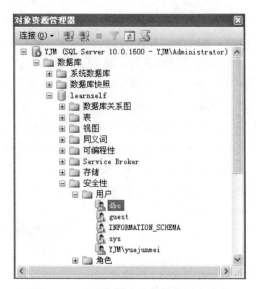

图 4-44　查看新建的 SQL Server 身份验证的登录名　　图 4-45　查看数据库当前默认用户账户

　　右击"用户"文件夹，在弹出的快捷菜单选择"新建用户"命令，如图 4-46 所示，打开"数据库用户—新建"窗口，在"数据库用户—新建"窗口的"常规"界面右侧的"用户名"文本框中输入数据库用户名"learnselfSQL001"。单击"登录名"文本框右侧的"浏览"按钮，打开"选择登录名"对话框，在该对话框中单击"浏览"按钮，打开"查找对象"对话框。

　　在"查找对象"对话框中选择登录名"SQLUseryjm"对应的复选框，如图 4-47 所示，将创建的数据库用户账户映射到该登录账户。

　　在"查找对象"对话框中单击"确定"按钮，返回"选择登录名"对话框，如图 4-48 所示，单击"确定"按钮返回"数据库用户—新建"窗口。

图 4-46　选择"新建用户"命令

图 4-47　选择登录名　　　　　　　　　　图 4-48　选择登录名

如需设置"默认架构",单击其右侧的"浏览"按钮,在弹出的"选择架构"对话框中选择已有的架构类型,这里选择"dbo",单击"确定"按钮,返回"数据库用户—新建"窗口。

在"数据库用户—新建"窗口中还可以设置"此用户拥有的架构"和"数据库角色成员身份"。在"数据库角色成员身份"列表框中选择"db_owner"复选框,如图 4-49 所示。

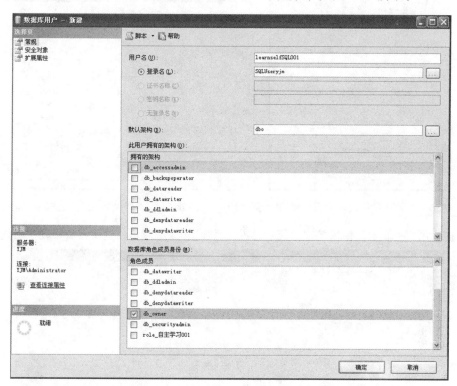

图 4-49　创建 SQL Server 身份验证的数据库用户账户的常规设置

在"数据库用户—新建"窗口中还可以进行"安全对象"和"扩展属性"设置。

在"数据库用户—新建"窗口中单击"确定"按钮,创建一个新的 SQL Server 身份验证的数据库用户账户,如图 4-50 所示。

(2)创建 Windows 身份验证的数据库用户账户

在"SQL Server Management Studio"主窗口的"对象资源管理器"窗格中,依次展开"数据库"、"learnself"、"安全性"、"用户"文件夹,右击"用户"文件夹,在弹出的快捷菜单选择"新建用户"命令,弹出"数据库用户—新建"窗口,输入用户账户名称"Winuser001",单击"登录名"文本框右侧的"浏览"按钮,打开"选择登录名"对话框,在该对话框中单击"浏览"按钮,打开"查找对象"对话框。

在"查找对象"对话框中选择登录名"YJM\jsjanquan",如图 4-51 所示。在"数据库角色成员身份"列表框选择"db_owner"复选框,其他步骤与创建 SQL Server 身份验证的数据库用户账户类似,在此不再叙述。

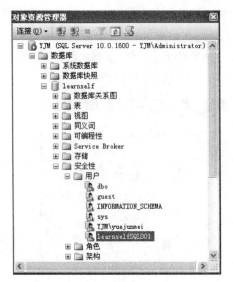

图 4-50　查看新建的数据库用户账户

图 4-51　"查找对象"中选择登录名

"数据库用户—新建"窗口的"常规"设置界面如图 4-52 所示，这里没有设置"默认架构"。

图 4-52　创建 Windows 身份验证的数据库用户账户的常规设置

"数据库用户—新建"窗口单击"确定"按钮，创建新的 Windows 身份验证的数据库用户账户，如图 4-53 所示。

3．SQL Server 2008 数据库的角色管理

在 SQL Server 2008 中，数据库的权限分配是通过角色实现的。数据库管理员首先将权限赋予

各种角色，然后将这些角色赋予数据库用户或登录账户，从而间接为数据库用户或登录账户分配数据库权限。一个数据库用户或登录账户可以同时拥有多个角色。

SQL Server 2008 中的角色主要有 3 类：服务器角色、数据库角色和应用程序角色。服务器角色是服务器级的一个对象，只能包含登录名；数据库角色是数据库级的一个对象，只能包含数据库用户账户名。

（1）服务器角色

固定服务器角色是服务器级别的主体，它们的作用范围是整个服务器。固定服务器角色已经具备了执行指定操作的权限，可以把其他登录名作为成员添加到固定服务器角色中，这样该登录名可以继承固定服务器角色的权限。

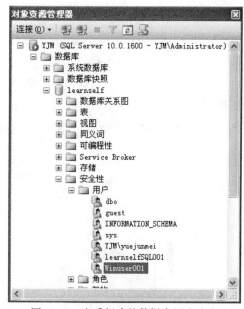

图 4-53　查看新建的数据库用户账户

下面服务器角色按照从最低级别的角色（bulkadmin）到最高级别的角色（sysadmin）的顺序进行描述。

- Bulkadmin：这个服务器角色的成员可以运行 BULK INSERT 语句。这条语句允许从文本文件中将数据导入到 SQL Server 2008 数据库中，为需要执行大容量插入到数据库的域账户而设计。
- Dbcreator：这个服务器角色的成员可以创建、更改、删除和还原任何数据库。这不仅是适合助理 DBA 的角色，也可能是适合开发人员的角色。
- Diskadmin：这个服务器角色用于管理磁盘文件，比如镜像数据库和添加备份设备。它适合助理 DBA DBA。
- Processadmin：SQL Server 2008 能够多任务化，也就是说可以通过执行多个进程做多个事件。例如，SQL Server 2008 可以生成一个进程用于向高速缓存写数据，同时生成另一个进程用于从高速缓存中读取数据。这个角色的成员可以结束（在 SQL Server 2008 中称为删除）进程。
- Securityadmin：这个服务器角色的成员将管理登录名及其属性。它们可以授权、拒绝和撤销服务器级权限。也可以授权、拒绝和撤销服务器级权限。另外，它们可以重置 SQL Server 2008 登录名的密码。
- Serveradmin：这个服务器角色的成员可以更改服务器范围的配置选项和关闭服务器。这个角色可以减轻管理员的一些管理负担。
- Setupadmin：为需要管理链接服务器和控制启动的存储过程的用户而设计。这个角色的成员能添加到 setupadmin，能增加、删除和配置链接服务器，并能控制启动过程。
- Sysadmin：这个服务器角色的成员有权在 SQL Server 2008 中执行任何任务。
- Public：有两大特点，第一，初始状态时没有权限；第二，所有的数据库用户都是它的成员。

① 查看服务器角色的属性。

启动"SQL Server Management Studio"，在"对象资源管理器"窗格中依次展开"安全性"、"服务器角色"结点。选择其中的一个服务器，在其上右击，在弹出的快捷菜单中选择"属性"命令。打开"服务器角色属性"对话框，在该对话框中就可以查看 sysadmin 这个服务器角色的属性了，如图 4-54 所示。

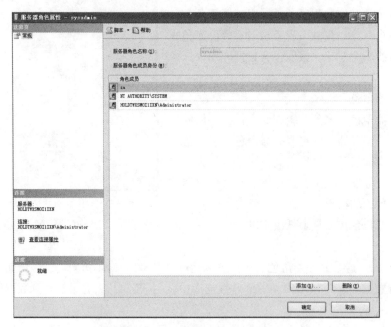

图 4-54　查看"服务器角色属性"

② 添加 SQL Server 服务器登录名为固定服务器角色的成员。

在"SQL Server Management Studio"主窗口的"对象资源管理器"窗格中，依次展开"数据库"、"安全性"、"登录名"文件夹，右击登录名"YJM\jsjanquan"，在弹出的快捷菜单选择"属性"命令，打开"登录属性—YJM\jsjanquan"窗口，在该窗口左侧的"选择页"窗格中选择"服务器角色"选项，在右侧的"服务器角色"列表框中选择"sysadmin"选项，如图 4-55 所示，单击"确定"按钮完成设置。

③ 为 SQL Server 服务器登录名分配固定角色。

在"SQL Server Management Studio"主窗口的"对象资源管理器"窗口中，依次展开"数据库"、"安全性"、"服务器角色"文件夹，可以查看默认的固定数据库角色，双击"sysadmin"服务器角色选项。

打开"服务器角色属性-sysadmin"窗口，在该窗口中单击"添加"按钮，打开"选择登录名"对话框。在该对话框中单击"浏览"按钮，打开"查找对象"对话框。在该对话框中选中"SQLUseryjm"复选框，依次单击"确定"按钮，返回"服务器角色属性-sysadmin"窗格，在该对话框中显示了指定的登录账户"SQLUseryjm"，如图 4-56 所示。最后单击"确定"按钮，完成向登录账户"SQLUseryjm"指派角色"sysadmin"的操作。

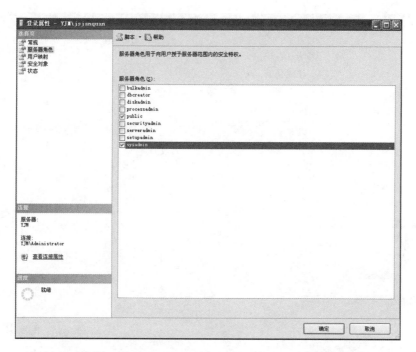

图 4-55　将 SQL Server 服务器登录名设置为"服务器角色"成员

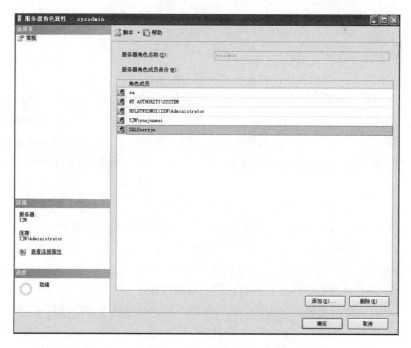

图 4-56　向登录账户"SQLUseryjm"指派角色

④ 删除服务器角色。

要删除一个已经存在的角色成员，可以在"角色成员"列表框中，选择该角色成员，单击"删除"按钮即可删除服务器角色。如图 4-57 所示。

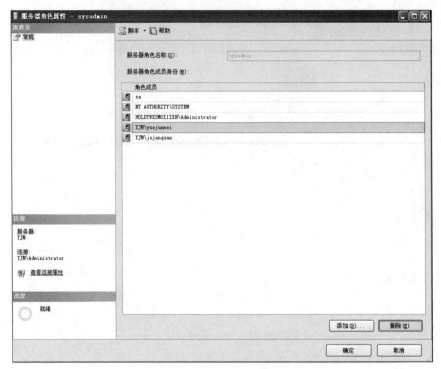

图 4–57　删除服务器角色

（2）数据库角色

数据库角色有以下 3 种类型：

- 固定数据库角色：微软提供的作为系统一部分的角色。
- 用户定义的标准数据库角色：用户自己定义的角色，将 Windows 用户以一组自定义的权限分组。
- 应用程序角色：用来授予应用程序专门的权限，而非授予用户组或者单独用户。

微软为固定数据库角色提供了 9 个内置的角色，以便于在数据库级别授予用户特殊的权限集合。

- db_owner：该角色的用户可以在数据库中执行任何操作。
- db_accessadmin：该角色的成员可以从数据库中增加或者删除用户。
- db_backupopperator：该角色的成员允许备份数据库。
- db_datareader：该角色的成员允许从任何表读取任何数据。
- db_datawriter：该角色的成员允许往任何表写入数据。
- db_ddladmin：该角色的成员允许在数据库中增加、修改或者删除任何对 即可以执行任何 DDL 语句）。
- db_denydatareader：该角色的成员被拒绝查看数据库中的任何数据，但是他们仍然可以通过存储过程来查看。
- db_denydatawriter：类似 db_denydatareader 角色，该角色的成员被拒绝修改数据库中的任何数据，但是他们仍然可以通过存储过程来修改。
- db_securityadmin：该角色的成员可以更改数据库中的权限和角色。

在 SQL Server 2008 中每个数据库用户都属于 public 数据库角色。当尚未对某个用户授予或者拒绝对安全对象的特定权限时，该用户将授予该安全对象的 public 角色的权限，这个数据库角色不能被删。

① 将数据库用户添加为固定数据库角色的成员。

启动"SQL Server Management Studio"，在"对象资源管理器"窗格中依次展开"数据库"、"learnself"、"安全性"、"用户"文件夹，右击数据库用户账户名"Winuser001"，在弹出的快捷菜单中选择"属性"命令，打开"数据库用户–Winuser001"窗口，在该窗口的"常规"界面中，在"数据库角色成员身份"列表框中选择"db_owner"复选框，如图 4-58 所示，单击"确定"按钮，完成设置。

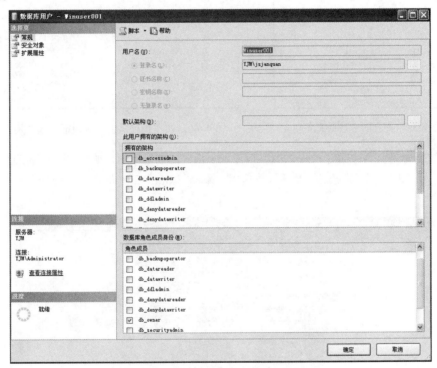

图 4-58　为数据库用户分配角色

② 为数据库用户分配固定数据库角色。

启动"SQL Server Management Studio"，在"对象资源管理器"窗格中，依次展开"数据库"、"learnself"、"安全性"、"角色"、"数据库角色"文件夹，可以查看默认的固定数据库角色。双击"db_owner"数据库角色选项，如图 4-59 所示。或右击数据库角色名"db_owner"，在弹出的快捷菜单中选择"属性"命令，打开"数据库角色属性–db_owner"窗口。

下面将数据库用户添加为角色的成员。在"数据库角色属性–db_owner"窗口中单击"添加"按钮，打开"选择数据库用户或角色"对话框，单击"浏览"按钮，在打开的"查找对象"对话框中选择"learnselfSQL001"复选框，如图 4-60 所示。然后单击"确定"按钮返回。

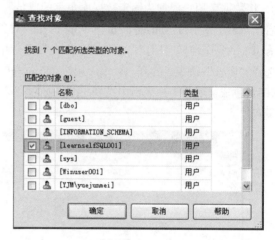

图 4-59　查看固定数据库角色　　　　　图 4-60　在"查找对象"对话框中选择用户

在"数据库角色属性–db_owner"窗口中显示了指定的数据库用户账户"learnselfSQL001"，如图 4-61 所示。单击"确定"按钮，即可将数据用户账户"learnselfSQL001"分配为角色"db_owner"的成员。

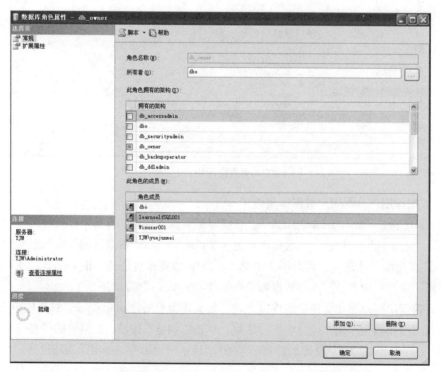

图 4-61　在"数据库角色属性–db_owner"中设置数据库角色

③ 为数据库用户创建应用程序角色。

应用程序角色是一个数据库主体，它使应用程序能够用其自身的、类似用户的权限来运行，可以只允许通过特定应用连接的用户访问特定数据。与数据库角色不同，应用程序角色默认情况下不包含任何成员，而且是非活动的。

应用程序角色是数据库级主体，只能通过其他数据库中为 guest 用户授予的权限访问数据库。因此，其他数据库中的应用程序角色无法访问任何已禁止 guest 用户的数据库。

为数据库用户创建应用程序角色具体操作步骤如下：

启动 "Microsoft SQL Server Management Studio"，在 "对象资源管理器" 窗格中依次展开 "数据库"、"learnself"、"安全性"、"角色" 文件夹，右击 "应用程序角色" 文件夹，在弹出的快捷菜单中选择 "新建应用程序角色" 命令，打开 "应用程序角色-新建" 窗口。

在 "应用程序角色-新建" 窗口的 "常规" 界面中，在 "角色名称" 文本框中输入应用程序角色名称 "role_课程学习 001"，将 "默认架构" 设为 "dbo"，在 "密码" 和 "确认密码" 文本框中均输入 "jsjanquan"，如图 4-62 所示。

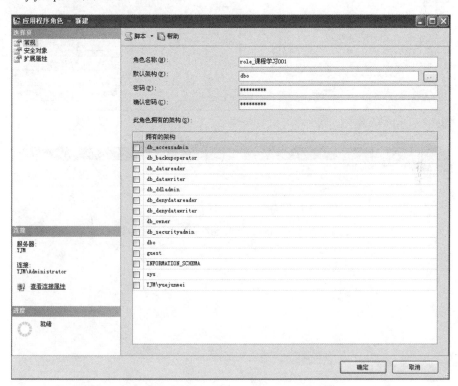

图 4-62　"应用程序角色-新建" 常规设置

在左侧 "选择页" 窗格中选择 "安全对象" 选项，单击 "搜索" 按钮，打开 "添加对象" 对话框。在该对话框中单击 "确定" 按钮，打开 "选择对象" 对话框，在该对话框单击 "对象类型" 按钮，在打开的 "选择对象类型" 对话框中选择 "表" 复选框，如图 4-63 所示。

在 "选择对象类型" 对话框中单击 "确定" 按钮返回 "选择对象" 对话框。在 "选择对象" 对话框单击 "浏览" 按钮，打开 "查找对象" 对话框，在该对话框中选 "[dbo].[Homework]" 数据表左侧的复选框，如图 4-64 所示。

在"查找对象"对话框单击"确定"按钮，返回"选择对象"对话框，如图 4-65 所示。

在"选择对象"对话框中单击"确定"按钮，返回"应用程序角色-新建"窗口的"安全对象"界面，在该界面的权限列表框中依次选中"插入"、"更新"、"删除"和"选择"选项所在行的"授予"复选框，如图 4-66 所示。

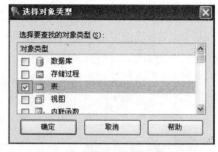

图 4-63　选择需要的对象类型

图 4-64　选择需要的数据表

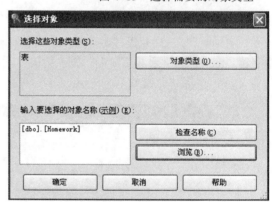

图 4-65　设置对象类型

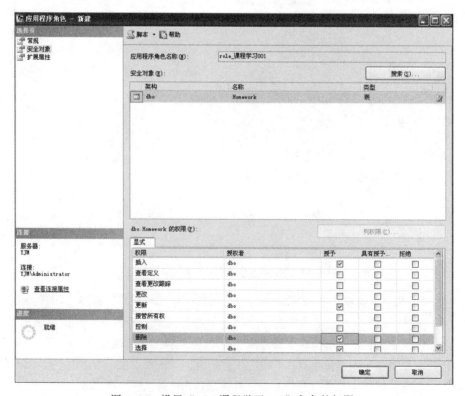

图 4-66　设置"role_课程学习 001"角色的权限

　　最后在"应用程序角色–新建"窗口中单击"确定"按钮，完成应用程序角色"role_课程学习 001"的创建。

　　④ 为数据库用户创建自定义角色。

　　SQL Server 2008 预置了固定服务器角色和固定数据库角色，这些角色都有自身独特的权限。将某些角色赋予一个数据库用户，该用户就拥有了这些角色的权限。由于这些角色都是系统预先设置好的，不可能完成满足实际应用的全部需求，因此，用户还可以创建自定义角色，先将需要的权限赋予自定义角色，然后将数据库用户指派给该角色。

　　为数据库用户创建自定义角色具体步骤：

　　打开"SQL Server Management Studio"主窗口，在"对象资源管理器"窗格中，依次展开"数据库"、"learnself"、"安全性"、"角色"、"数据库角色"文件夹，右击"数据库角色"文件夹，在弹出的快捷菜单中选择"新建数据库角色"命令，打开"数据库角色–新建"窗口。

　　在"数据库角色–新建"窗口的"常规"界面，在"角色名称"文本框中输入自定义数据库角色名称"role_自主学习 001"，"默认架构"为"dbo"。如图 4–67 所示。

　　切换到"安全对象"界面，单击"搜索"按钮，打开"添加对象"对话框，在该对话框中单击"确定"按钮，打开"选择对象"对话框。在该对话框中单击"对象类型"按钮，在打开的"选择对象类型"对话框中选择"表"复选框。

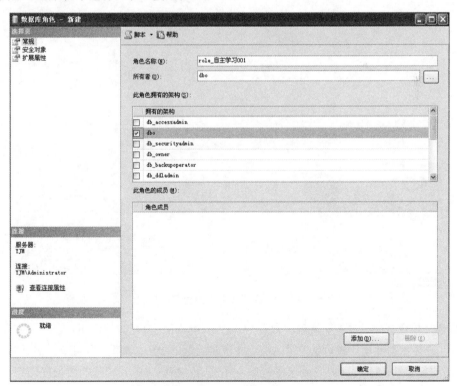

图 4–67　"数据库角色–新建"常规设置

在"选择对象类型"对话框中单击"确定"按钮，返回"选择对象"对话框，在"选择对象"对话框单击"浏览"按钮，打开"查找对象"对话框，在该对话框中选择"[dbo].[StuTest]"数据表左侧的复选框。如图4-68所示。

在"查找对象"对话框单击"确定"按钮，返回"选择对象"对话框，在"选择对象"对话框中单击"确定"按钮，返回"数据库角色-新建"窗口中的"安全对象"界面，在该界面的权限列表框中选中"选择"选项所在行的"授予"复选框，如图4-69所示。

图 4-68　选择需要的表

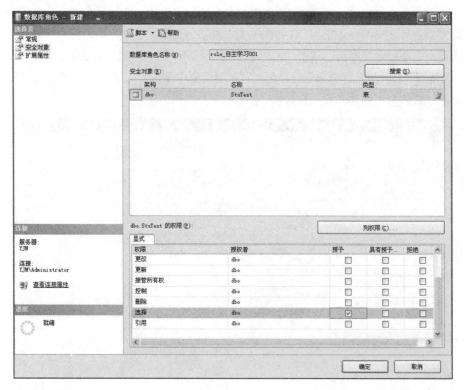

图 4-69　设置"数据库角色"的权限

为自定义角色分配成员：切换到"常规"界面，为该角色分配数据库用户，单击"添加"按钮，打开"选择数据库用户或角色"对话框。在该对话框中单击"浏览"按钮，打开"查找对象"对话框，选择"learnselfSQL001"复选框，单击"确定"按钮，返回"选择数据库用户或角色"对话框。在该对话框中单击"确定"按钮，返回"数据库角色-新建"窗口的"常规"界面，如图4-70所示。

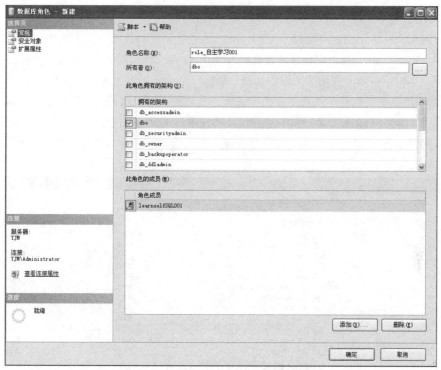

图 4-70　为自定义角色指派数据库用户

　　最后，在"数据库角色-新建"窗口中单击"确定"按钮完成数据库自定义角色"role_自主学习 001"的创建，并为该角色指派了一个数据库用户"learnselfSQL001"。在"对象资源管理器"窗口中刷新"角色"，新创建的应用程序角色和自定义数据库用户角色如图 4-71 所示。

4．SQL Server 2008 数据库的权限管理

　　用户对数据库的访问及对数据库对象的操作都体现在权限上，有相应的权限，才能进行相应的操作，不同的数据库用户具有不同的数据库访问权限，未授权的用户无法访问或存取数据库中的数据。权限对于数据库至关重要，是访问权限设置中的最后一道安全措施，管理好权限是保证数据库安全的必要因素。权限用于控制用户如何访问数据库对象，用户可以直接分配权限，也可以作为角色中的一个成员间接得到权限。用户可以同时属于具有不同权限的多个角色，这些权限提供了对同一个数据库对象的不同访问级别。

图 4-71　查看新创建的应用程序角色和
自定义数据库用户角色

（1）使用管理平台给 SQL Server 服务器登录名授权

打开"SQL Server Management Studio"主窗口，在"对象资源管理器"窗格中，右击 SQL Server 服务器名称"YJM"（说明："YJM"是作者计算机的 SQL Server 服务器名称，不同计算机的 SQL Server 服务器名称不同），在弹出的快捷菜单中选择"属性"命令，打开"服务器属性–YJM"窗口，在该窗口左侧"选择页"窗格中选择"权限"选项，在右侧"登录名或角色"列表框中选择要设置权限的登录名"SQLUseryjm"，在"SQLUseryjmei 的权限"列表框中选择"创建任意数据库"和"更改任意登录名"两行中"授予"列对应的复选框，如图 4-72 所示。单击"确定"按钮完成服务器权限的设置。

图 4-72　设置服务器的权限

（2）使用管理平台给数据库用户账户授权

打开"SQL Server Management Studio"主窗口，在"对象资源管理器"窗格中展开"数据库"结点，右击数据库名称"learnself"，从弹出的快捷菜单中选择"属性"选项，打开"数据库属性–learnself"窗口，在该窗口左侧"选择页"窗格中选择"权限"选项，在右侧"用户或角色"列表框中选择要设置权限的数据库用户账户"learnselfSQL001"。在"learnselfSQL001 的权限"列表框中选中"创建表"行中"授予"列对应的复选框，如图 4-73 所示，单击"确定"按钮，完成数据库权限的设置。

（3）使用管理平台给数据库用户账户授予操作数据库对象的权限

打开"Microsoft SQL Server Management Studio"主窗口，在"对象资源管理器"窗格中，依次展开"数据库"、"learnself"、"表"文件夹，右击数据表名称"dbo.Homework"，在弹出的快捷菜单中选择"属性"命令，打开"数据库属性–learnself"窗口，在该窗口左侧"选择页"窗格中选择"权限"选项，打开"表属性–Homework"窗口。在"表属性–Homework"窗口中切换到"权限"界面，单击"搜索"按钮，打开"选择用户或角色"对话框。在"选择用户或角色"对话框中单击"浏览"按钮，打开"查找对象"对话框，选择"learnselfSQL001"用户，如图 4-74 所示。

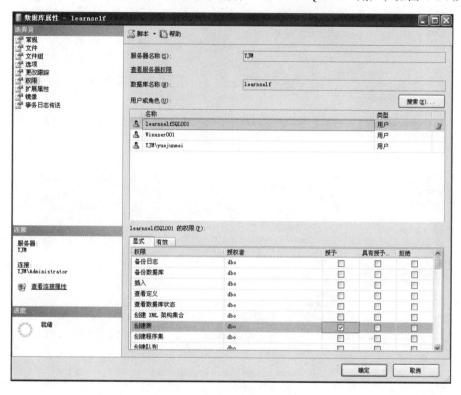

图 4-73　设置数据库用户账户的权限

在"查找对象"对话框中单击"确定"按钮，返回"选择用户或角色"对话框，如图 4-75 所示。

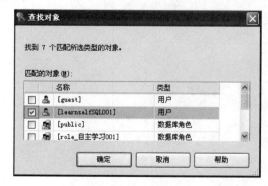
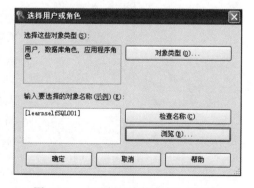

图 4-74　选择用户 　　　　　　　　图 4-75　"选择用户或角色"对话框

在"选择用户或角色"对话框中单击"确定"按钮，返回"表属性–Homework"窗口。

下面设置用户或角色访问权限。在"表属性–Homework"窗口的"权限"界面下方，设置"learnselfSQL001 的权限"，如图 4-76 所示。将"插入""查看定义""更改""更新""删除""选择"等权限授予给"learnselfSQL001"用户。

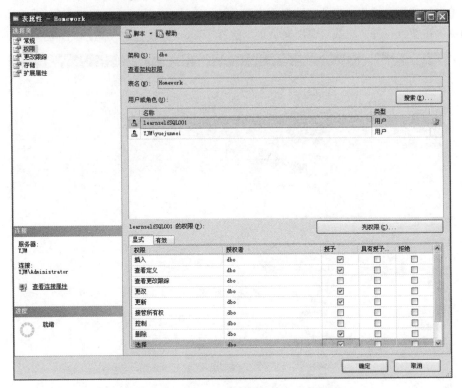

图 4-76　设置"用户或角色"访问权限

接下来设置数据表列权限。在"表属性-Homework"窗口的"权限"界面，单击"列权限"按钮，打开"列权限"对话框。在该对话框中设置列的访问权限，如图 4-77 所示。

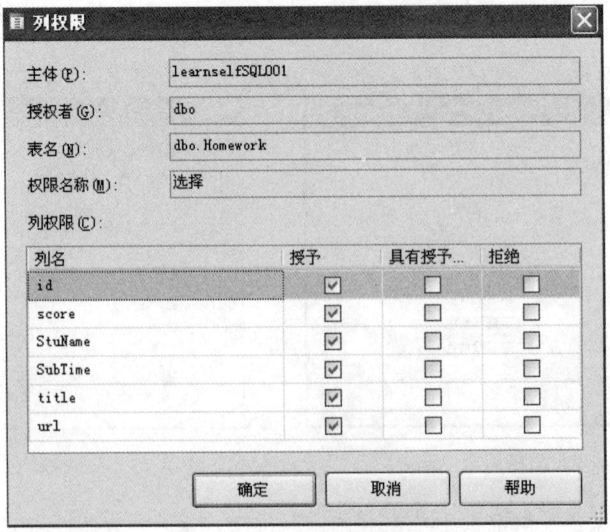

图 4-77　设置数据表列权限

列权限设置完成后单击"确定"按钮，返回"表属性-Homework"窗口。最后，在"表属性

–Homework"窗口中单击"确定"按钮，完成数据库对象操作权限的设置。

（4）查看数据库用户账号的安全对象及拥有的权限

打开"Microsoft SQL Server Management Studio"主窗口，在"对象资源管理器"窗口中，依次展开"数据库"、"learnself"、"安全性"、"用户"文件夹，右击数据表用户账户名"learnselfSQL001"，在弹出的快捷菜单中选择"属性"命令，打开"数据库用户–learnselfSQL001"窗口，在该窗口左侧的"选择页"窗格中，选择"安全对象"选项，在右侧的"安全对象"列表框中查看该数据库用户的安全对象，在"dbo.Homework 的权限"列表框中查看安全对象区域选中对象（如 Homework）拥有的权限，如图 4-78 所示，单击"确定"按钮退出。

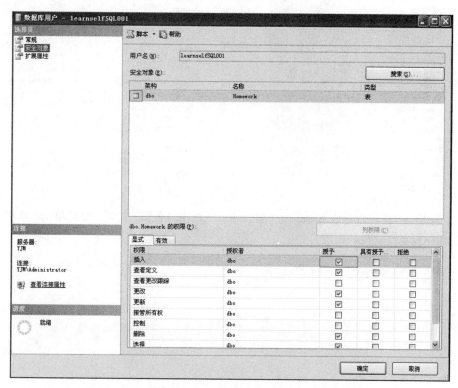

图 4-78　查看数据库用户账号的安全对象及拥有的权限

4.3.4　SQL Server 2008 数据库备份与还原

SQL Server 数据库备份有两种方式，一种是使用 BACKUP DATABASE 将数据库文件备份出去，另外一种就是直接复制数据库文件.mdf 和日志文件.ldf 的方式。下面将分别讨论这两种备份与恢复的方法。

1. SQL Server 2008 数据库的备份与还原

使用 BACKUP DATABASE 将数据库文件备份出去的方法是常见的数据库备份方法，下面以 SQL Server 2008 数据库为例介绍备份与恢复的操作步骤。

（1）SQL server 2008 数据库的备份操作步骤

① 单击"开始"按钮，选择"所有程序"→"Microsoft SQL Server 2008"→"SQL Server Management Studio"命令，选择 learnself 数据库，如图 4-79 所示。

② 选择要备份的数据库"learnself"，右击，选择"任务"→"备份"命令，如图 4-80 所示。

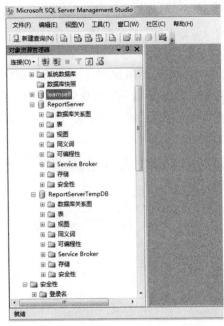

图 4-79　打开数据库

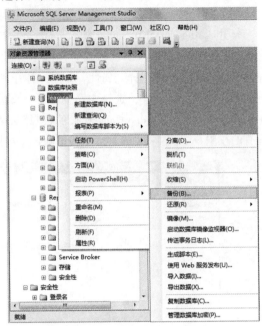

图 4-80　选择"备份"命令

③ 在打开的"备份数据库–learnself"窗口中，先单击"删除"按钮，然后单击"添加"按钮，选择存放数据库备份文件的地址，如图 4-81 所示。

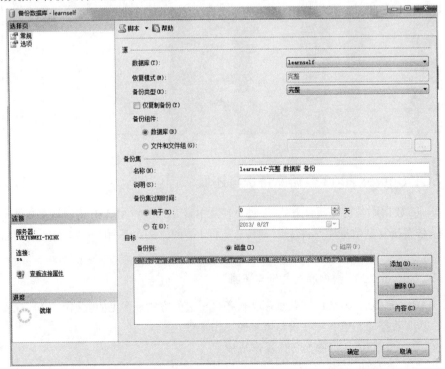

图 4-81　添加备份文件地址

④　在弹出的"选择备份目标"对话框中，可以选择文件或备份设备作为备份目标，也可以为常用文件创建备份设备，单击"浏览"按钮，选择存放数据库备份文件的地址，如图 4-82 所示。

图 4-82　选择备份目标

⑤　选择好备份的路径（如 C：\Users\yuejunmei 文件夹），"文件类型"选择"所有文件"，"文件名"文本框中填写上要备份的数据库的名字（最好在备份的数据库的名字后面加上日期，以方便以后查找），如图 4-83 所示，之后单击"确定"按钮。

图 4-83　定位数据库文件

⑥　选择"选项"选项，进行备份设置，设置完成后，单击"确定"按钮，开始备份，完成数据库的备份操作，如图 4-84 所示。

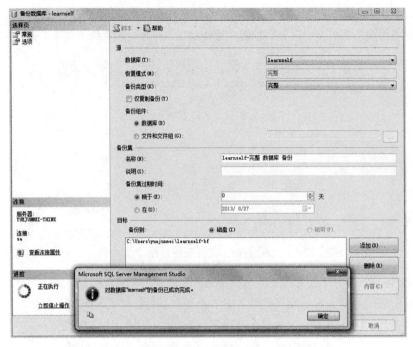

图 4-84　备份完成

（2）SQL 数据库的还原

① 选择要还原的数据库"learnself"，然后右击，选择"任务"→"还原"→"数据库"命令，如图 4-85 所示。

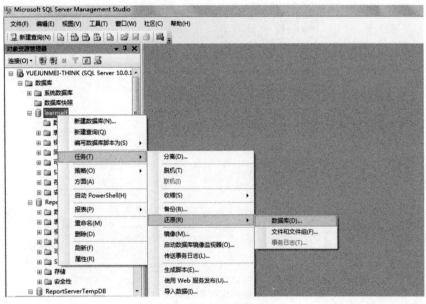

图 4-85　还原数据库

② 在出现的"还原数据库-learnself"窗口中选择"源设备"单选按钮，然后单击右侧的"浏览"按钮，如图 4-86 所示。

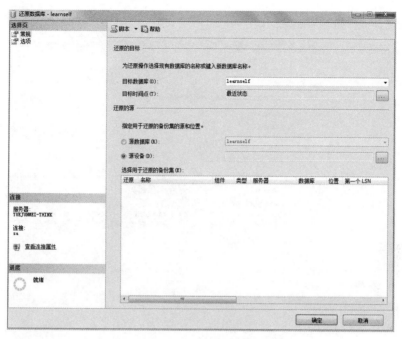

图 4-86 选择还原的备份集

③ 在出现的"指定备份"对话框中，单击"添加"按钮，选择 .bak 源文件，如图 4-87 所示。

④ 找到数据库备份的路径，选择要还原的数据库"learnself"（注意：将"文件类型"设为"所有文件"），然后连续两次单击"确定"按钮，如图 4-88 所示。

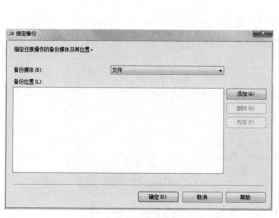

图 4-87 指导备份

图 4-88 定位备份文件

⑤ 在出现的"还原数据库-learnself"窗口中，选择"选择用于还原的备份集"列表框中的相

应数据库前的复选框，如图 4-89 所示。

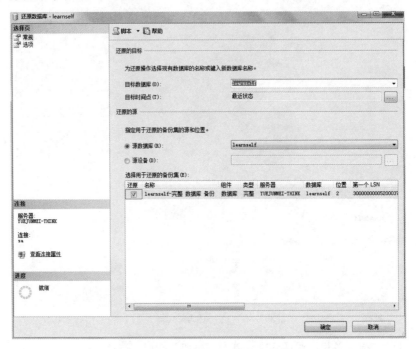

图 4-89　选择用于还原的备份集

⑥　然后选择"选项"，选择"覆盖现有数据库（WITH REPLACE）"复选框，如图 4-90 所示。

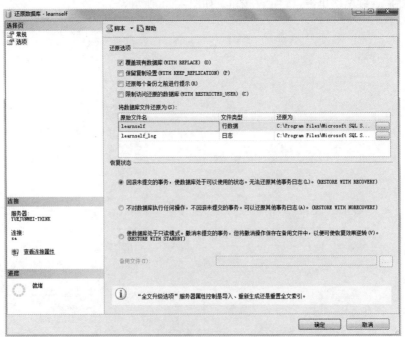

图 4-90　设置还原选项

（3）还原数据库问题解决方案

在还原数据库"learnself"时，有时会遇到"因为数据库正在使用，所以无法获得对数据库的独占访问权"问题，此时可以按照以下步骤解决此问题：

① 右击数据库"learnself"，然后选择"属性"命令，如图 4-91 所示。

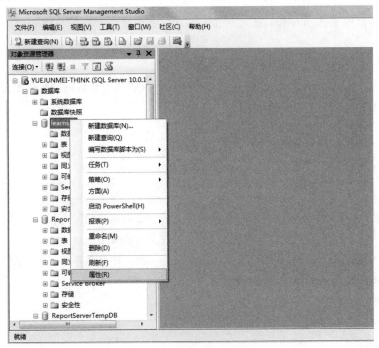

图 4-91 数据库属性

② 在出现的"数据库属性–learnself"窗口中，选择"选项"选项，在"其他选项"列表框中的"状态"中找到"限制访问"选项。在"限制访问"下拉列表框中选择"SINGLE_USER"选项，单击"确定"按钮，如图 4-92 所示。

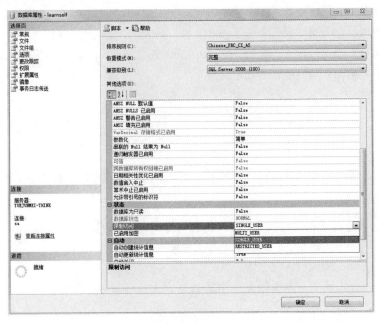

图 4-92 限制访问

③ 按照正常还原数据库的步骤，还原数据库。

2. 正常的备份和 SQL 数据库恢复方式

直接复制数据库文件.mdf 和日志文件.ldf 的方式也是数据库备份与恢复的方法，下面详细介绍。

（1）正常备份方式

正常方式下，我们要备份一个数据库，首先要先将该数据库从运行的数据服务器中断开，或者停掉整个数据库服务器，然后复制文件。

卸下数据库的命令：Sp_detach_db 数据库名

连接数据库的命令：

```
Sp_attach_db 或者 sp_attach_single_file_db
s_attach_db [@dbname =] 'dbname', [@filename1 =] 'filename_n' [,...16]
sp_attach_single_file_db [@dbname =] 'dbname', [@physname =] 'physical_name'
```

使用此方法可以正确恢复 SQL Sever 的数据库文件，要点是备份的时候一定要将.mdf 和.ldf 两个文件都备份下来，.mdf 文件是数据库数据文件，.ldf 是数据库日志文件。

例如：假设数据库为 test，其数据文件为 test_data.mdf，日志文件为 test_log.ldf。下面介绍如何备份、恢复该数据库。

卸下数据库：

```
sp_detach_db 'test'
```

连接数据库：

```
sp_attach_db 'test',
'C:\Program Files\Microsoft SQL Server\MSSQL\Data\test_data.mdf',
'C:\Program Files\Microsoft SQL Server\MSSQL\Data\test_log.ldf'
sp_attach_single_file_db 'test', 'C:\Program Files\Microsoft SQL Server\MSS
QL\Data\test_data.mdf'
```

（2）只有.mdf 文件的恢复技术

由于种种原因，如果当时仅仅备份了.mdf 文件，恢复起来就比较麻烦。

如果.mdf 文件是当前数据库产生的，使用 sp_attach_db 或者 sp_attach_single_file_db 命令可以恢复数据库，但是会出现类似下面的提示信息：

设备激活错误。

物理文件名'C:\Program Files\Microsoft SQL Server\MSSQL\data\test_Log.LDF' 可能有误。

已创建名为 'C:\Program Files\Microsoft SQL Server\MSSQL\Data\test_log.LDF' 的新日志文件。

但是，如果数据库文件是从其他计算机上复制过来的，上述办法就行不通了。它会得到类似下面的错误信息：

服务器: 消息 1813，级别 16，状态 2，行 1

未能打开新数据库'test'。CREATE DATABASE 将终止。

设备激活错误。物理文件名 'd:\test_log.LDF' 可能有误。

怎么办呢？下面举例说明恢复办法。

① 使用默认方式建立一个供恢复使用的数据库（如 test）。可以在 SQL Server Enterprise Manager 里面建立。

② 停掉数据库服务器。

③ 将刚才生成的数据库的日志文件 test_log.ldf 删除，用要恢复的数据库.mdf 文件覆盖刚才生成的数据库数据文件 test_data.mdf。

④ 启动数据库服务器。此时会看到数据库 test 的状态为"置疑"。这时候不能对此数据库进行任何操作。

⑤ 设置数据库允许直接操作系统表。此操作可以在 SQL Server Enterprise Manager 里面选择数据库服务器，然后右击，选择"属性"命令，在"服务器设置"页面中选择"允许对系统目录直接修改"复选框。也可以使用如下语句来实现：

```
use  master
go
sp_configure 'allow updates',1
go
reconfigure with override
go
```

⑥ 设置 test 为紧急修复模式：

```
update sysdatabases set status=-32768 where dbid=DB_ID('test')
```

此时可以在 SQL Server Enterprise Manager 里面看到该数据库处于"只读\置疑\脱机\紧急"模式可以看到数据库里面的表，但是仅仅有系统表。

⑦ 下面执行真正的恢复操作，重建数据库日志文件：

```
dbcc rebuild_log('test', 'C:\Program Files\Microsoft SQL Server\MSSQL\Data\
test_log.ldf')
```

执行过程中，如果遇到下列提示信息：

服务器：消息 5030，级别 16，状态 1，行 1 未能排它地锁定数据库以执行该操作。DBCC 执行完毕。如果 DBCC 输出了错误信息，请与系统管理员联系。

说明其他程序正在使用该数据库，如果刚才在⑥步骤中使用 SQL Server Enterprise Manager 打开了 test 库的系统表，那么退出 SQL Server Enterprise Manager 就可以了。

警告：数据库'test'的日志已重建。已失去事务的一致性。

应运行 DBCC CHECKDB 以验证物理一致性。将必须重置数据库选项，并且可能需要删除多余的日志文件。

DBCC 执行完毕。如果 DBCC 输出了错误信息，请与系统管理员联系。

此时打开 SQL Server Enterprise Manager，会看到数据库的状态为"只供 DBO 使用"。此时可以访问数据库里面的用户表了。

⑧ 验证数据库一致性：

```
dbcc checkdb('test')
```

一般执行结果如下：

CHECKDB 发现了 0 个分配错误和 0 个一致性错误(在数据库'test'中)。
DBCC 执行完毕。如果 DBCC 输出了错误信息，请与系统管理员联系。

⑨ 设置数据库为正常状态：

```
sp_dboption 'test', 'dbo use only', 'false'
```

如果没有出错，现在就可以正常使用恢复后的数据库了。

⑩ 最后一步，要将步骤⑤中设置的"允许对系统目录直接修改"一项恢复。因为平时直接操作系统表是一件比较危险的事情。当然，可以在 SQL Server Enterprise Manager 中恢复，也可以使用如下语句完成：

```
sp_configure 'allow updates',0
go
reconfigure with override
go
```

习　题

1. 什么是数据安全？数据安全的基本问题有哪些？
2. 简述威胁数据安全的因素。
3. 简述常用的数据安全防护技术。
4. 试分析数据库安全的重要性，说明数据库安全方面存在的问题及原因。
5. 简述数据库系统安全性要求。
6. 数据库的安全策略有哪些特点？简述其要点。
7. 如何保证数据库中数据的完整性？
8. 数据库的加密有哪些要求？加密方式有哪些种类？
9. 简述数据库的备份方法。
10. 简述数据库安全设置。

第 5 章　操作系统安全与策略

计算机操作系统是计算机系统配置最重要的软件，在整个计算机系统软件中处于核心地位。操作系统设计得好坏直接决定计算机系统的性能和计算机用户使用计算机的方便程度。

操作系统安全是系统安全的基础。上层软件要获得运行的可靠性和信息的完整性、保密性，必须依赖于操作系统提供的系统软件基础。在网络环境中，网络安全依赖于网络中各服务器的安全性，而服务器系统的安全性是由其操作系统的安全性决定的。

目前 PC 上运行的操作系统多为 Windows XP、Windows 7，而 Windows Server 2008 作为服务器操作系统平台越来越受到用户的欢迎。但由于 Windows XP、Windows 7、Windows Server 2008 等操作系统存在着不少的安全漏洞，是非常容易被攻击的。如果对这些漏洞不了解，不加强安全管理和采取相应的防范措施，就会使系统无法抵御入侵者的毁灭性攻击。

本章从上述问题着手，讨论 Windows XP、Windows 7、Windows Server 2008 等操作系统的安全基础、安全设置、安全漏洞等安全问题。

5.1　Windows 7 的安全

Windows XP、Windows 7 是在普通用户的 PC 上使用的最广泛的操作系统。尤其是 Windows XP，占据中国绝大多数 PC 用户的操作系统市场。与 Windows 2000 相比，Windows XP 和 Windows 7 对网络功能的支持更为强大，且稳定性有了本质的提高。

5.1.1　Windows 7 的安全性

1. Windows 7 版本简介

Windows 7 操作系统为满足不同用户人群的需要，开发了 6 个版本，分别是 Windows 7 Starter（简易版）、Windows 7 Home Basic（家庭基础版）、Windows 7 Home Premium（家庭高级版）、Windows 7 Professional（专业版）、Windows 7 Enterprise（企业版）、Windows 7 Ultimate（旗舰版）。下面对 Windows 7 的各个版本及其区别进行介绍。

（1）Windows 7 Starter（简易版）

Windows 7 Starter（简易版）包含有新增的 Jump List 菜单，但是没 Aero 特效功能。可以加入家庭组（Home Group），但是不能更改背景、主题颜色、声音方案、Windows 欢迎中心、登录界面等。没有 Windows 媒体中心和移动中心。

对于初级版本，仅适用于拥有低端机型的用户，可通过系统集成或安装在原始设备制造商的特定机器获得，并且还限制了某些特定类型的硬件。其最大的优势就是简单、易用、便宜，对于仅上网冲浪的用户来说是个不错的选择。

（2）Windows 7 Home Basic（家庭基础版）

Windows 7 Home Basic 是简化的家庭版，新增加的特性包括无线应用程序、增强的视觉体验（仍无 Aero）、高级网络支持（ad-hoc 无线网络和互联网连接支持 ICS）、移动中心（Mobility Center）、支持多显示器等。没有玻璃特效功能、实时缩略图预览、Internet 连接共享等，只能加入而不能创建家庭网络组。这个版本仅在新兴市场投放，如中国、印度和巴西等。

（3）Windows 7 Home Premium（家庭高级版）

Windows 7 家庭高级版是面向家庭用户开发的一款操作系统，可使用户享有最佳的计算机娱乐体验，通过 Windows 7 系统家庭高级版可以很轻松地创建家庭网络，使多台计算机间共享打印机、照片、视频和音乐等。通过特色鼠标拖曳及 Jump List 等功能，让计算机操作更简单；可以按照用户喜欢的方式更改桌面主题和任务栏上排列的程序图标，自定义 Windows 的外观。计算机启动、关机、从待机状态恢复和响应的速度更快充分发挥了 64 位计算机硬件的性能，有效利用可用内存。

（4）Windows 7 Professional（专业版）

Windows 7 专业版提供办公和家用所需的一切功能。替代了 Windows Vista 下的商业版，支持加入管理网络（Domain Join）、高级网络备份等数据保护功能、位置感知打印技术（可在家庭或办公网络上自动选择合适的打印机）等。加强了脱机文件夹、移动中心（Mobility Center）、演示模式（Presentation Mode）等。

（5）Windows 7 Enterprise（企业版）

Windows 7 Enterprise（企业版）提供一系列企业级增强功能，包括 BitLocker、内置和外置驱动器数据保护、AppLocker、锁定非授权软件运行、DirectAccess，以及无缝连接基于 Windows Server 2008 R2 的企业网络、网络缓存等。该版本主要是面向企业市场的高级用户，可满足企业数据管理、共享、安全等需求。

（6）Windows 7 Ultimate（旗舰版）

Windows 7 旗舰版具备 Windows 7 家庭高级版和专业版的所有功能，同时增加了高级安全功能及在多语言环境下工作的灵活性。当然，该版本对计算机的硬件要求也是最高的。

2. Windows 7 的安全性介绍

当人们都在讨论 Windows 7 全新操作系统所带来的优雅界面：全新的工具条、完善的侧边栏、全新界面的 WindowsExplorer 时。除了外观的改善，系统底层也有了不小的变化，包括经过革新的安全功能。下面详细介绍 Windows 7 操作系统在安全性方面的特色。

（1）Action Center

在 Vista 中，我们可以通过"控制面板"中的安全中心，对系统的安全特性进行设置。而在 Windows 7 中已经没有了安全中心的影子。这是因为安全中心已经融入全新的 Action Center 之中了。Action Center 中除了包括原先的安全设置，还包含其他管理任务所需的选项，如 Backup、Troubleshooting And Diagnostics 及 Windows Update 等功能。

（2）UAC 的改变

用户账户控制（UAC）是 Vista 引入的概念，其设计目的是为了帮助用户更好地保护系统安全，防止恶意软件的入侵。它将所有账户，包括管理员账户以标准账户权限运行。如果用户进行的某些操作需要管理员特权，则需要先请求获得许可。这种机制导致大量用户有所抱怨，并且很多用户选择将 UAC 关闭，而这又导致了他们的系统暴露在更大的安全风险下。

在 Windows 7 中，UAC 还是存在的，只不过用户有了更多的选择。在 Action Center 中，用户可以针对 UAC 进行 4 种配置：

① 当用户在安装软件或修改 Windows 系统设置时总是提醒用户（与 Vista 系统相同）。

② 当用户在安装软件时提醒用户，在修改 Windows 设置时不提醒用户（当前默认设置）。

③ 在用户安装软件时提醒用户，但是关闭 UAC 安全桌面，即提示用户时桌面其他区域不会失效。

④ 从来不提醒用户（不推荐这种方式）。

（3）改进的 BitLocker

在 Windows 7 中看到了喜人的改进。BitLocker 已经可以对移动磁盘进行加密了，并且操作起来很简单。只需要在"控制面板"中打开 BitLocker，选择需要加密的磁盘，然后单击 Turn On BitLocker 即可。可移动存储设备会显示在 BitLocker To Go 分类中。

（4）DirectAccess

Windows 7 的一个全新功能是 DirectAccess，它可以让远程用户不借助 VPN 就可以通过互联网安全地接入公司的内网。管理员可以通过应用组策略设置及其他方式管理远程计算机，甚至可以在远程计算机接入互联网时自动对其进行更新，而不管这台计算机是否已经接入了企业内网。

DirectAccess 还支持多种认证机制的智能卡及 IPsec 和 IPv6，用于加密传输。

（5）Biometric 安全特性

最安全的身份鉴定方法是采用生物学方法，或者说采用指纹、视网膜扫描、DNA 及其他独特的物理特征进行验证。虽然 Windows 目前还没有计划内置 DNA 样本检测功能，但是它确实加入了指纹读取功能。Windows 支持用户通过指纹识别的方式登录系统，而且当前很多预装 Vista 的笔记本电脑都带有指纹扫描器，不过在 Vista 中，指纹识别功能都是通过第三方程序实现的。而在 Windows 7 中已经内置指纹识别功能。

（6）AppLocker

在 Windows XP 和 Vista 中都带有软件限制策略，这是一个很不错的安全措施。管理员可以使用组策略防止用户运行某些可能引发安全风险的特定程序。不过在这两个系统中，软件限制策略的使用频率很低，因为使用起来并不简单。Windows 7 将这种概念得以改良，发展出了名为 AppLocker 的功能。AppLocker 也被植入在 Windows Server 2008 R2 中。它使用简单，并且给予管理员更灵活的控制能力。管理员可以结合整个域的组策略使用 AppLocker，也可以在单机上结合本地安全策略使用这一功能。

（7）Windows Filtering Platform（WFP）

Windows Filtering Platform（WFP）是在 Vista 中引入的 API 集。在 Windows 7 中，开发人员可以通过这套 API 集将 Windows 防火墙嵌入它们所开发的软件中。这种情况使得第三方程序可以在恰当的时候关闭 Windows 防火墙的某些设置。

（8）PowerShellv2

Windows 7 集成了 PowerShellv2，这个命令行界面可以让管理员通过命令行的形式管理多种设置，包括组策略安全设置。管理员还可以将多个命令行结合起来组成脚本。对于同一任务来说，使用命令行的方式要比图形界面更节省步骤。

Windows 7 还集成了 PowerShell Integrated Scripting Environment（ISE），这是 PowerShell 的图形界面版本。

（9）DNSSec

Windows 7 支持 DNSSec（域名系统安全），它将安全性扩展到了 DNS 平台。有了 DNSSec，一个 DNS 区域就可以使用数字签名技术，并通过这种技术鉴定所收到的数据的可信度。DNS 客户端并不在自身实施 DNS 授权，而是等待服务器返回授权结果。

（10）Internet Explorer 8

Windows 7 所带的浏览器是 IE 8，其所提供的安全性包括：

① SmartScreen Filter 代替/扩展了 IE 7 中的网络钓鱼过滤器。

② The XSS Filter 防御跨界脚本攻击。

③ 域名高亮，对 URL 的重点部分进行强调，从而让用户更清楚自己所访问的站点是否正确。

④ 更好的针对 Activex 的安全控制。

⑤ 数据执行保护（DEP）默认为开启状态。

5.1.2 Windows 7 的安全设置

随着信息技术的迅猛发展，计算机病毒也日益猖獗。很多用户都为如何加强计算机的安全性而烦恼。下面介绍 Windows 7 系统的安全设置。

1. 改进版的用户账户控制（UAC）

用户账户控制（UAC），其实很多人并不陌生，在 Windows Vista 中就有了，但一直受人指责，只要用户对计算机系统稍作改变，它就会频繁地弹出对话框来寻求用户的许可，同时屏幕变暗，这种方式虽然提高了系统的安全性，有力地防止病毒和木马对系统的破坏，但同时却让用户感觉到很烦琐，因此它成为 Windows Vista 中最被人痛恨的一个功能。

在 Windows 7 中，开始让用户选择 UAC 的通知等级，用户账户控制（UAC）最大的改进就是在"控制面板"提供了更多的控制选项，用户能根据自己的需要选择适当的 UAC 级别。

进入"控制面板"的"系统和安全"界面，在"操作中心"选项区域单击"更改用户账户控制设置"超链接，如图 5-1 所示，Windows 7 下的 UAC 设置提供了一个滑块允许用户设置通知的等级，可以选择 4 种等级，如图 5-2 所示，用户可以根据个人喜好个性化选择，免去了受弹出提示的骚扰之苦。

2. 强大的 Windows 防火墙

Windows 7 之前的系统一般也有自带的防火墙，但功能简单，一般被视为鸡肋，这次 Windows 7 的自带防火墙做了很大的改进，功能比较强大。

图 5-1　更改用户账户控制设置

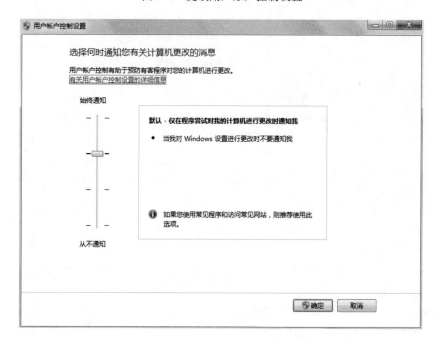

图 5-2　允许用户设置通知的等级

在 Windows 7 系统中，启用防火墙非常简单，单击"开始"按钮，选择"控制面板"命令，打开"控制面板"窗口，单击"系统和安全"超链接，进入"系统和安全"窗口，单击"Windows 防火墙"超链接，进入"Windows 防火墙"窗口，如图 5-3 所示。然后单击窗口左侧导航栏上的"打开或关闭 Windows 防火墙"命令，进入自定义设置界面，在这里就可以启用 Windows 7 系统自带的防火墙。它最大的特点就是内外兼防，通过"家庭或工作网络（专用）"和"公用网络"两个方面来对计算机进行防护。如图 5-4 所示。

图 5-3　Windows 防火墙

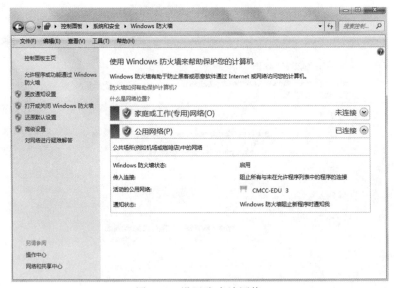

图 5-4　设置防火墙网络

　　Windows 7 系统自带防火墙的默认设置可能不能完全满足需求，可以在"Windows 防火墙"窗口中单击"高级设置"超链接，此项功能更加全面，与一般的专业防火墙软件相媲美，进入"高级安全 Windows 防火墙"窗口，通过设置入站与出站规则可以设置应用程序访问网络的情况。另外，监视功能可以清晰地反映出当前网络流通的情况，如图 5-5 所示，还可以设置自定义的入站和出站规则。相信 Windows 7 防火墙将会有更多用户来使用。

　　注意：Windows 7 自带防火墙针对每一个程序为用户提供了 3 种实用的网络连接方式：允许连接、只允许安全连接和阻止连接。选择"允许连接"选项，程序或端口在任何情况下都可以被连接到网络；选择"只允许安全连接"选项，程序或端口只有在 IPSec 保护的情况下才允许连接到网络；选择"阻止连接"选项，将阻止此程序或端口在任何状态下连接到网络。

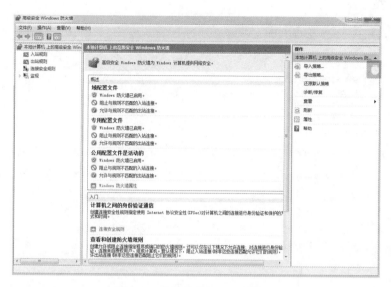

图 5-5 监视功能访问网络情况

3. 家长控制功能

在 Windows 7 中有一个家长控制功能，通过这个功能家长可以控制孩子对计算机的使用，如使用计算机的时间、使用计算机能玩什么样的游戏、能运行哪些运用程序、哪些程序不能运行，都可以进行个性化设置，保障孩子安全合理地使用计算机。下面介绍具体方法：先创建一个标准账号，可以不设置密码，供孩子使用，如图 5-6 所示。然后把管理员账号设置一个密码，防止孩子使用，在"控制面板"中打开"用户账号和家庭安全"窗口，单击"家长控制"超链接，选择刚才创建好的用户，就可以为该用户设置家长控制，如图 5-7 所示，选择"启用，应用当前设置"，然后设置"时间限制"，可以设置一个星期内每天的任何时间段是否可以让孩子使用计算机，控制孩子使用计算机的时间段，如图 5-8 所示。还可以设置孩子能玩的游戏分级，以及阻止特定游戏。如图 5-9 所示。

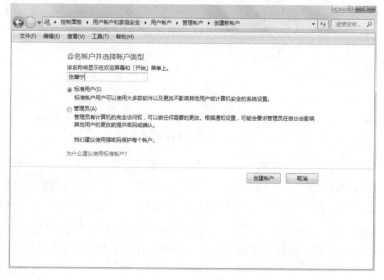

图 5-6 创建账户

图 5-7　用户设置家长控制

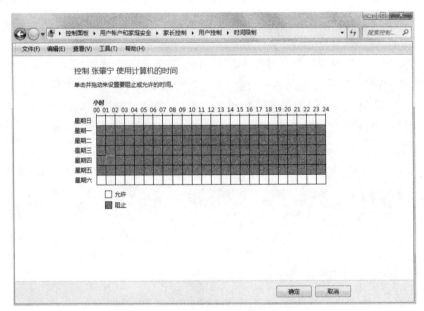

图 5-8　设置"时间限制"

　　另外，可以设置"允许或者阻止特定应用程序"，如图 5-10 所示，单击此超链接，系统会打开一个窗口，可以设置该用户只能允许运行的程序，则系统会自动列出当前计算机安装的所有应用程序，包括系统安装过程中自带的一些应用程序，如扫雷、纸牌等游戏。一般情况下，系统会自动列出所有以.exe 为扩展名的应用程序。这样就可以限制孩子不使用某些应用程序，如不允许孩子使用 QQ、不允许使用一些操作不当会破坏数据的程序等。如图 5-11 所示。

图 5-9　设置能玩的游戏类型

图 5-10　设置"允许或者阻止特定应用程序"

4．Windows BitLocker 驱动器加密，保障文件安全

Windows BitLocker 驱动器加密是一种全新的安全功能，可以阻止没有授权的用户访问该驱动器下的所有文件，该功能通过加密 Windows 操作系统卷上存储的所有数据，可以更好地保护计算机中数据的安全，无论是个人用户，还是企业用户，该功能都非常实用。在"控制面板"中打开"系统和安全"窗口，单击"BitLocker 驱动器加密"超链接，如图 5-12 所示，选择要加密的

盘符，单击"启用 BitLocker"超链接，如图 5-13 所示，然后，系统会提示正在初始化驱动器，接着，设置驱动器加密的密码，如图 5-14 所示，单击"下一步"按钮，为了防止忘记密码，还可以设置 BitLocker 恢复密钥文件，具体操作步骤如图 5-15～图 5-18 所示，最后单击"启动加密"按钮就可以了。设置完成后，如果要访问该磁盘驱动器，则需要输入密码。

图 5-11　设置哪些应用程序能使用

注意：该项功能在 Windows 7 旗舰版本运行正常，Windows 7 家庭版不包括该功能。

以上就是 Windows 7 安全设置方面的知识，掌握以上内容可使计算机更加安全。

图 5-12　BitLocker 驱动器加密

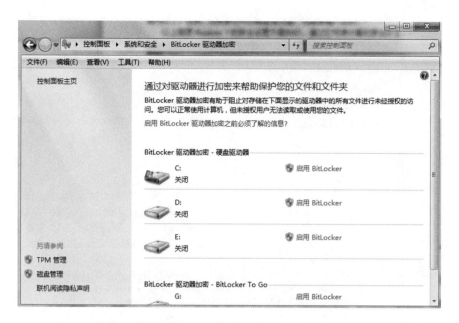

图 5-13　启用 BitLocker

图 5-14　设置驱动器加密的密码

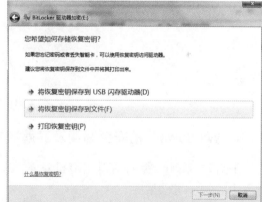

图 5-15　设置恢复密钥文件

图 5-16　另存恢复密钥文件

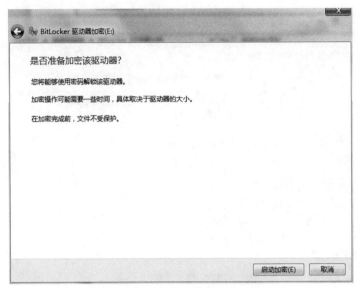

图 5-17　确认是否加密驱动器

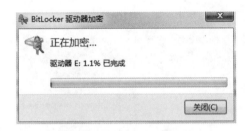

图 5-18　驱动器加密过程

5.1.3　Windows 7 的安全漏洞及其解决方法

目前微软系列产品中，危害计算机安全的漏洞如下：

（1）LSASS 相关漏洞

这是本地安全系统服务中的缓冲区溢出漏洞，之前的震荡波病毒正是利用此漏洞造成了互联网严重堵塞。

（2）RPC 接口相关漏洞

首先它会在互联网上发送攻击包，造成企业局域网瘫痪，计算机系统崩溃等情况。冲击波病毒正是利用了此漏洞进行破坏，造成了全球上千万台计算机瘫痪，无数企业受到损失。

（3）IE 浏览器漏洞

它能够使得用户的信息泄露，比如用户在互联网通过网页填写资料，如果黑客利用这个漏洞很容易窃取用户个人隐私。

（4）URL 处理漏洞

此漏洞给恶意网页留下了后门，用户在浏览某些美女图片网站后，浏览器主页有可能被改或者是造成无法访问注册表等情况。

（5）URL 规范漏洞

一些通过即时通信工具传播的病毒，比如当 QQ 聊天栏内出现陌生人发送的一条链接，如果单击此链接很容易中木马病毒。

（6）FTP 溢出系列漏洞

此漏洞主要针对企业服务器造成破坏，前段时间很多国内信息安全防范不到位的网站被黑，目前黑客攻击无处不在，企业一定要打好补丁。

（7）GDI+漏洞

它可以使电子图片成为病毒。用户在单击网页上的美女图片、小动物，甚至是通过邮件发来的好友图片都有可能感染各种病毒。

解决方法：防范病毒破坏最好在 Windows 操作系统上打上最新补丁，别无他法，并不能完全依赖杀毒软件。

（8）Windows 7 黑屏

解决方法：

① 重启计算机，然后登录，等到黑屏出现（确保你的计算机已经联网）。

② 黑屏出现后，同时按住【Ctrl+Alt+Delete】键，然后选中任务管理器。

③ 等 "任务管理器" 对话框出现后，选择 "文件" → "新建任务（运行）" 命令，输入以下文字：explorer。

④ 然后单击 "确定" 按钮，这时会启动 IE 来下载文件，下载完成后，运行程序。

⑤ 然后重启计算机，黑屏就解决了。

5.2　Windows XP 的安全

5.2.1　Windows XP 的安全性

微软声明 "用 Windows XP 的用户将不再需要为网络访问安全担心"，Windows XP 的功能的确比 Windows 2000 系统强，但也有不少令人担忧的问题。下面介绍 Windows XP 的安全性。

1．完善的用户管理功能

Windows XP 采用 Windows NT/2000 的内核，在用户管理上非常安全。凡是增加的用户都可以在登录的时候看到，不像 Windows 2000 那样，被黑客增加了一个管理员组的用户都发现不了。使用 NTFS 文件系统可以通过设置文件夹的安全选项来限制用户对文件夹的访问，如某普通用户访问另一个用户的文档时会提出警告。还可以对某个文件（或者文件夹）启用审核功能，将用户对该文件（或者文件夹）的访问情况记录到安全日志文件里去，进一步加强对文件操作的监督。

2．透明的软件限制策略

在 Windows XP 中，软件限制策略以 "透明" 的方式来隔离和使用不可靠的、潜在的对用户数据有危害的代码，这样可以保护计算机免受各种通过电子邮件或网页传播的病毒、木马程序和蠕虫等，保证了数据的安全。

3．支持 NTFS 文件系统及加密文件系统 EFS

Windows XP 里的加密文件系统（EFS）基于公众密钥，并利用 CryptoAPI 结构默认的 EFS 设置，EFS 还可以使用扩展的 Data Encryption Standard（DESX）和 Triple–DES（3DES）作为加密算法。用户可以轻松地加密文件。

加密时，EFS 自动生成一个加密密钥。当加密一个文件夹时，文件夹内的所有文件和子文件夹都被自动加密了，数据就会更加安全。

4．安全的网络访问特性

新的特性主要表现在以下几个方面：

① 补丁自动更新，为用户"减负"。

② 系统自带 Internet 连接防火墙，支持 LAN、VPN、拨号连接等。支持"自定义设置"及"日志查看"，为系统的安全筑起了一道"黑客防线"。

③ 关闭"后门"，在以前的版本中，Windows 系统留着几个"后门"，如 137、138、139 等端口都是"敞开大门"的，现在，在 Windows XP 中这些端口是关闭的。

5.2.2　Windows XP 的安全设置

1．取消简单文件共享

为了让网络上的用户只需单击几下鼠标就可以实现文件共享，Windows XP 加入了一种称为"简单文件共享"的功能，但同时也打开了许多 NetBIOS 漏洞。关闭简单文件共享功能的步骤是：双击"我的电脑"图标，依次选择"工具"→"文件夹选项"命令，选择"查看"选项卡，在"高级设置"列表框中取消选择"使用简单文件共享（推荐）"复选框，如图 5-19 所示。

2．转换 FAT32 文件系统为 NTFS

许多计算机的硬盘驱动器都被格式化成 FAT32 文件系统。要想提高安全性，可将 FAT32 转换成 NTFS。NTFS 文件系统允许更全面、细粒度地控制文件和文件夹的权限，而且还可以使用加密文件系统（encrypting file system，EFS），从文件分区方面保证数据不被窃取。在"我的电脑"窗口中右击驱动器并选择"属性"命令，可以查看驱动器当前的文件系统，如图 5-20 所示。如果要把文件系统转换成 NTFS，先备份一下重要的文件，单击"开始"按钮，选择"运行"命令，输入 cmd，单击"确定"按钮，如图 5-21 所示。然后在命令行窗口中，执行 convert D: /fs:NTFS（其中 D 是驱动器的盘符）命令，如图 5-22 所示。

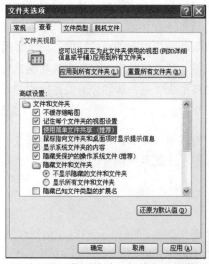

图 5-19　取消选择"使用简单文件共享（推荐）"复选框

图 5-20　查看 D 盘文件系统

图 5-21　"运行"对话框

图 5-22　命令行窗口

3. 停用 Guest 账户

Guest 账户供来宾访问计算机，但受到限制。然而，Guest 账户为黑客入侵打开了方便之门。如果不需要使用 Guest 账户，最好禁用它。在 Windows XP Pro 中，双击"我的电脑"图标，打开"控制面板"窗口，双击"管理工具"选项，双击"计算机管理"，如图 5-23 所示，在左边列表中找到"本地用户和组"节点，选择其中的"用户"，在右边窗格中，双击"Guest 账户"，打开"Guest 属性"对话框，选择"账户已停用"复选框，如图 5-24 所示。

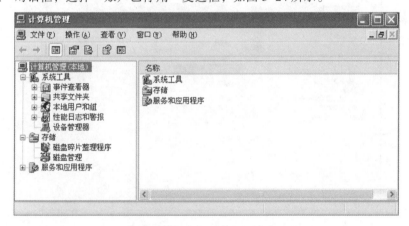

图 5-23　"计算机管理"窗口

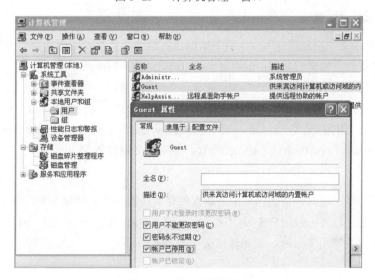

图 5-24　Guest 属性设置

4. Administrator 账户更名

企图获得 Administrator 账户的密码是黑客入侵的常用手段之一。每一台计算机至少需要一个账户拥有 Administrator（管理员）权限，但不一定非用"Administrator"这个名称，可以给 Administrator 账号更名，具体操作步骤如下：

双击"我的电脑"图标，再依次双击"控制面板"、"管理工具"、"计算机管理"选项，进入"计算机管理"窗口。展开"本地用户和组"及"用户"结点；在窗口右侧右击 Administrator，在右键快捷菜单中选择"重命名"命令，重新输入一个名称即可，如图 5-25 所示。

无论是在 Windows XP、Windows Home 还是，在 Windows Pro 中，最好创建另一个拥有全部权限的账户，然后停用 Administrator 账户。另外，在 Windows XP 或 Windows Home 中，要修改一下默认的所有者账户名称。最后，不要忘记为所有账户设置足够复杂的密码。

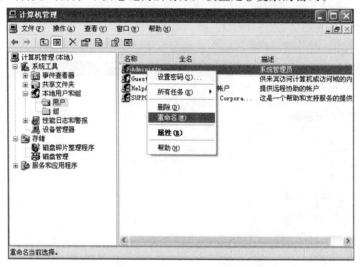

图 5-25　Administrator 账号更名

5. 清除系统的页面文件（交换文件）

Windows XP 即使在用户操作完全正常的情况下，也会泄露重要的机密数据（包括密码）。用户不会注意看这些泄露机密的文件，但黑客会看。因此，Windows XP 用户首先要做的是，要求计算机在关机的时候清除系统的页面文件（交换文件），具体操作步骤如下：

单击 Windows XP 的"开始"按钮，选择"运行"命令，输入 regedit。在注册表中找到 HKEY_LOCAL_MACHINE\SYSTEM\CurrentControlSet\Control\Session Manager\Memory Management，然后创建或修改 ClearPageFileAtShutdown，把这个 DWORD 值设置为 1，如图 5-26 所示。

6. 转储文件

系统在遇到严重问题时，会把内存中的数据保存到转储文件。转储文件的作用是帮助人们分析系统遇到的问题，但对一般用户来说用处不大；另一方面，就像交换文件一样，转储文件可能泄露许多敏感数据。禁止 Windows 创建转储文件的步骤如下：

图 5-26 通过修改注册表实现清除系统的页面文件

双击"我的电脑"图标,"我的电脑"窗口中,打开"控制面板"窗口,双击"系统"图标,选择"高级"选项卡,然后单击"启动和故障恢复"选项区域"设置"按钮,如图 5-27 所示,在"写入调试信息"列表框中选择"(无)",如图 5-28 所示。

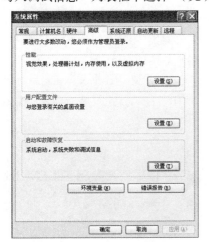

图 5-27 单击"设置"按钮

图 5-28 设置"写入调试信息"

7.多余的服务

为了方便用户,Windows XP 默认启动了许多不一定要用到的服务,同时也打开了入侵系统的后门。如果不用这些服务,最好关闭它们:NetMeeting Remote Desktop Sharing、Remote Desktop Help Session Manager、Remote Registry、Routing and Remote Access、SSDP Discovery Service、telnet、Universal Plug and Play Device Host。

关闭多余服务的操作步骤如下:

双击"我的电脑"图标,打开"控制面板"窗口,依次双击"管理工具"和"服务"图标,可以看到有关这些服务的说明和运行状态,如图 5-29 所示。要关闭一个服务,只需右击服务名称并选择"属性"命令，在"常规"选项卡中把"启动类型"改成"手动"，再单击"停止"按钮，如图 5-30 所示。

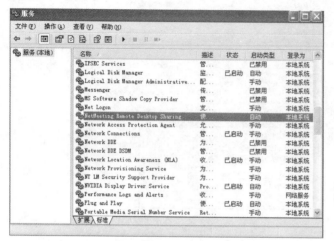

图 5-29　"服务"的说明及运行状态

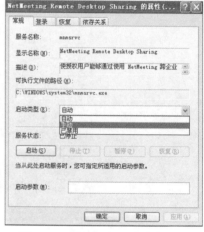

图 5-30　设置服务"启动类型"

8. 禁用远程协助/远程桌面连接

跟其他所有远程控制技术一样，远程协助和远程桌面因为用途的关系具有一定的安全风险。建议不要在需要高度安全性的网络中使用远程控制技术。

若要禁用远程协助，可设置组策略，具体操作步骤如下：

单击"开始"按钮，选择"运行"命令，输入 gpedit.msc 命令，打开"组策略"窗口，依次展开"计算机配置"、"管理模板"、"系统"、"远程协助"结点，如图 5-31 所示，双击右侧的"请求的远程协助"选项，选择"已禁用"单选按钮，单击"应用"按钮，禁止用户在这台计算机上向别人提供远程协助帮助，最后关闭对话框，如图 5-32 所示。注意：组策略的设置将会覆盖其他任何系统属性中"远程"选项卡中的设置。

图 5-31　远程协助

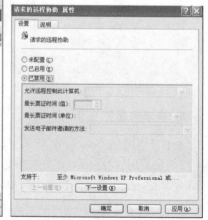

图 5-32　"请求的远程协助 属性"对话框

要禁止计算机接受远程桌面连接，进行如下操作：

右击"我的电脑"图标，选择"属性"命令，打开"系统属性"对话框，选择"远程"选项卡，取消选择"允许用户远程连接到此计算机"复选框，单击"选择远程用户（S）"按钮，如图 5-33 所示，打开"远程桌面用户"对话框，删除所有用户和用户组，如图 5-34 所示。

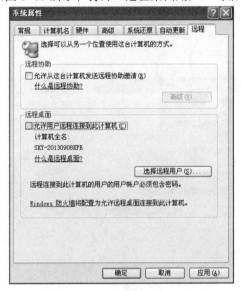

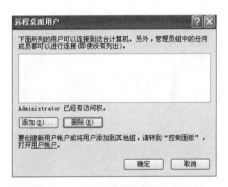

图 5-33　"系统属性"对话框　　　　图 5-34　远程桌面用户的添加或删除

9．网络初始化

默认情况下，Windows XP 在允许用户登录之前并不会等待网络初始化完全完成；相反，在登录一些已经存在的用户时多半会使用缓存的凭证，这会减少登录所需的时间。用户登录后组策略才会在后台被应用。这种行为造成了组策略的某些扩展，例如软件安装和文件夹重定向应用，都需要用户登录至少两次后才能被成功应用。

Windows XP 域中不对从登录到 Windows XP 客户端的用户进行密码过期提醒这一策略，会引起问题发生。如果用户是在组策略应用之前使用缓存的凭据登录的，当密码过期警告信息应该被显示时这个响应却不能被处理，直到用户下一次登录。因此用户的密码应当在用户收到警告消息之后再过期。

不建议缓存登录凭证（交互式登录：可被缓存的前次登录的个数，这个安全选项被设置为 0），这样缓存的用户凭证就不能被用来验证登录到域的用户，强制等待网络初始化完全完成后再进行。然而，如果缓存前次登录的格式被设置为非 0 的数字，问题同样会存在。

通常来说，把所有与计算机有关的组策略的改变放在用户登录之前应用是一个好习惯，这样用户就可以在最新的安全设置下使用系统，因此建议使用以下组策略设置，具体操作如下：

单击"开始"按钮，选择"运行"命令，输入"gpedit.msc"命令，打开"组策略"窗口，定依次展开"计算机配置"、"管理模板"、"系统"、"登录"结点，在右侧双击"计算机启动和登录时总是等待网络"选项，选择"已启用"单选按钮，单击"应用"按钮，再单击"确定"按钮即可，如图 5-35 所示。

10．禁用媒体的自动播放

自动播放功能会在媒体插入后读取其中的数据，默认情况下，Windows XP 会自动运行光驱中插入的所有光盘，这将会造成可执行的内容在被允许前自动被执行。默认情况下软盘和网络驱动器的自动播放功能被禁用了。要禁止所有驱动器上的自动播放功能，可采取如下操作：

单击"开始"按钮，选择"运行"命令，输入"gpedit.msc"命令，打开"组策略"窗口，依次展开"计算机配置"、"管理模板"、"系统"结点，在右侧双击"关闭自动播放"选项，选择"已启用"单选按钮，在"关闭自动播放"下拉列表中，选择"所有驱动器"选项，单击"应用"按钮，如图 5-36 所示。

 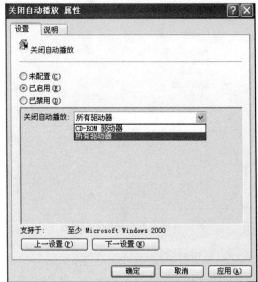

图 5-35　计算机启动和登录时总是等待网络　　　图 5-36　关闭自动播放

11. 封闭网络中的 NetBIOS 和 SMB 端口

在 Windows 环境中，NetBIOS 定义了一个软件接口和命名协议，基于 TCP/IP 之上的 NetBIOS（NetBT）为 TCP/IP 协议提供了 NetBIOS 程序接口。Windows 2000 和 Windows XP 使用 NetBT 与 Windows NT 及更老版本的 Windows（例如 Windows 9x）系统交流。然而，当与其他 Windows 2000 或者 Windows XP 计算机交流时，Windows XP 使用了 direct hosting。Direct hosting 在命名协议方面利用了 DNS 代替 NetBIOS，并使用了 TCP 端口 445，而不是 TCP 端口 139。服务器消息过滤服务使用直接通过 TCP/IP 协议的网络资源共享，而不是使用 NetBIOS 作为"中间人"。

Windows NetBIOS 和 SMB 端口（端口 135～139 及端口 445）之间的交流可以提供关于 Windows 系统的很多信息，并且可能引起潜在的攻击。因此禁止从局域网外连向系统这些端口的连接是很重要的。

建议在防火墙或者路由器上阻挡到端口 135、137、138、139 和 445 的出站及入站连接，大量的攻击及潜在的威胁都是因为出站的 SMB 连接造成的。

12. Windows XP 自动更新

当 Windows XP 有了自动更新时，自动更新系统会提示用户进行 Windows XP 的升级工作，当然这项功能会在上网之后才会有真正的效果。有一点可以肯定的就是，要想实现自动更新，系统必定会收集用户的计算机信息，然后传送到微软站点，通过反馈信息来决定是否要进行升级工作。这项设置具体操作如下：

右击"我的电脑"图标，选择"属性"命令，在"系统属性"对话框中，切换到"自动更新"选项卡，可以看到这里有 4 个选择，选择"关闭自动更新"单选按钮，如图 5-37 所示，这样系统就不会经常提示用户进行自动更新了，如果用户没用正版的 Windows XP 操作系统，建议关闭此功能，因为它可能会让用户在不知道的情况就把系统升级至 Windows XP SP2 版，这样会造成系统的不稳定。

13. 配置 Windows XP 防火墙

在默认情况下，Windows XP SP2 会针对所有网络连接自动打开内置的 Windows XP 防火墙。如果用户在安装了 SP2 之后遇到数据交换方面的麻烦，就需要检查一下防火墙的设置情况。在"控制面板"窗口中双击"Windows 防火墙"图标，就能进入"Windows 防火墙"对话框。在"例外"选项卡中，用户可以选择"文件和打印共享"服务或者打开某个特定的 TCP 或 UDP 端口，如图 5-38 所示。

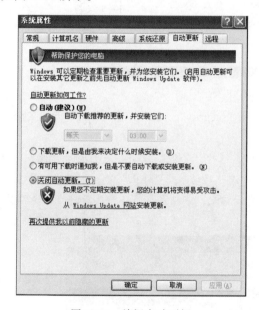

图 5-37　关闭自动更新

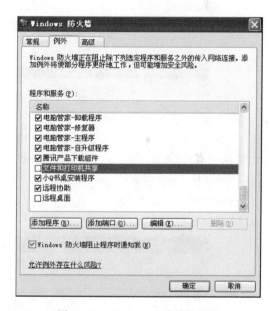

图 5-38　Windows 防火墙的配置

14. 安全中心

安全中心经常会冒出一些让人厌烦的提示信息，这通常是由于它认为用户的"自动更新"、防火墙或是防病毒软件没有正确配置。修改注册表当然是让"安全中心"停止提示的一种办法，但更简单的办法如下：

双击"我的电脑"图标，打开"控制面板"窗口，双击"安全中心"选项，在打开的窗口中，单击"资源"栏中的"更改'安全中心'通知我的方式"超链接，然后取消选择所有警报设置项目即可，如图 5-39 所示。

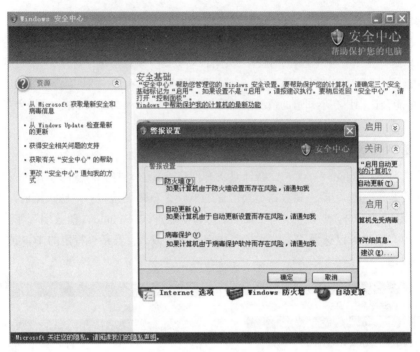

图 5-39 更改 Windows XP 安全中心

注意：在 Windows 操作系统的"服务"中有一项"security center"，可以关闭和开启安全中心服务。具体方法如下：

在 Windows XP 系统中，右击"我的电脑"图标，选择"管理"命令，依次展开"服务与应用程序"、"服务"结点，右击"security center"服务，选"启动"或"停止"命令即可，如图 5-40 所示。如果希望今后启动计算机时此安全中心不再自动启动，可双击该服务，然后将"启动类型"改为"已禁用"即可，如图 5-41 所示。

图 5-40 Windows XP 安全中心的启动与停止

15．共享驱动器或文件夹的设置

使用 Windows XP 可以很方便地将驱动器或文件夹设置成"共享"，而且若不想让这些共享的驱动器或文件夹被远程计算机用户，只需在共享驱动器或文件夹的"共享名"后面加上一个"$"就行了，如"C$"。然而，当远程计算机用户知道了该机的计算机名及管理员、服务器操作员的用户名和密码后，那么任何远程计算机用户都能通过局域网络或 Internet 访问该计算机，无疑，这也使具有共享驱动器或文件夹的计算机存在着安全隐患。为保障共享驱动器或文件夹的安全，用户应该禁用服务器服务。禁用服务器服务后，所有远程计算机都将无法连接到该计算机上的任意驱动器或文件夹，但本机的管理员仍然能够访问其他计算机上的共享文件夹。

禁用服务器服务的操作方法如下：

双击"我的电脑"图标，打开"控制面板"窗口，依次双击"管理工具"、"服务"图标，在窗口右侧"服务"中双击"Server"选项，弹出"Server 的属性（本地计算机）"对话框，在"启动类型"下拉列表中选择"已禁用"或"手动"选项即可，如图 5-42 所示。

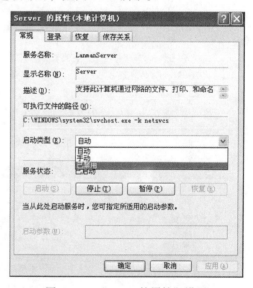

图 5-41　修改安全中心"启动类型"　　　　图 5-42　　"Server 的属性"设置

16．禁用 IE 组件自动安装

禁用 IE 组件自动安装，用户可以做如下操作：

单击"开始"按钮，选择"运行"命令，输入"gpedit.msc"命令，打开"组策略"窗口，依次展开"计算机配置"、"管理模板"、"Windows 组件"、"Internet Explorer"结点，双击窗口右边的"禁用 Internet Explorer 组件的自动安装"选项，在打开的对话框中选择"已启用"单选按钮，将会禁止 Internet Explorer 自动安装组件，如图 5-43 所示。这样可以防止 Internet Explorer 在用户访问到需要某个组件的网站时下载该组件，遏制篡改 IE 的行为，相对来说 IE 也就比较安全了。

17．禁止修改 IE 浏览器的主页

如果用户不希望他人或网络上的一些恶意代码对自己设定的 IE 浏览器主页进行随意更改，用户可以做如下操作：

　　单击"开始"按钮，选择"运行"命令，输入"gpedit.msc"命令，打开"组策略"窗口，依次展开"用户配置"、"管理模板"、"Windows 组件"、"Internet Explorer"结点，然后在右侧窗格中，双击"禁用更改主页设置"策略，将其启用即可，如图 5-44 所示。

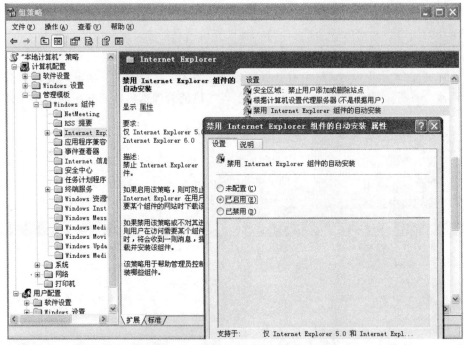

图 5-43　禁用 IE 组件自动安装

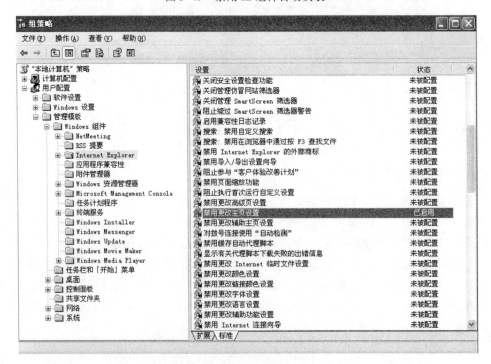

图 5-44　禁用更改主页设置

18．限制 IE 浏览器的保存功能

当多人共用一台计算机时，为了保持硬盘的整洁，需要对浏览器的保存功能进行限制使用，具体实现方法如下：

单击"开始"按钮，选择"运行"命令，输入"gpedit.msc"命令，打开"组策略"窗口，依次展开"用户设置"、"管理模板"、"Windows 组件"、"Internet Explorer"、"浏览器菜单"结点。双击右侧窗格中的"文件'菜单：禁用'另存为…'菜单项"选项，如图 5-45 所示。

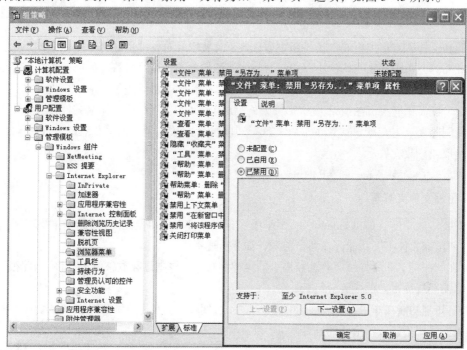

图 5-45　限制 IE 浏览器的保存功能

5.2.3　Windows XP 安全漏洞及其解决方法

随着使用时间的增加，Windows XP 逐渐暴露了一些漏洞，下面来谈谈 Windows XP 安全方面的几个弊端。

1．UPNP 服务漏洞

Windows XP 默认启动的 UPNP 服务存在严重的安全漏洞。upnp（universal plug and play）体系面向无线设备、PC 机和智能应用，提供普遍的对等网络连接，在家用信息设备、办公用网络设备间提供 TCP/IP 连接和 Web 访问功能，该服务可用于检测和集成 UPNP 硬件。

UPNP 协议存在安全漏洞，使攻击者可非法获取任何 Windows XP 的系统级访问、进行攻击，还可通过控制多台 Windows XP 机器发起分布式的攻击。

解决方法：

① 建议禁用 UPNP 服务。

② 下载补丁程序，网址为：http://www.microsoft.com/technet/treeview/default.asp?url=/technet/security/bulletin/ms01-059.asp。

2．升级程序漏洞

Windows XP 的升级程序不仅会删除 IE 的补丁文件，还会导致微软的升级服务器无法正确识别 IE 是否存在缺陷，即 Windows XP Pro 系统存在如下两个潜在威胁：

① 某些网页或 HTML 邮件的脚本可自动调用 Windows 的程序。

② 可通过 IE 漏洞窥视用户的计算机文件。

解决方法：如 IE 浏览器未下载升级补丁可至微软网站下载最新补丁程序。

3．帮助和支持中心漏洞

帮助和支持中心提供集成工具，用户通过该工具获取针对各种主题的帮助和支持。在目前版本的 Windows XP 帮助和支持中心存在漏洞，该漏洞使攻击者可跳过特殊的网页（在打开该网页时，调用错误的函数，并将存在的文件或文件夹的名字作为参数传送）来使上传文件或文件夹的操作失败，随后该网页可在网站上公布，以攻击访问该网站的用户或被作为邮件传播来攻击。

该漏洞除使攻击者可删除文件外，不会赋予其他权利，攻击者既无法获取系统管理员的权限，也无法读取或修改文件。

解决方法：安装 Windows XP 的 Service Pack 1。

4．压缩文件夹漏洞

在安装"plus!"包的 Windows XP 系统中，"压缩文件夹"功能允许将 ZIP 文件作为普通文件夹处理。"压缩文件夹"功能存在两个漏洞，如下所述：

① 在解压缩 ZIP 文件时会有未经检查的缓冲存在于程序中以存放被解压文件，因此很可能导致浏览器崩溃或攻击者的代码被运行。

② 解压缩功能在非用户指定目录中放置文件，可使攻击者在用户系统的已知位置中放置文件。

解决方法：不接收不信任的邮件附件，也不下载不信任的文件。

5．服务拒绝漏洞

Windows XP 支持点对点的协议（PPTP），是作为远程访问服务实现的虚拟专用网技术，由于在控制用于建立、维护和拆开 PPTP 连接的代码段中存在未经检查的缓存，导致 Windows XP 的实现中存在漏洞。通过向一台存在该漏洞的服务器发送不正确的 PPTP 控制数据，攻击者可损坏核心内存并导致系统失效，中断所有系统中正在运行的进程。

该漏洞可攻击任何一台提供 PPTP 服务的服务器，对于 PPTP 客户端的工作站，攻击者只需激活 PPTP 会话即可进行攻击。对任何遭到攻击的系统，可通过重启来恢复正常操作。

解决方法：建议不默认启动 PPTP。

6．Windows Media Player 漏洞

Windows Media Player 漏洞主要产生两个问题：一是信息泄露漏洞，它给攻击者提供了一种可在用户系统上运行代码的方法，微软对其定义的严重级别为"严重"；二是脚本执行漏洞，当用户选择播放一个特殊的媒体文件，接着又浏览一个特殊建造的网页后，攻击者就可利用该漏洞运行脚本。由于该漏洞有特别的时序要求，因此利用该漏洞进行攻击相对就比较困难，它的严重级别也就比较低。

解决方法：Windows Media Player 的信息泄露漏洞不会影响在本地机器上打开的媒体文件。因

此，建议将要播放的文件先下载到本地再播放，即可不受利用此漏洞进行的攻击。脚本执行漏洞仅有完全按下面的顺序进行一系列操作，攻击者才可能利用该漏洞进行一次成功攻击，否则，攻击将不会成功。具体的操作如下：用户必须播放位于攻击者那边的一个特殊的媒体文件；播放该特殊文件后，该用户必须关闭 Windows Media Player 而不再播放其他文件；用户必须接着浏览一个由攻击者构建的网页。因此，用户只需不按照该顺序进行操作，即可不受攻击。

7．RDP 漏洞

Windows XP 操作系统通过 RDP（remote data protocol）为客户端提供远程终端会话。RDP 协议将终端会话的相关硬件信息传送至远程客户端，其漏洞如下所述：

① 与某些 RDP 版本的会话加密实现有关的漏洞。

所有 RDP 实现均允许对 RDP 会话中的数据进行加密，然而在 Windows 2000 和 Windows XP 版本中，纯文本会话数据的校验在发送前并未经过加密，窃听并记录 RDP 会话的攻击者可对该校验密码分析攻击并覆盖该会话传输。

② 与 Windows XP 中的 RDP 实现对某些不正确的数据包处理方法有关的漏洞。

当接收这些数据包时，远程桌面服务将会失效，同时也会导致操作系统失效。攻击者只需向一个已受影响的系统发送这类数据包时，并不需经过系统验证。

解决方法：Windows XP 默认并未启动它的远程桌面服务。即使远程桌面服务启动，只需在防火墙中屏蔽 3389 端口，即可避免该攻击。

8．VM 漏洞

攻击者可通过向 JDBC 类传送无效的参数使宿主应用程序崩溃，攻击者需在网站上拥有恶意的 Java Applet 并引诱用户访问该站点。恶意用户可在用户机器上安装任意 DLL，并执行任意的本机代码，潜在地破坏或读取内存数据。

解决方法：建议经常进行相关软件的安全更新。

9．热键漏洞

热键功能是系统提供的服务，当用户离开计算机后，该计算机即处于未保护的状态下，此时 Windows XP 会自动实施"自注销"，虽然无法进入桌面，但由于热键服务还未停止，仍可使用热键启动应用程序。

解决方法：

① 由于该漏洞被利用的前提为热键可用，因此需检查可能会带来危害的程序和服务的热键。

② 启动屏幕保护程序，并设置密码。

③ 建议在离开计算机时锁定计算机。

10．账号快速切换漏洞

Windows XP 设计了账号快速切换功能，使用户可快速地在不同的账号间切换，但其设计存在问题，可被用于造成账号锁定，使所有非管理员账号均无法登录。

配合账号锁定功能，用户可利用账号快速切换功能，快速重试登录另一个用户名，系统则会认定判别为暴力破解，从而导致非管理员账号锁定。

解决方法：暂时禁止账户快速切换功能。

5.3　Windows Server 2008 的安全

5.3.1　Windows Server 2008 的安全性

Windows Server 2008 通过加强操作系统和保护网络环境提高了安全性。通过加快 IT 系统的部署与维护、使服务器和应用程序的合并与虚拟化更加简单、提供直观的管理工具，Windows Server 2008 还为 IT 专业人员提供了灵活性。Windows Server 2008 为任何组织的服务器和网络基础结构奠定了最好的基础。

Windows Server 2008 用于在虚拟化工作负载、支持应用程序和保护网络方面向组织提供最高效的平台。它为开发和可靠地承载 Web 应用程序和服务提供了一个安全、易于管理的平台。从工作组到数据中心，Windows Server 2008 都提供了很有价值的新功能，对基本操作系统做出了重大改进。

使用 Windows Server 2008，IT 专业人员能够更好地控制服务器和网络基础结构，从而可以将精力集中在处理关键业务需求上。增强的脚本编写功能和任务自动化功能（例如，Windows PowerShell）可帮助 IT 专业人员自动执行常见 IT 任务。通过服务器管理器进行的基于角色的安装和管理简化了在企业中管理与保护多个服务器角色的任务。服务器的配置和系统信息是从新的服务器管理器控制台这一集中位置来管理的。IT 人员可以仅安装需要的角色和功能，向导会自动完成许多费时的系统部署任务。增强的系统管理工具提供有关系统的信息，在潜在问题发生之前向 IT 人员发出警告。

作为其客户端的 Windows Vista 和 Windows 7，Windows server 2008 提供比以往更加增强的安全功能。包括改进的防火墙、硬盘加密、扩展活动目录控制、网络访问控制和 ISV 安全编程能力等许多其他更新和改进的安全技术。

1. 全新及改进的 Windows 防火墙和高级安全特色

Windows Server 2008 包括一个新的增强版本的 Windows 防火墙，相比最初随 Windows XP SP2 发布的版本其具有更多提高的组件。微软提供给管理员一个基于主机状态全功能的防火墙解决方案，以便进行高级配置。传入和传出过滤器可以配置为跨过高级规则过滤源地址和目标地址、端口、服务、协议甚至接口。防火墙被预配置为拒绝所有来自外部网络的非源请求，但允许所有对外通信。尽管可以像之前的 Windows 防火墙一样通过控制面板配置基本设置，但无法访问高级配置。高级配置任务必须通过使用微软管理控制台中的"高级安全 Windows 防火墙"来完成。IPsec 集成也是 Windows 防火墙的新特色。其使 IPsec 配置更为简单，并且避免与防火墙规则发生冲突，因为两者是经由相同的接口编程的。

2. BitLocker 安全与保护的探索

Windows Server 2008 包含 BitLocker 驱动器加密工具，其具有两个关键技术来保护敏感数据：驱动器加密和引导完整性检查。虽然服务器不像笔记本电脑那样容易被偷窃，但是仍有很多硬件丢失和数据盗窃的情况发生，例如硬件维修或更换工作地点发生的丢失等。Bitlocker 允许管理员像加密当前服务器上的任何数据卷一样加密整个操作系统卷，这包括 Windows 操作系统、休眠和页面文件、应用程序和应用程序使用的数据。但是操作系统卷和数据卷不能分开解密，如果操作系统卷解密了，数据卷也同时被解密。并且在此需要说明的是，Bitlocker 只能加密逻辑驱动器，无法加密物理驱动器。而且 Bitlocker 不随 Windows Server 2008 默认安装，在某些服务器环境中也不需要，其他也不支持群集配置。Bitlocker 整合了 TPM 规格，提供硬件级别上的脱机篡改完整性证明。Bitlocker 配置提供了一个简单易用的向导。管理员也可以使用 WMI 接口，它支持脚本。恢复控制台允许个人轻松使用正确的密钥或 PIN 码访问加密系统。

3．NAP 保持健康网络的挑战

目前，在连接和移动环境中阻止不安全计算机的访问和可能的商业内部网络感染是一项持续的挑战。网络访问保护（NAP）是一个新的平台，允许管理员通过一套管理员定义的系统健康规则动态地控制计算机网络访问。

NAP 提供了 3 个方法：

① 健康状态验证——通过为所有计算机连接入网络进行定义和验证。

② 健康策略允许——通过提供资源以允许计算机满足健康要求。

③ 限制访问——通过提供给非允许的和无法升级以满足要求的计算机限制的网络资源。

NAP 极大地减少了保持机构内部计算机升级到最新安全应用的负载，它还在减少可能由于未知健康状态的外部或偶尔的计算机访问造成的安全破坏的同时，允许远程计算机访问网络资源。

4．ASLR 技术和其他增强的安全功能

地址空间格局的随机化（ASLR）是一种安全设计机制。在 Windows Server 2008 中引入了 ASLR 安全特性。它的原理就是在当一个应用程序或动态链接库，如 kernel32.dll，被加载时，如果其选择了被 ASLR 保护，那么系统就会将其加载的基址随机设定。这样，攻击者就无法事先预知动态库，如 kernel32.dll 的基址，也就无法事先确定特定函数，如 VirtualProtect 的入口地址了。在 Windows XP 或 Windows 2000 上，这些函数的入口地址是固定的，即攻击者事先是可以确定的。ASLR 是系统一级的特性。系统动态库，如 kernel32.dll，加载地址，是在系统每次启动的时候被随机设定的。

其他 Windows Server 2008 中集成的安全增强功能包括增强的活动目录，其改善了身份、认证和权限管理，以及远程域服务器的域控制模式。还有改进的终端服务，它能够共享单个应用程序，而不是整个桌面，并且允许经由 HTTPS 的安全远程连接。还包括改进的 IIS 安全功能和支持 256 位 AES 加密的 Kerberos 身份验证协议。RODC（read-only domain controller）是 Windows Server 2008 操作系统中的一种新型域控制器配置，使组织能够在域控制器安全性无法保证的位置轻松部署域控制器。

RODC 维护给定域中 Active Directory 目录服务数据库的只读副本。在此版本之前，当用户必须使用域控制器进行身份验证，但其所在的分支办公室无法为域控制器提供足够物理安全性时，必须通过广域网（WAN）进行身份验证。在很多情况下，这不是一个有效的解决方案。通过将只读 Active Directory 数据库副本放置在更接近分支办公室用户的地方，这些用户可以更快地登录，并能更有效地访问网络上的身份验证资源，即使身处没有足够物理安全性来部署传统域控制器的环境。

Failover Clustering 这些改进旨在更轻松地配置服务器群集，同时对数据和应用程序提供保护并保证其可用性。通过在故障转移群集中使用新的验证工具，可以测试系统、存储和网络配置是否适用于群集。凭借 Windows Server 2008 中的故障转移群集，管理员可以更轻松地执行安装和迁移任务，以及管理和操作任务。群集基础结构的改进可帮助管理员最大限度地提高提供给用户

的服务的可用性，可获得更好的存储和网络性能，并能提高安全性。

总的来说，微软新的操作系统提供了急需的增强的安全功能。

5.3.2　Windows Server 2008 的安全设置

1. 及时打补丁

及时打补丁，不要安装系统自带的更新，可以使用第三方软件进行系统更新，打漏洞补丁，如图 5-46 所示。

图 5-46　使用第三方软件进行系统更新

2. 阻止恶意 Ping 攻击

巧妙地利用 Windows 系统自带的 Ping 命令，可以快速判断局域网中某台重要计算机的网络连通性；可是，Ping 命令在给用户带来实用的同时，也容易被一些恶意用户所利用，例如恶意用户要是借助专业工具不停地向重要计算机发送 Ping 命令测试包时，重要计算机系统由于无法对所有测试包进行应答，容易出现瘫痪现象。为了保证 Windows Server 2008 服务器系统的运行稳定性，可以修改该系统的组策略参数，禁止来自外网的非法 Ping 攻击，具体操作步骤如下：

首先以特权身份登录进入 Windows Server 2008 服务器系统，单击"开始（Start）"按钮，选择"运行（Run）"命令，在弹出的系统"运行（Run）"对话框中，输入字符串命令"gpedit.msc"，单击"确定（OK）"按钮或【Enter】键后，进入对应系统的控制台（Local Group Policy Editor）窗口。

其次选中该控制台左侧列表中的"计算机配置（Computer Configuration）"结点，并从目标结点下面依次展开"Windows 设置（Windows Settings）"、"安全设置（Security Settings）"、"高级安全 Windows 防火墙（Windows Firewall with Advanced Security）"、"高级安全 Windows 防火墙（Windows Firewall with Advanced Security）——本地组策略对象（Local Group Policy Object）"结点，

再用鼠标选中目标选项下面的"入站规则（Inbound Rules）"项目；接着在对应"入站规则（Inbound Rules）"项目处右击，出现快捷菜单，选择"新规则（New Rule）"命令，此时系统屏幕会自动弹出"新建入站规则向导（New Inbound Rule Wizard）"对话框，依照向导屏幕的提示，先选择"自定义（Custom）"单选按钮，如图 5-47 所示，再选择"所有程序（All Programs）"单选按钮，如图 5-48 所示，之后从"协议类型（Protocol type）"列表框中选择"ICMPv4"选项，如图 5-49 所示。

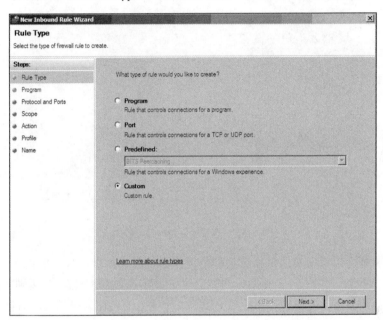

图 5-47 选择"自定义（Custom）"单选按钮

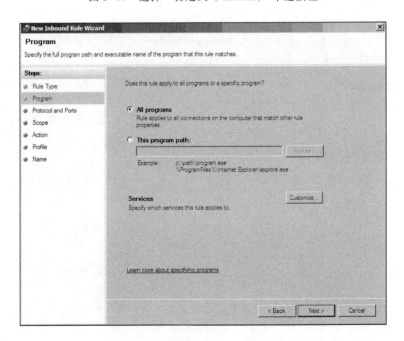

图 5-48 选择"所有程序（All Programs）"单选按钮

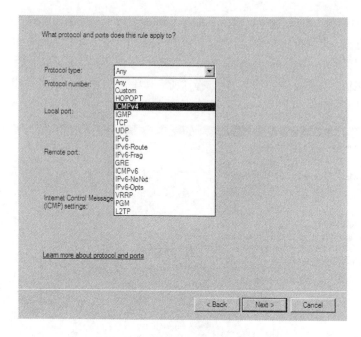

图 5-49 选择"ICMPv4"选项

之后向导屏幕会提示用户选择什么类型的连接条件时，可以选择"阻止连接"（Block the Connection）单选按钮，如图 5-50 所示，同时依照实际情况设置好对应入站规则的应用环境，如图 5-51 所示，最后为当前创建的入站规则设置一个适当的名称。完成上面的设置任务后，将 Windows Server 2008 服务器系统重新启动一下，这样 Windows Server 2008 服务器系统日后就不会轻易受到来自外网的非法 ping 测试攻击了。

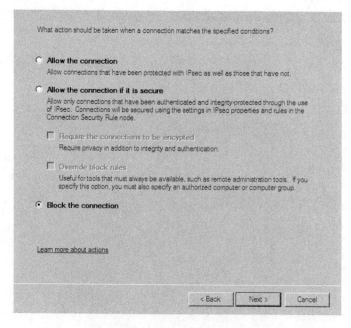

图 5-50 选择"阻止连接"（Block the Connection）单选按钮

注意：尽管通过 Windows Server 2008 服务器系统自带的高级安全防火墙功能，可以实现很多安全防范目的，不过稍微懂得一点技术的非法攻击者，可以想办法修改防火墙的安全规则，因此用户自行定义的各种安全规则可能会发挥不了任何作用。

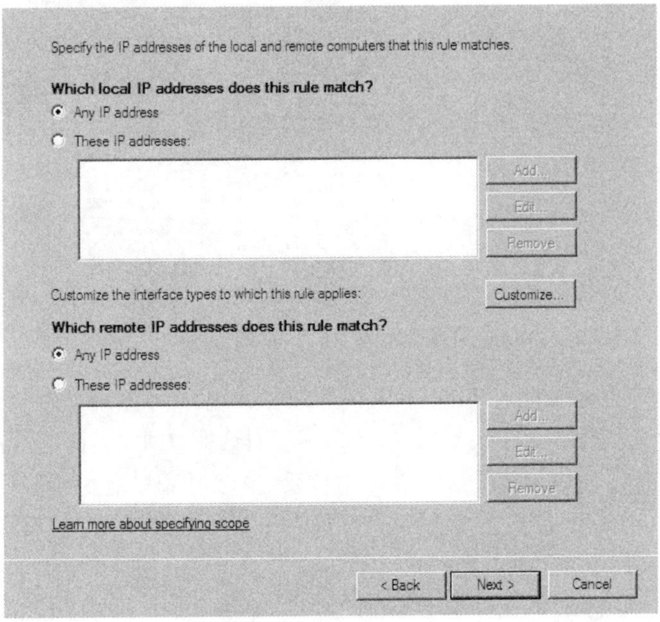

图 5-51　设置好对应入站规则的应用环境

为了阻止非法攻击者随意修改 Windows Server 2008 服务器系统的防火墙安全规则，可以进行下面的设置操作：

首先，打开 Windows Server 2008 服务器系统的"开始（Start）"菜单，选择"运行（Run）"命令，在弹出的系统"运行（Run）"文本框中执行"regedit"字符串命令，打开系统注册表（Registry Editor）控制台窗口，选中该窗口左侧显示区域处的"HKEY_LOCAL_MACHINE"结点，同时从目标分支下面选中 SYSTEM\ControlSet001\Services\SharedAccess\Parameters\FirewallPolicy\FirewallR ules 注册表子项，如图 5-52 所示，该子项下面保存有很多安全规则。

其次，打开注册表控制台窗口中的"编辑（Edit）"下拉菜单，选择"权限（Permissions）"命令，打开权限设置对话框（Permissions for HKEY_LOCAL_MACHINE），单击该对话框中的"添加（Add）"按钮，从其后出现的账号选择框中选择"Everyone"账号，同时将其导入进来。

最后将对应该账号的"完全控制（Full Control）"权限调整为"拒绝（Deny）"，最后单击"确定（OK）"按钮执行设置保存操作，如图 5-53 所示，如此一来非法用户日后就不能随意修改 Windows Server 2008 服务器系统的各种安全控制规则了。

3．加强系统安全提示

为了防止在 Windows Server 2008 服务器系统中不小心进行了一些不安全操作，建议用户将该系统自带的 UAC 功能启用起来，并且该功能还能有效防范一些木马程序自动在系统后台进行安装操作，下面就是具体的启用步骤：

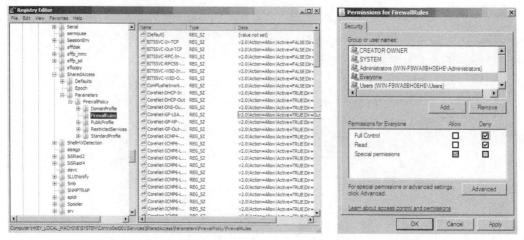

图 5-52 设置 FirewallRules 注册表子项   图 5-53 "完全控制（Full Control）"权限调整

首先，以系统管理员身份进入 Windows Server 2008 系统，在该系统桌面中单击"开始(Start)"、"运行"（ Run)"命令，在弹出的系统"运行（ Run)"对话框中的文本框中，输入"msconfig"字符串命令，单击"确定（ OK)"按钮后，进入对应系统的实用程序配置（Sysytem Configuration）界面。

其次，在实用程序配置界面选择"工具（ Tools)"选项卡，进入其设置页面，从该设置页面的工具列表中找到"启用 UAC（Enable UAC)"项目，再单击"启动 (Launch)"按钮，如图 5-54 所示。最后单击"确定(OK)"按钮，并重新启动 Windows Server 2008 系统，这样用户日后在 Windows Server 2008 服务器系统中不小心进行一些不安全操作时，系统就能及时弹出安全提示。

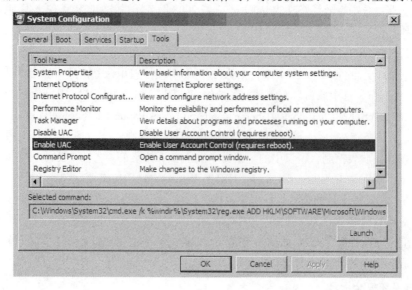

图 5-54 "启用 UAC（Enable UAC)"项目

4．不让恶意插件偷袭

当用户使用 Windows Server 2008 系统自带的 IE 浏览器访问 Internet 网络中的站点内容时，经常会看到有一些恶意插件程序偷偷在系统后台进行安装操作，一旦安装完毕，往往很难将它们从系统中清除干净，并且它们的存在直接影响着 Windows Server 2008 系统的工作状态及运行安全。

为了不让恶意插件程序偷袭 Windows Server 2008 系统，可以通过下面的设置操作，阻止任何来自 Internet 网络中的下载文件安装保存到本地系统中：

首先，以系统管理员身份进入 Windows Server 2008 系统，在该系统桌面中单击"开始(Start)"按钮，选择"运行(Run)"命令，在弹出的系统"运行(Run)"对话框的文本框中，输入"gpedit.msc"字符串命令，单击"确定（OK）"按钮后，进入对应系统的组策略编辑窗口（Locak Group Policy Editor）。

其次，将鼠标定位于组策略编辑窗口(Locak Group Policy Editor)左侧的"计算机配置(Computer Configuration)"结点上，再从该结点下面依次展开"管理模板(Administrative Templates)"、"Windows 组件（Windows Components）"、"Internet Explorer"、"安全功能（Security Features）"、"限制文件下载（Restrict File Download）"组策略子项，在对应"限制文件下载（Restrict File Download）"子项下面找到"Internet Explorer 进程(Internet Explorer Processes)"目标组策略，并双击该选项，进入属性设置界面，在该属性设置界面中检查"已启用（Enabled）"选项是否处于选中状态，如图 5-55 所示。如果发现该选项还没有被选中，应该将它重新选中，最后单击"确定（OK）"按钮保存上述设置操作。

这样以后有恶意插件程序想偷偷下载保存到本地系统硬盘中时，用户就能看到对应的系统提示，单击提示窗口中的"取消(Cancel)"按钮就能阻止恶意插件程序下载安装到 Windows Server 2008 系统硬盘中了。

5．拒绝网络病毒藏于临时文件夹

现在 Internet 网络上的病毒疯狂肆虐，一些"狡猾"的网络病毒为了躲避杀毒软件的追杀，往往会想方设法地将自己隐藏于系统临时文件夹，杀毒软件即使找到了网络病毒，也对它无可奈何，因为杀毒软件对系统临时文件夹根本无权"指手画脚"。为了防止网络病毒隐藏在系统临时文件夹中，可以按照下面的操作设置 Windows Server 2008 系统的软件限制策略：

首先，单击 Windows Server 2008 系统的"开始（Start）"按钮，选择"运行（Run）"命令，在弹出的系统"运行（Run）"对话框中，输入组策略编辑命令"gpedit.msc"，单击"确定（OK）"按钮后，进入对应系统的组策略控制台窗口（Local Group Policy Editor）。

其次，在该控制台窗口（Local Group Policy Editor）的左侧，依次选择"计算机配置（Computer Configuration）"、"Windows 设置（Windows Settings）"、"安全设置（Security Settings）"、"软件限制策略（Software Restriction Policies）"、"其他规则（Additional Rules）"选项，同时右击该选项，并选择快捷菜单中的"新建路径规则（New Path Rule）"命令，打开"新建路径规则（New Path Rule）"设置对话框，单击其中的"浏览（Browse）"按钮，从弹出的文件选择对话框中，选中并导入 Windows Server 2008 系统的临时文件夹，同时再将"安全级别（Security Level）"参数设置为"不允许（Disallowed）"，如图 5-56 所示。

最后单击"确定（OK）"按钮，保存好上述设置，这样网络病毒以后就不能躲藏到系统的临时文件夹中了。

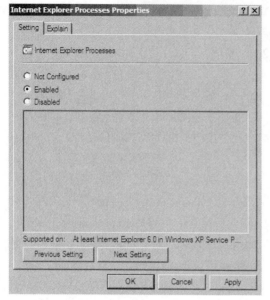

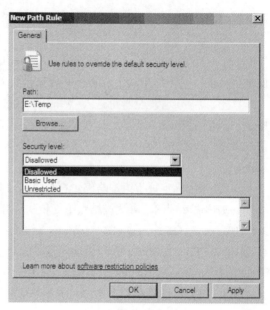

图 5-55   选择"已启用（Enabled）"单选按钮   图 5-56   将"安全级别"参数设置为"不允许"

6．巧妙实时监控系统运行安全

（1）实时监控系统运行安全

为了能够在第一时间发现潜藏在本地系统中的安全威胁，相信很多用户都安装了专业的监控工具，来对系统的运行状态进行全程监控。其实，Windows Server 2008 系统也自带有实时监控程序 Windows Defender，只是该程序并不像其他应用程序那样会在系统托盘区域处出现一个控制图标，不过该程序一旦察觉 Windows Server 2008 系统遭遇间谍程序的攻击，它往往会立即发挥作用来帮助用户解决问题。尽管 Windows Defender 程序平时并不显现出来，不过该程序实际上在系统后台启动了一个服务，通过该系统服务默默地保护 Windows Server 2008 系统的安全。可以按照下面的操作，确认 Windows Defender 程序的服务状态是否正常：

首先，单击 Windows Server 2008 系统桌面中的"开始（Start）"按钮，选择"运行（Run）"命令，在弹出的系统"运行（Run）"对话框中，输入字符串命令"services.msc"，按【Enter】键后，打开系统服务列表（Services）窗口。

其次从系统服务列表（Services）窗口的左侧，找到目标系统服务选项"Windows Defender"，并右击该选项，从弹出的快捷菜单中选择"属性（Properties）"命令，打开 Windows Defender 服务的属性设置窗口，在该窗口的"常规（General）"选项卡中，可以非常清楚地看到目标系统服务的运行状态是否正常，要是发现该服务已经被关闭运行，必须及时单击"启动（Start）"按钮，将它重新启动，同时将它的启动类型参数修改为"自动（Automation）"，最后单击"确定（OK）"按钮保存好上述设置，这样就能确保 Windows Defender 服务时刻保护 Windows Server 2008 系统的安全了。

（2）实时监控的同时跟踪记录监测结果

为了让 Windows Defender 服务更有针对性地进行实时监控，还可以修改 Windows Server 2008 系统的组策略参数，让 Windows Defender 程序对已知文件或未知文件进行监测，同时对监测结果进行跟踪记录，下面就是具体的修改步骤：

首先，在 Windows Server 2008 系统桌面中单击"开始（Start）"按钮，选择"运行（Run）"命令，在弹出的系统"运行"对话框中，输入字符串命令"gpedit.msc"，按【Enter】键后，打开系统的组策略控制台（Local Group Policy Editor）窗口。

其次，在该控制台窗口的左侧，依次展开"计算机配置（Couputer Configuration）"、"管理模板（Administrative Templates）"、"Windows 组件（Windows Components）"、"Windows Defender"组策略子项，从目标子项下面找到"启用记录已知的正确检测（Enable Logging Known Good Detections）"选项，并用右击该选项，从弹出的快捷菜单中选择"属性（Properties）"命令，打开目标组策略的属性设置窗口，在该设置窗口中，检查"已启用（Enabled）"选项是否处于选中状态，如图 5-57 所示，如果发现该选项还没有被选中时，必须及时将它重新选中，再单击"确定（OK）"按钮保存好上述设置操作。

按照同样的操作步骤，再打开"启用记录未知检测（Enable Logging Unknown Detection）"组策略的属性设置对话框，选中其中的"已启用（Enabled）"单选按钮，如图 5-58 所示。

这样 Windows Server 2008 系统日后就会对各种类型的文件进行自动检测、记录，我们只要定期查看记录内容就能知道本地系统是否存在安全威胁了。

7. 及时监控系统账号恶意创建

有的时候，一些非法攻击者会利用木马程序偷偷在计算机系统中恶意创建登录账号，以便日后可以利用该账号来对本地系统实施非法攻击。为了及时监控本地系统中是否有新的账号被偷偷创建，可以巧妙利用 Windows Server 2008 系统的附加任务功能，针对系统账号创建事件添加自动报警任务，确保系统中有新的登录账号生成时，及时向系统管理员发出报警信息，确保系统管理员在第一时间判断出新创建的登录账号是否合法，下面就是具体的实现步骤：

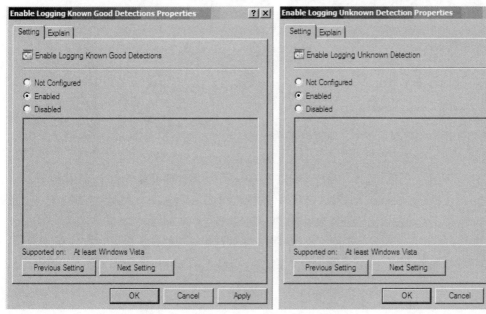

图 5-57 启用记录已知的正确检测

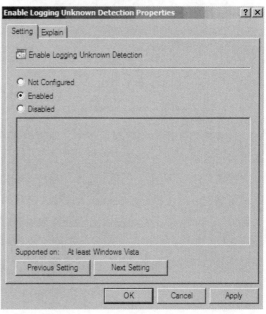

图 5-58 启用记录未知检测

首先在 Windows Server 2008 系统桌面中，单击"开始（Start）"按钮，选择"运行（Run）"命令，从弹出的系统"运行"对话框中执行"secpol.msc"命令，进入本地安全策略（Local Security Policy）设置界面，从该界面的左侧位置处逐一展开"安全设置（Security Settings）""本地策略（Local Policies）""审核策略（Audit Policy）"结点选项，再从目标结点下面找到"审核账户管理（Audit account management）"组策略选项，打开"审核账户管理属性（Audit account management properties）"设置对话框，选择该对话框中的"成功（Success）""失败（Failure）"复选框，如图 5-59 所示，再单击"确定（OK）"按钮保存好上述设置。

其次，右击 Windows Server 2008 系统桌面中的"计算机（Computer）"图标，从弹出的快捷菜单中选择"管理（Manage）"命令，打开对应系统的服务器管理（Server Manager）对话框，在该对话框的左侧显示区域依次展开"服务器管理器（Server Manager）""配置（Configuration）""本地用户和组（Local Users and Groups）""用户（Users）"结点选项，同时右击该选项，并选择快捷菜单中的"新用户（New User）"命令，如图 5-60 所示。

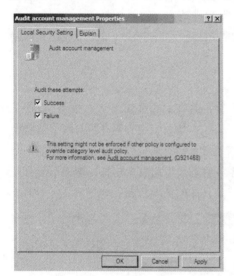

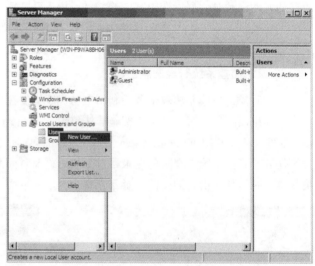

图 5-59　审核账户管理　　　　　　　图 5-60　选择"新用户（New User）"命令

（Audit account management）

在弹出的新用户创建对话框中，随意创建一个用户账号，如图 5-61 所示，一旦创建成功后，系统就会自动生成一个登录账号创建成功日志记录。

接着单击"开始"按钮，选择"程序（All Programs）"→"管理工具（Administrative Tools）"→"事件查看器（Event Viewer）"选项，打开事件查看器（Event Viewer）控制台窗口，从该控制台窗口（Event Viewer）的左侧位置处依次展开"Windows 日志（Windows Logs）"、"系统（System）"结点选项，并从目标结点下面找到刚刚生成的新用户账号创建成功的日志记录，右击该记录选项，同时选择右键快捷菜单中的"将任务附加到此事件（Attach Task to This Event）"命令，如图 5-62 所示。

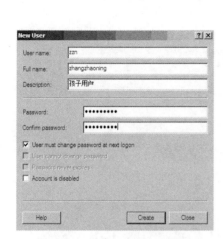

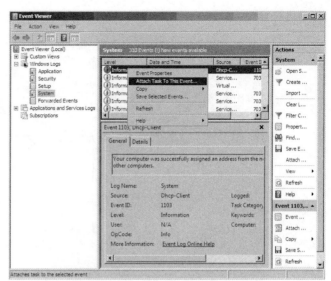

图 5-61　创建一个新用户账号

图 5-62　选择"将任务附加到此事件
（Attach Task to This Event）"命令

　　打开创建基本任务向导对话框（Create Basic Task Wizard），按照向导提示将基本任务名称
（Name）设置为"账号创建报警"，将该任务执行的操作设置为"显示消息"，如图 5-63 所示，
之后设置消息标题（Title）为"谨防账号被恶意创建"，将消息内容（Message）设置为"有新用
户账号刚被创建，请系统管理员立即验证其合法性"，如图 5-64 所示。

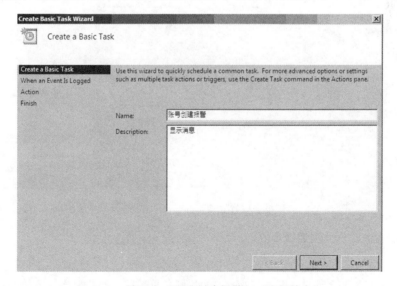

图 5-63　设置为"账号创建报警"、"显示消息"

　　最后，单击"完成（Finish）"按钮结束基本任务的附加操作，如图 5-65 所示。
　　这样日后本地 Windows Server 2008 系统中有新的用户账号被偷偷创建时，系统屏幕上会立
即出现"有新用户账号刚刚被创建，请系统管理员立即验证其合法性"提示信息，如图 5-66 所
示。看到这样的提示，系统管理员就能及时监控到有人在偷偷创建用户账号了，此时只要采用针

对性措施进行应对，就能保证本地 Windows Server 2008 系统的运行安全性了。

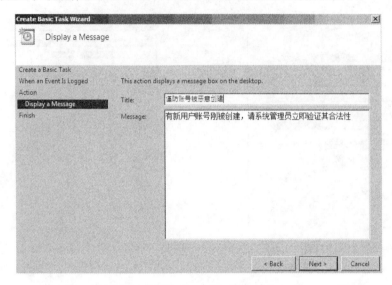

图 5-64　设置消息"标题（Title）"、消息"内容（Message）"

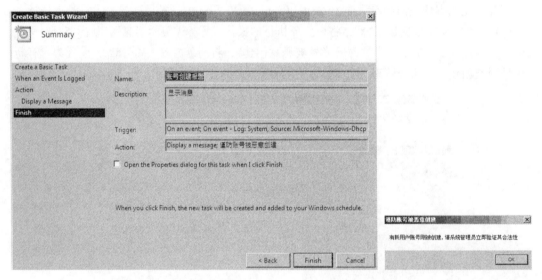

图 5-65　消息报告设置完成　　　　　图 5-66　创建用户后消息报告

8. 限制数量，确保远程连接高效

（1）设置远程连接数量

许多用户为了方便管理 Windows Server 2008 服务器系统，往往会将该系统的远程桌面连接数量设置得很大，这样每一个远程桌面连接都需要耗费 Windows Server 2008 服务器系统资源，一旦同时建立的远程连接数量比较多，那么 Windows Server 2008 服务器系统的反应就比较迟钝，这样一来每一个远程桌面连接的反应自然也就迟钝了，此时自然也就不能高效进行远程控制操作了。为了确保远程桌面连接始终高效，用户可以对 Windows Server 2008 服务器系统允许建立的远程连接数量进行适当限制，下面就是具体的限制步骤：

首先打开 Windows Server 2008 服务器系统的"开始"菜单，选择"控制面板（Control Panel）"命令，在弹出的系统"控制面板（Control Panel）"窗口中，双击"管理工具（Administrative Tools）"图标，再从系统"管理工具（Administrative Tools）"列表窗口中依次双击"终端服务（Terminal Services）""终端服务配置（Terminal Services Configuration）"选项，弹出系统"终端服务配置（Terminal Services Configuration）"界面。

其次，在终端服务配置界面的左侧单击"授权诊断（Licensing Diagnosis）"结点选项，选中在对应该分支选项的右侧显示区域中的"RDP-Tcp"选项，如图 5-67 所示。

右击"RDP-Tcp"选项，选择快捷菜单中的"属性（Properties）"命令，进入到"RDP-Tcp Properties"选项设置界面，选择"网络适配器（Network Adapter）"选项卡，在对应的选项设置页面中，将"最大连接数（Maximum Connections）"参数修改为适当的数值，该数值通常需要根据服务器系统的硬件性能来设置，一般情况下可以将该数值设置为"5"以下。

最后单击"确定（OK）"按钮执行设置保存操作，如图 5-68 所示。

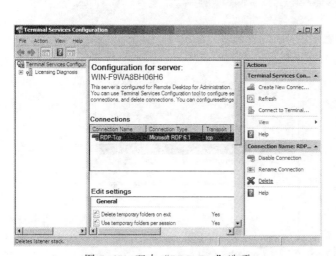

图 5-67　双击"RDP-Tcp"选项

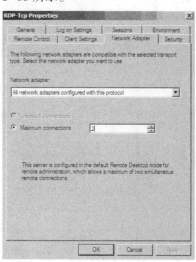

图 5-68　设置"最大连接数

（2）修改系统关键值

要是用户对系统注册表比较熟悉的话，也可以通过修改系统相关键值的方法，来限制 Windows Server 2008 服务器系统的远程桌面连接数量。

首先，打开对应系统的"开始（Start）"菜单，选择"运行（Run）"命令，在弹出的系统"运行"对话框中输入字符串命令"regedit"，按【Enter】键后，进入系统注册表控制台（Registry Editor）窗口。

展开该控制台窗口中的"HKEY_LOCAL_ MACHINE\SOFTWARE\Policies\Microsoft\Windows NT\Terminal Services"注册表子项，在目标注册表子项下面创建好 "MaxInstanceCount"双字节值，同时将该键值数值调整为"10"，最后单击"确定（OK）"按钮保存好上述设置操作。

9. 防止系统安全级别意外降低

在公共场合下，与他人共用一台计算机的事情是经常会出现的，当用户辛辛苦苦地将本地计算机的 IE 浏览器安全级别调整合适后，肯定不想让其他人再随意降低它的安全级别，毕竟随意

IE 浏览器安全级别的降低，容易引起本地计算机遭遇网络病毒或恶意木马的袭击，最终造成所有的人都不能正常使用计算机。

为了防止系统安全级别意外降低，安装了 Windows Server 2008 系统的计算机可以允许用户进行下面的设置操作：

首先，在 Windows Server 2008 系统桌面中单击"开始（Start）"按钮，选择"运行（Run）"命令，打开对应系统的"运行（Run）"对话框，在其中输入"gpedit.msc"字符串命令，单击"确定（OK）"按钮后进入对应系统的组策略控制台窗口（Local Group Policy Editor）；

其次，将鼠标定位于该控制台窗口左侧子窗格中的"用户配置（User Configuration）"结点选项，再从目标结点选项下面依次展开"管理模板（Administrative Templates）"、"Windows 组件(Windows Components"、"Internet Explorer"、"Internet 控制模板（Internet Control Panel）"组策略子项，再双击目标组策略子项下面的"禁用安全页（Disable the Security page）"选项，如图 5-69 所示。

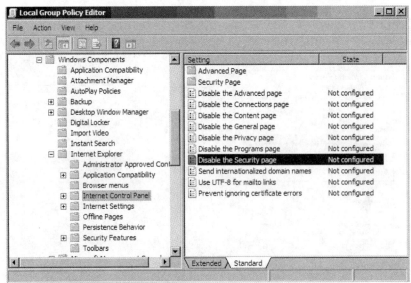

图 5-69　双击"禁用安全页（Disable the Security page）"选项

打开目标组策略属性设置对话框，检查该设置对话框中的"已启用（Enabled）"选项是否处于选中状态，如图 5-70 所示，如果发现它还没有被选中时，应该及时将它重新选中，再单击"确定（OK）"按钮保存好设置操作。

这样以后其他人即使进入到 Windows Server 2008 系统的 Internet 选项设置窗口，也不能进入其中的安全设置页面，因为该页面已经被自动隐藏起来了，其他人自然就不能随意在安全设置页面中改动本地计算机的安全访问级别了，这时 Windows Server 2008 系统的访问安全性也就有保证了。

此外，也能通过合适的设置将本地计算机 IE 浏览器窗口中的"Internet 选项"命令隐藏起来，让其他人无法打开 IE 浏览器的选项设置窗口，这样也能阻止恶意用户随意降低本地计算机的安全访问级别。

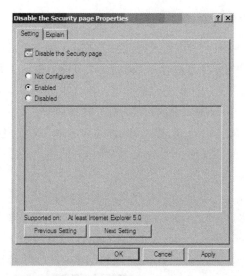

图 5-70　启用"禁用安全页（Disable the Security page）"选项

在隐藏"Internet 选项"命令时，单击"开始（Start）"按钮，选择"运行（Run）"命令，打开对应系统的"运行"文本框，在其中输入"gpedit.msc"字符串命令，单击"确定（OK）"按钮后，进入对应系统的组策略控制台窗口（Local Group Policy Editor）。

先进入 Windows Server 2008 系统的组策略控制台窗口，依次展开其中的"用户配置（User Configuration）""管理模板（Administrative Templates）""Windows 组件（Windows Components）""Internet Explorer""浏览器菜单（Browser menus）"分支选项，再在目标分支选项的右侧子窗格中双击"禁用 Internet 选项（Disable Internet Options）"项目，如图 5-71 所示，在其后出现的组策略属性界面中，选择"已启用（Enabled）"单选按钮，如图 5-72 所示，再单击"确定（OK）"按钮就可以了。

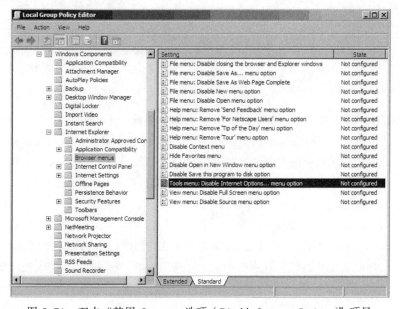

图 5-71　双击"禁用 Internet 选项（Disable Internet Options）"项目

10．巧妙备份系统所有账号信息

通常情况下，Windows Server 2008 系统中往往会同时保存不少用户的系统登录账号信息，这些登录账号信息在服务器系统突然遭遇崩溃故障时，很可能会永远丢失掉，日后网络管理员可能很难通过大脑记忆的方法将所有丢失的用户账号逐一恢复成功。为了防止重要用户的账号信息发生丢失，应该及时在 Windows Server 2008 系统工作正常的时候，对用户账号信息进行巧妙备份，然后将备份文件保存到其他安全的地方，以后 Windows Server 2008 系统发生故障不能正常启动运行时，用户账号信息也不会受到任何损坏，只需将备份好的用户账号恢复一下就可以了。下面就是备份用户账号的具体步骤：

首先，打开 Windows Server 2008 系统桌面的"开始（Start）"菜单，选择"运行（Run）"命令，在其后出现的系统"运行"对话框中，输入"credwiz"字符串命令，单击"确定（OK）"按钮后，打开备份还原（Stored User Names and Passwords）设置对话框，选择"备份存储的用户名和密码（Back up or restore your stored user names and passwords）"单选按钮，如图 5-73 所示。

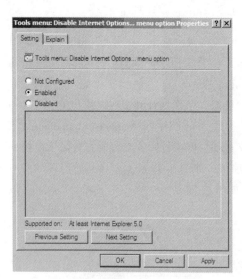

图 5-72　禁用 Internet 选项

（Disable Internet Options）

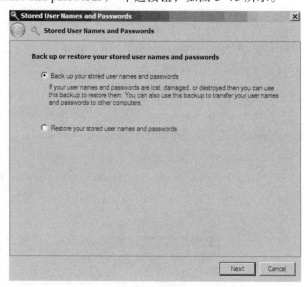

图 5-73　备份用户名和密码

（Back up your stored user names and passwords）

根据向导提示单击"下一步（Next）"按钮，在其后界面中单击"浏览（Browse）"按钮，打开文件选择对话框，在这里需要指定好保存用户账号的文件名称（File name）及保存位置（Back up to），之后再单击对应对话框中的"保存（Save）"按钮，如此一来在 Windows Server 2008 系统环境下创建的所有用户账号信息都将被自动保存到特定的文件中了，只是该文件默认会使用 CRD 扩展名，如图 5-74 所示。

以后发现 Windows Server 2008 系统的用户账号意外丢失时，只要将之前备份好的用户账号文件复制到 Windows Server 2008 系统环境下，之后再单击"开始（Start）"按钮，选择"运行（Run）"命令，从其后出现的系统"运行"对话框中输入字符串命令"credwiz"，进入用户账号还原向导设置窗口。

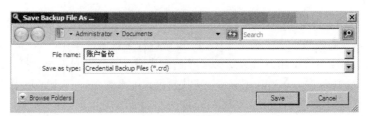

图 5-74　保存文件

选择其中的"还原存储的用户名和密码（Restore your stored user names and passwords）"功能选项，如图 5-75 所示。

然后将目标用户账号备份文件选择并加入进来，最后单击"还原（Restore）"按钮，这样在发生丢失或受到损坏的用户账号信息时就能被成功恢复了。

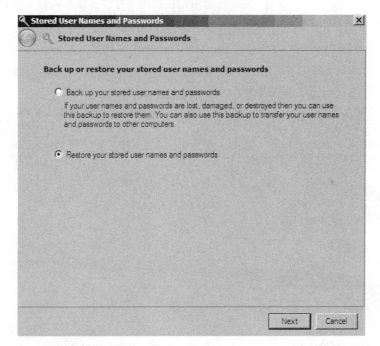

图 5-75　还原存储的用户名和密码（Restore your stored user names and passwords）

11. 巧妙限制普通用户上网访问（需要时操作）

在 Windows Server 2008 系统环境下，如果随意让拥有普通权限的用户上网访问，可能会给本地系统带来安全威胁，而系统管理员往往由于工作原因，又必须要有权限可以上网访问，那么如何才能实现这种特殊的访问要求呢?通过下面的设置操作，可以很轻松地限制普通用户上网的权限，同时又可以让系统管理员的上网访问不受影响：

首先，以普通权限账号登录 Windows Server 2008 系统，打开对应系统的"开始（Start）"菜单，打开 Internet Explorer，在弹出的 IE 浏览器窗口中选择"工具（Tools）"菜单，从下拉菜单中选择"Internet 选项（Internet Options）"命令。

其次，选择该设置窗口中的"连接（Connections）"选项卡，并单击对应选项设置页面中的"局域网设置（LAN settings）"按钮，此时系统屏幕上会出现一个设置对话框，选择其中的"为 LAN

使用代理服务器（Use a proxy server for your LAN）"单选按钮，同时任意输入一个无效的代理服务器主机地址及端口号码，再单击"确定（OK）"按钮执行参数保存操作，如图 5-76 所示。

接着注销 Windows Server 2008 系统，以系统管理员身份重新登录系统，打开该系统桌面中的"开始（Start）"菜单，选择"运行（Run）"命令，从其后出现的系统"运行"文本框中执行"gpedit.msc"命令，进入对应系统的组策略控制台界面（Local Group Policy Editor）。

选择该控制台界面左侧的"计算机配置（Computer Configuration）"结点分支，并从目标分支下面依次展开"管理模板（Administrative Templates）""Windows 组件（Windows Components）""Internet Explorer""Internet 控制面板（Internet Control Panel）"组策略子项，之后双击目标组策略子项下面的"禁用连接页（Disable the connections page）"选项，选择对应设置界面中的"已启用（Enabled）"选项，如图 5-77 所示。最后单击"确定（OK）"按钮，保存好上述设置，最后重新启动 Windows Server 2008 系统。这样一来，日后当用户以普通权限的账号登录 Windows Server 2008 系统，并在该系统环境中上网访问时，IE 浏览器会自动先搜索一个无效的代理服务器，并企图通过该代理服务器进行网络访问，显然这样的访问操作是不会成功的，而用户以系统管理员权限在 Windows Server 2008 系统环境下访问时，IE 浏览器不会优先连接代理服务器，而是直接可以进行上网访问，这样的访问当然能够看到内容。

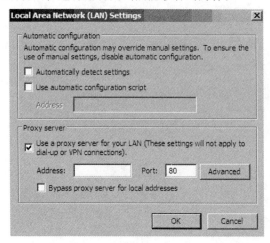

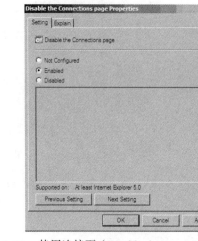

图 5-76　局域网设置（LAN settings）　　　图 5-77　禁用连接页（Disable the connections page）

12. 断开远程连接恢复系统状态（需要时操作）

很多时候，一些不怀好意的用户往往会同时建立多个远程连接，来消耗 Windows Server 2008 服务器系统的宝贵资源，最终达到搞垮服务器系统的目的。为此，在实际管理 Windows Server 2008 服务器系统的过程中，一旦发现服务器系统运行状态突然不正常，可以按照下面的办法强行断开所有与 Windows Server 2008 服务器系统建立连接的各个远程连接，以便及时将服务器系统的工作状态恢复正常：

首先，在 Windows Server 2008 服务器系统桌面单击"开始（Start）"按钮，选择"运行（Run）"命令，在弹出的系统"运行"对话框中，输入"gpedit.msc"命令，按【Enter】键后，进入目标服务器系统的组策略控制台窗口（Local Group Policy Editor）。

其次，选中组策略控制台窗口左侧的"用户配置（User Configuration）"结点分支，选择目标结点分支下面的"管理模板（Administrative Templates）""网络（Network）""网络连接（Network Connections）"组策略选项，之后双击"网络连接（Network Connections）"分支下面的"删除所有用户远程访问连接（Ability to delete all user remote access connections）"选项，在弹出的设置对话框中，选择"已启用（Enabled）"单选按钮，再单击"确定（OK）"按钮，保存好以上设置，如图 5-78 所示。

这样 Windows Server 2008 服务器系统中的各个远程连接都会被自动断开，此时对应系统的工作状态可能会立即恢复正常。

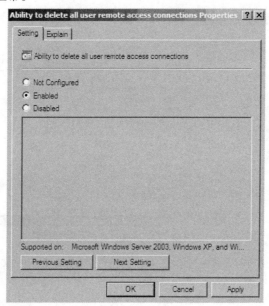

图 5-78　删除所有用户远程访问连接（Ability to delete all user remote access connections）

5.3.3　Windows Server 2008 的安全漏洞及解决方法

尽管 Windows Server 2008 系统的安全性能很高，不过这并不意味着该系统自身已经没有任何安全漏洞了。对于 Internet 或局域网中狡猾的"黑客"来说，Windows Server 2008 系统中仍有安全漏洞，只是它们的隐蔽性比较强，如果我们不能对一些重要的隐私漏洞进行及时封堵，"黑客"照样能够利用这些漏洞来攻击 Windows Server 2008 系统。为此，我们要采取切实可行的措施来封堵隐私漏洞，守卫 Windows Server 2008 系统的安全。

1. 虚拟内存漏洞

当用户启用了 Windows Server 2008 系统的虚拟内存功能后，该功能在默认状态下支持在内存页面未使用时，自动使用系统页面文件将其交换保存到本地磁盘中，这样一些具有访问系统页面文件权限的非法用户，就能访问到保存在虚拟内存中的隐私信息了。

为了封堵虚拟内存漏洞，用户可以强行 Windows Server 2008 系统在执行关闭系统操作时，自动清除虚拟内存页面文件，那么本次操作过程中出现的一些隐私信息就不会被非法用户偷偷访问了。封堵系统虚拟内存漏洞的具体操作步骤如下：

首先，在 Windows Server 2008 系统桌面单击"开始（Start）"按钮，选择"运行（Run）"命

令，在弹出的系统"运行（Run）"对话框中，输入字符串命令"gpedit.msc"，按【Enter】键后，打开对应系统的组策略控制台窗口（Local Group Policy Editor）。

其次，展开该控制台窗口（Local Group Policy Editor）左侧列表区域中的"计算机配置（Computer Configuration）"结点分支，再从该结点分支下面选择"Windows 设置（Windows Settings）""安全设置（Security Settings）""本地策略（Local Policies）""安全选项（Security Options）"结点，在对应"安全选项（Security Options）"右侧列表区域中，找到目标组策略"关机：清除虚拟内存页面文件（Shutdown:Clear virtual memory pagefile）"选项，如图 5-79 所示。

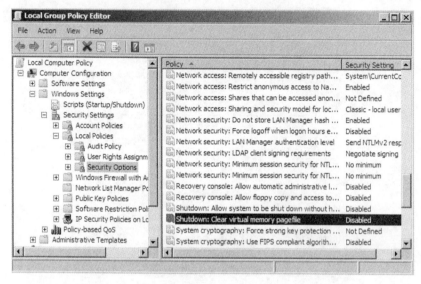

图 5-79　选择"关机：清除虚拟内存页面文件（Shutdown:Clear virtual memory pagefile）"选项

接着右击"关机：清除虚拟内存页面文件（Shutdown:Clear virtual memory pagefile）"选项，从弹出的快捷菜单中选择"属性（Properties）"命令，打开目标组策略属性设置（Shutdown:Clear virtual memory pagefile properties）窗口，选择其中的"已启用（Enabled）"选项，如图 5-80 所示。同时单击"确定（OK）"按钮，保存好上述设置。

这样 Windows Server 2008 系统在关闭系统之前，会自动将保存在虚拟内存中的隐私信息清除，那么其他用户就无法通过访问系统页面文件的方式来窃取本地系统的操作隐私了。

2．系统日志漏洞

如果 Windows Server 2008 系统没有用于服务器系统，而仅仅是作为普通计算机使用时，用户需要谨防对应系统的日志漏洞，因为该系统的日志功能会将用户的一举一动自动记忆保存下来，包括系统什么时候启动、什么时候关闭，在启动过程中用户运行了哪些应用程序、访问了什么网站等。例如，要查看某个用户的上网记录，用户只要打开 Windows Server 2008 系统的"服务器管理器（Server Manager）"窗口，选择"诊断（Diagnostics）""事件查看器（Event Viewer）""Windows 日志（Windows Logs）""系统（System）"结点，并从"系统（System）"分支下面找到来源为"RemoteAccess"的事件记录，如图 5-81 所示，再双击该事件记录选项，之后用户就能在其后出现的窗口中看到目标用户的具体上网时间了。

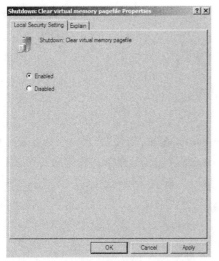

图 5-80　"已启用（Enabled）"单选按钮

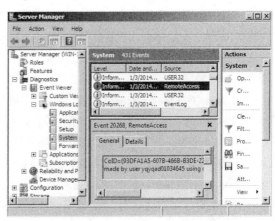

图 5-81　"RemoteAccess"的事件记录

为了封堵系统日志漏洞，用户可以按照下面的操作来设置 Windows Server 2008 系统：

首先，单击 Windows Server 2008 系统桌面上的"开始（Start）"按钮，选择"程序（All Programs）""管理工具（Administrative Tools）""服务器管理器（Server Manager）"命令，在弹出的"服务器管理器"（Server Manager）控制点窗口中，依次展开"配置（Configuration）""服务（Services）"分支选项。

其次，在弹出的服务配置（Server）窗口中，双击其中的"Windows Event Log"系统服务，如图 5-82 所示，打开目标系统服务属性（Windows Event Log Properties）设置窗口，单击"停止（Stop）"按钮，将目标系统服务强行停止运行，如图 5-83 所示。最后单击"确定（OK）"按钮，保存好上述设置，这样用户就能成功封堵 Windows Server 2008 系统日志漏洞了。

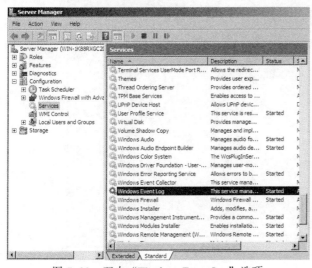

图 5-82　双击"Windows Event Log"选项

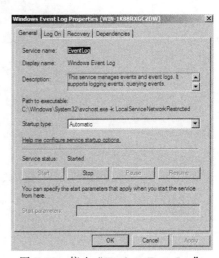

图 5-83　停止"Windows Event Log"

3．应用程序漏洞

Windows Server 2008 系统的安全性高，当用户企图运行一个从网上下载下来的应用程序时，该系统中的防火墙程序可能会提示目标应用程序存在安全漏洞，为了预防这个应用程序漏洞被网络病毒或木马程序非法利用，不少用户常常错误认为只要对 Windows Server 2008 系统及时进行在线更新，就能封堵应用程序漏洞了，其实，更新系统漏洞补丁，只能封堵 Windows Server 2008 系统自身的漏洞，而无法封堵应用程序漏洞。

为了既能正常运行目标应用程序，又能防止应用程序漏洞被非法利用，可以按照如下操作来封堵应用程序漏洞：

首先，单击 Windows Server 2008 系统桌面上的"开始(Start)"按钮，选择"程序(All Programs)"、"管理工具（ Administrative Tools)"、"服务器管理器（ Server Manager)"命令，在弹出的"服务器管理器"（ Server Manager ）控制台窗口左侧列表，依次展开"配置（ Configuration)""高级安全 Windows 防火墙（ Windows Firewall with Advanced Security)"分支选项，从目标分支下面选择"入站规则（ Inbound Rules)"选项。

其次，从对应"入站规则（ Inbound Rules)"列表中，单击"新规则（ New Rule)"项目，此时系统屏幕会自动弹出新建入站规则向导（ New Inbound Rule Wizard ）窗口，选择其中的"程序（ Program)"选项。

单击"下一步(Next)"按钮，弹出设置窗口，选择该设置窗口中的"此程序路径(This program path:)"单选按钮，之后在应用程序路径文本框中正确输入存在安全漏洞的应用程序具体路径，如图 5-84 所示。当然也能通过单击"浏览（ Browse)"按钮打开文件选择对话框，来选择并导入目标应用程序。

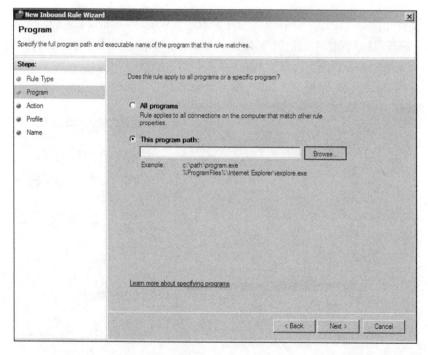

图 5-84   选择"此程序路径（ This program path:)"单选按钮

接着入站规则向导会弹出提示询问我们要进行什么操作时，我们选择"阻止连接（ Block the connection)"单选按钮，如图 5-85 所示。

继续单击"下一步(Next)"按钮, 设置好当前入站规则的适用条件(When does this rule apply), 尽量将"公用(Public)"、"专用(Private)"、"域(Domain)"等条件同时选中, 如图 5-86 所示, 保证 Windows Server 2008 系统与任何不同的网络连接时, 任何非法程序都无法通过网络利用目标应用程序的漏洞来攻击 Windows Server 2008 系统。

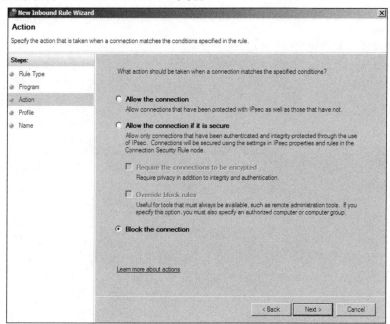

图 5-85　选择"阻止连接(Block the connection)"单选按钮

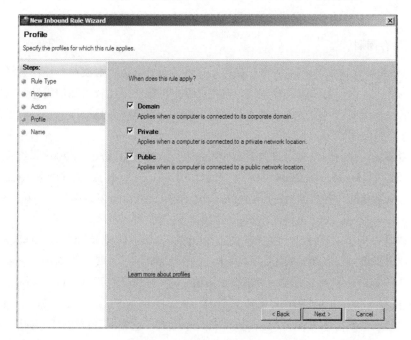

图 5-86　选择所有适用条件

完成上面的设置后，只要设置好当前新建规则（New Inbound Rule）的名称（Name），如图 5-87 所示，同时单击"完成（Finish）"按钮，保存好上面的创建操作，这样用户就可以利用目标应用程序正常上网访问，但是木马程序或间谍程序却无法利用目标应用程序漏洞并通过网络来攻击本地计算机系统了。

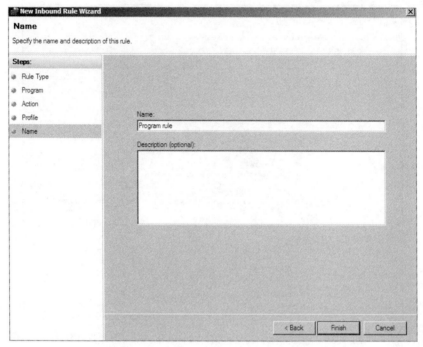

图 5-87　新建规则（New Inbound Rule）的名称（Name）

4．系统转存漏洞

有时，Windows Server 2008 系统由于操作不当或其他意外运行崩溃时，往往会将故障发生那一刻的内存镜像内容保存为系统转存文件，这些文件中可能保存比较隐私的信息，例如登录系统的特权账号信息、正在访问的单位人事或财务信息等，如果这些信息被没有授权的用户偷偷访问到，那将是非常危险的事情。

为了封堵系统转存漏洞，可以按照下面的操作来设置 Windows Server 2008 系统：

首先，打开 Windows Server 2008 系统的"开始（Start）"菜单，选择"控制面板（Control Panel）"选项，打开对应系统的"控制面板（Control Panel）"窗口，双击该窗口中的"系统（System）"图标，进入 Windows Server 2008 系统（System）的属性设置界面。

其次，选择该（System）属性界面左侧列表区域处的"高级系统设置（Advanced system settings）"功能选项，弹出高级系统属性（System Properties）设置界面，在该设置界面的"启动和故障恢复（Startup and Recovery）"选项区域单击"设置（settings）"按钮，打开 Windows Server 2008 系统的"启动和故障恢复（Startup and Recovery）"设置对话框，接着在"系统失败（system failure）"选项区域，单击"写入调试信息（Write debugging information）"选项的下拉按钮，并从下拉列表中选择"无(none)"选项，如图 5-88 所示，再单击"确定（OK）"按钮，保存上述设置，这样即使 Windows Server 2008 系统发生了崩溃现象，也不会将故障发生那一刻的内存镜像内容保存为系统转存文件了，那么本地系统的一些隐私信息也就不会被他人非法偷看了。

5. 网络发现漏洞

为了提高网络管理效率，Windows Server 2008 系统在默认状态下启用运行了一项新功能，那就是网络发现功能，该功能可以通过"Link-Layer Topology Discovery Responder"网络协议，来自动判断出当前内网环境中究竟有哪些网络设备或计算机处于在线连接状态，可以巧妙利用该功能来快速定位网络故障位置，找到网络故障原因，提升网络故障解决效率。可是，在网络连接安全要求较高的场合下，网络发现功能的默认启动运行，往往会让内网环境中的重要网络设备或计算机直接"暴露"在网络中，因此重要网络设备或计算机就容易受到非法攻击。

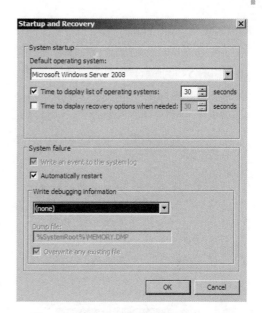

图 5-88 "启动和故障恢复（Startup and Recovery）"对话框

为了封堵网络发现漏洞，可以按照下面的操作来设置 Windows Server 2008 系统：

首先，选择 Windows Server 2008 系统"开始（Start）"菜单中的"控制面板（Control Panel）"命令，打开 Windows Server 2008 系统的控制面板（Control Panel）窗口，双击该窗口中的"网络和共享中心（Network and Sharing Center）"选项，打开"网络和共享中心（Network and Sharing Center）"界面，展开"网络发现（Network discovery）"功能设置区域，选中其中的"关闭网络发现（Turn off network discovery）"单选按钮，同时单击"应用（Apply）"按钮，保存好上述设置操作，如图 5-89 所示。

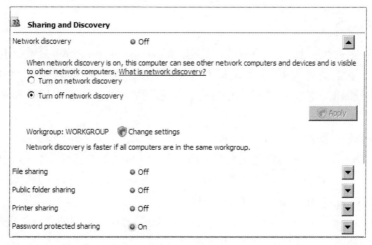

图 5-89 关闭网络发现（Turn off network discovery）

单击"开始（Start）"按钮，选择"控制面板（Control Panel）"命令，依次双击"网络和共享中心（Network and Sharing Center）""管理网络连接（Manager Network Connections）"选项，右击

"Local Area Connection"选项，在弹出的快捷菜单中选择"属性（Properties）"命令，打开"Local Area Connection Properties"对话框，取消选择"Link-Layer Topology Discovery Responder"协议选项，如图 5-90 所示，再单击"确定（OK）"按钮，之后取消选择"链路层拓扑发现映射器 I/O 驱动程序（Link-Layer Topology Discovery Mapper I/O Driver）"复选框，如图 5-91 所示，最后单击"确定（OK）"按钮，保存参数设置，这样 Windows Server 2008 系统的网络发现漏洞就被成功封堵了。

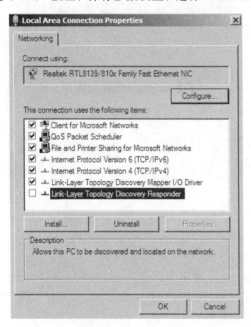
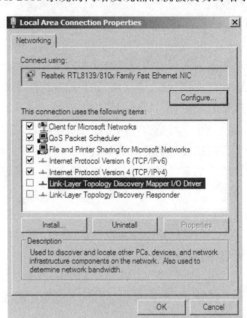

图 5-90　取消选择"Link-Layer Topology Discovery Responder"协议选项

图 5-91　取消选择"链路层拓扑发现映射器 I/O 驱动程序（Link-Layer Topology Discovery Mapper I/O Driver）"

6．特权账号漏洞

与普通服务器系统一样，在默认状态下，Windows Server 2008 系统仍然会优先使用 Administrator 账号尝试进行登录系统操作，正因为这样一些非法攻击者往往也会利用 Administrator 账号漏洞，来尝试破解 Administrator 账号的密码，并利用该特权账号攻击重要的服务器系统。

为了封堵特权账号漏洞，可以对 Windows Server 2008 系统进行如下设置操作：

首先，在 Windows Server 2008 系统桌面单击"开始（Start）""运行（Run）"命令，在弹出的系统"运行（Run）"对话框中，输入字符串命令"gpedit.msc"，按【Enter】键后，打开对应系统的组策略（Local Group Policy Editor）控制台窗口。

其次，选中组策略（Local Group Policy Editor）控制台窗口左侧的"计算机配置（Computer Configuration）"结点选项，同时从目标结点下面逐一展开"Windows 设置（Windows Settings）""安全设置（Security Settings）""本地策略（Local Policies）""安全选项（Security Options）"结点，在对应"安全选项（Security Options）"结点下面找到"账户：重命名系统管理员账户（Accounts:Rename administrator account）"目标组策略选项，如图 5-92 所示，双击该选项，弹出"账户：重命名系

统管理员账户（Accounts:Rename administrator account properties）"选项设置窗口，如图 5-93 所示。

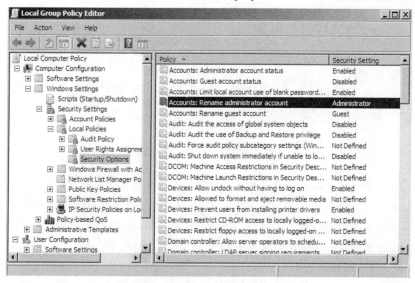

图 5-92　双击"账户：重命名系统管理员账户（Accounts:Rename administrator　account）"选项

在该窗口的"本地安全设置（Local Security Setting）"选项卡中，为"Administrator"账号重新设置一个外人不容易想到的新名称，这里将其设置为"fdtqaccount"，如图 5-94 所示，再单击"确定（OK）"按钮，保存设置，这样用户就能成功封堵 Windows Server 2008 系统的特权账号漏洞了。

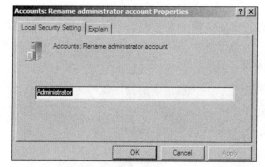
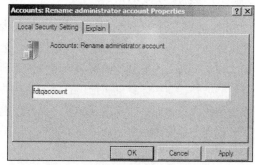

图 5-93　原先的系统管理员账户（Administrator）　　　图 5-94　新账户"fdtqaccount"

习　　题

1. 简述 Windows XP 的安全性。
2. Windows XP 系统的安全漏洞有哪些？如何解决？
3. 简述 Window 7 的安全特性。
4. Window 7 系统的安全漏洞有哪些？如何解决？
5. 简述 Windows Server 2008 的安全配置。

第6章 | 计算机病毒及防范

小到个人，大到全世界，凡是在使用计算机的人无一不在受计算机病毒的困扰。对于那些侥幸未受病毒骚扰的人，也不能麻痹大意。对于计算机病毒，最好还是能防患于未然！为了能更好地做好防范工作，我们必须了解宏病毒、CIH 病毒、脚本病毒、网络蠕虫和恶意代码等的工作原理、传播途径、表现形式，同时必须掌握它的检测、预防和清除方法。

6.1　计算机病毒基础知识

随着计算机、因特网的普及和计算机病毒技术的日益成熟，计算机崩溃、重要数据遭到破坏和丢失会造成社会财富的巨大浪费，甚至会造成全人类的灾难。那么，计算机病毒到底是什么样的，是如何来的呢？我们必须对它的发展、结构和主要特征有一个清楚的认识。

6.1.1　计算机病毒的定义

"计算机病毒"的概念是由美国计算机研究专家 F.Cohen 博士最早提出来的。像生物病毒一样，计算机病毒有独特的复制能力，可以很快地蔓延，又常常难以根除。它们能把自身附着在各种类型的文件上。当文件被复制或从一个用户传送到另一个用户时，它们就随同文件一起蔓延开来。除复制能力外，某些计算机病毒还有其他一些共同特性：一个被污染的程序能够传送病毒载体。当你看到病毒载体似乎仅仅表现在文字和图像上时，它们可能已毁坏了文件、格式化了硬盘或引发了其他类型的灾害。若是病毒并不寄生于一个污染程序，那么它仍然能通过占据存储空间给我们带来麻烦，并降低计算机的性能。

随着计算机病毒的不断发展，人们对它有了清楚的认识，从不同角度描述它。有些人认为计算机病毒是指通过磁盘、磁带和网络等作为媒介传播扩散，能"传染"其他程序的程序。有些人认为它是能够实现自身复制且借助一定的载体存在的具有潜伏性、传染性和破坏性的程序。还有的人认为它是一种人为制造的程序，通过不同的途径潜伏或寄生在存储媒体（如磁盘、内存）或程序里，当某种条件或时机成熟时，它会自生复制并传播，使计算机的资源受到不同程度的破坏等。

虽然许多专家和研究者对计算机病毒做了不尽相同的描述，但一直没有公认的明确定义。直至 1994 年 2 月 18 日，我国正式颁布实施了《中华人民共和国计算机信息系统安全保护条例》，在《条例》第二十八条中明确指出："计算机病毒是指编制或者在计算机程序中插入的破坏计算机功能或者毁坏数据、影响计算机使用，并能自我复制的一组计算机指令或者程序代码。"此定义具有法律性、权威性。

6.1.2　计算机病毒的发展历史

早在 1949 年，距离第一部商用计算机的出现还有好几年时，计算机的先驱者冯·诺依曼在他的一篇论文《复杂自动机组织论》，提出了计算机程序能够在内存中自我复制，即已把病毒程序的蓝图勾勒出来。十年之后，在美国电话电报公司（AT&T）的贝尔实验室中，3 个年轻程序员道格拉斯·麦耀莱、维特·维索斯基和罗伯·莫里斯在工作之余想出一种电子游戏叫做"磁芯大战"，而它成了计算机病毒的祖先。

1977 年夏天，托马斯·捷·瑞安的科幻小说《P-1 的青春》中，作者幻想了世界上第一个计算机病毒，可以从一台计算机传染到另一台计算机，最终控制了 7 000 台计算机，酿成了一场灾难，这是计算机病毒的思想基础。

1983 年 11 月 3 日，弗雷德·科恩博士研制出一种在运行过程中可以复制自身的破坏性程序，伦·艾德勒曼将它命名为计算机病毒，并在每周一次的计算机安全讨论会上正式提出，8 小时后专家们在 VAX11/750 计算机系统上运行，第一个病毒实验成功，一周后又获准进行 5 个实验的演示，从而在实验上验证了计算机病毒的存在。

1987 年 10 月，在美国，世界上第一例计算机病毒（Brian）被发现，这是一种系统引导型病毒。它以强劲的势头蔓延开来。世界各地的计算机用户几乎同时发现了形形色色的计算机病毒，如大麻、IBM 圣诞树和黑色星期五等。

1988 年 11 月 3 日，美国康奈尔大学 23 岁的研究生罗伯特·莫里斯将计算机病毒蠕虫投放到网络中，结果使美国 6 000 台计算机被病毒感染，造成 Internet 不能正常运行。这是一次非常典型计算机病毒入侵计算机网络的事件，引起了世界范围的轰动。

1991 年，在"海湾战争"中，美军第一次将计算机病毒用于实战，在空袭巴格达的战斗中，成功地破坏了对方的指挥系统，使之瘫痪，保证了战斗顺利进行，直至最后胜利。

1998 年，首例破坏计算机硬件的 CIH 病毒出现，引起人们的恐慌。1999 年 4 月 26 日，CIH 病毒在我国大规模爆发，造成了巨大损失。

2003 年出现的"冲击波"病毒和 2004 年流行的"震荡波"病毒，利用操作系统的漏洞进行进攻型的扩散，并不需要任何媒介或操作，用户只要接入互联网络就有可能被感染。正因为如此，该病毒的危害性更大，为主动攻击型病毒。

随着移动通信网络的发展及移动终端——手机功能的不断强大，计算机病毒开始从传统的互联网络走进移动通信网络世界，进入"手机病毒"阶段。与互联网用户相比，手机用户覆盖面更广、数量更多，因此高性能的手机病毒一旦爆发，其危害和影响比"冲击波"、"震荡波"等互联网病毒还要大。

在计算机病毒的发展史上，病毒的出现是有规律的，一般情况下一种新的病毒技术出现后，病毒迅速发展，接着反病毒技术的发展会抑制其流传。操作系统进行升级时，病毒也会调整为新的方式，产生新的病毒技术。

6.1.3　计算机病毒的特性

在计算机病毒所具有的众多特征中，传染性、潜伏性、触发性和破坏性是它的基本特征。其次，它还有隐蔽性、针对性、衍生性和持久性等。传染使病毒得以传播，破坏性体现了病毒的杀伤能力。大范围传染、众多病毒的破坏行为可能给用户以重创。但是，传染和破坏行为总是使系统或多或少地出现异常。频繁的传染和破坏会使病毒暴露，而不破坏、不传染又会使病毒失去杀伤力。可触发性是病毒的攻击性和潜伏性之间的调整杠杆，可以控制病毒感染和破坏的频度，兼顾杀伤力和潜伏性。

1. 计算机病毒的特点

（1）传染性

在生物界，传染病毒可以从一个生物体扩散到另一个生物体。同样，计算机病毒也会通过各种渠道从已被感染的计算机扩散到未被感染的计算机，在某些情况下造成被感染的计算机工作失常甚至瘫痪。与生物病毒不同的是，计算机病毒是一段人为编制的计算机程序代码，这段程序代码一旦进入计算机并得以执行，它会搜寻其他符合其传染条件的程序或存储介质，确定目标后再将自身代码插入其中，达到自我繁殖的目的。只要一台计算机染毒，如不及时处理，那么病毒会在这台机子上迅速扩散，其中的大量文件（一般是可执行文件）会被感染。而被感染的文件又成了新的传染源，再与其他机器进行数据交换或通过网络接触，病毒会继续进行传染。

正常的计算机程序一般是不会将自身的代码强行连接到其他程序之上的。而计算机病毒却能使自身的代码强行传染到一切符合其传染条件的未受到传染的程序之上。它通过各种可能的渠道，如软盘、计算机网络去传染其他的计算机。当你在一台机器上发现了病毒时，往往曾在这台计算机上用过的软盘已感染上了病毒，而与这台机器联网的其他计算机也许已被该病毒传染上了。是否具有传染性是判别一个程序是否为计算机病毒的最重要条件。

（2）潜伏性

大部分的病毒感染系统之后一般不会马上发作，它可长期隐藏在系统中，只有在满足其特定条件时才启动其表现（破坏）模块。只有这样它才可进行广泛地传播。如"PETER-2"在每年 2 月 27 日会提 3 个问题，答错后会将硬盘加密。著名的"黑色星期五"在逢 13 日的星期五发作。国内的"上海一号"会在每年 3、6、9 月的 13 日发作。当然，最令人难忘的便是 4 月 26 日发作的 CIH。这些病毒在平时会隐藏得很好，只有在发作日才会露出本来面目。

（3）触发性

触发性是指计算机病毒的发作一般都有一个激发条件，即一个条件控制。这个条件根据病毒编制者的要求可以是日期、时间、特定程序的运行或程序的运行次数等。

（4）破坏性

任何病毒只要侵入系统，都会对系统及应用程序产生程度不同的影响。轻者会降低计算机工作效率，占用系统资源，重者可导致系统崩溃。由此特性可将病毒分为良性病毒与恶性病毒。良性病毒可能只显示些画面或播出点音乐、无聊的语句，或者根本没有任何破坏动作，但会占用系统资源。这类病毒较多，如：GENP、小球和 W-BOOT 等。恶性病毒则有明确的目的，或破坏数据、删除文件或加密磁盘、格式化磁盘，有的对数据造成不可挽回的破坏。

（5）寄生性

寄生性指病毒对其他文件或系统进行一系列非法操作，使其带有这种病毒，并成为该病毒一个新的传染源的过程。这是病毒的最基本特征。

（6）隐蔽性

计算机病毒一般是具有很高编程技巧、短小精悍的程序。通常附在正常程序中或磁盘较隐蔽的地方，也有个别的以隐含文件的形式出现。目的是不让用户发现它的存在。如果不经过代码分析，病毒程序与正常程序是不容易区别开来的。一般在没有防护措施的情况下，病毒程序取得系统控制权后，可以在很短的时间里传染大量程序。而且受到传染后，计算机系统通常仍能正常运行，使用户不会感到任何异常。试想，如果病毒在传染到计算机上之后，计算机马上无法正常运行，那么它本身便无法继续进行传染了。正是由于隐蔽性，病毒得以在用户没有察觉的情况下扩散到上百万台计算机中。

大部分病毒的代码之所以设计得非常短小，也是为了隐藏。它一般只有几百或 1KB，而 PC 对 DOS 文件的存取速度可达每秒几百 KB 以上，所以病毒转瞬之间便可将这短短的几百字节附着到正常程序之中，使人不易察觉。

（7）针对性

计算机病毒是针对特定的计算机和特定的操作系统的。例如，有针对 IBM/PC 及其兼容机的，有针对 Apple 公司的 Macintosh 的，还有针对 UNIX 操作系统的。例如小球病毒是针对 IBM PC 及其兼容机上的 DOS 操作系统的。

（8）衍生性

这种特性为病毒制造者提供了一种创造新病毒的捷径。分析计算机病毒的结构可知，传染的破坏部分反映了设计者的设计思想和设计目的。但是，这可以被其他掌握原理的人以其个人的企图进行任意改动，从而又衍生出一种不同于原版本的新的计算机病毒（又称为变种）。这就是它的衍生性。这种变种病毒造成的后果可能比原版病毒严重得多。

（9）持久性

即使在病毒程序被发现以后，数据和程序以至于操作系统的恢复都非常困难。特别是在网络操作环境下，由于病毒程序由一个受感染的副本通过网络系统反复传播，使得病毒程序的清除非常复杂。

2．网络时代计算机病毒的新特点

（1）主动通过网络和邮件系统传播

从当前流行的计算机病毒来看，其中 70% 的病毒都可以利用邮件系统和网络进行传播。虽然 W97M_ETHAN.A 和 O97M_TRISTATE 等这些宏病毒不能主动通过网络传播，但是很多人使用 Office 系统创建和编辑文档，然后通过电子邮件交换信息。因此，宏病毒也是通过邮件进行传播的。

（2）传播速度极快

由于病毒主要通过网络传播，因此，一种新病毒出现后，可以迅速通过国际互联网传播到世界各地。如"爱虫"病毒在一两天内会迅速传播到世界各地的主要计算机网络，并造成欧美国家的计算机网络瘫痪。

（3）危害性极大

"爱虫"、"美丽杀"及"CIH"等病毒都给世界计算机信息系统和网络带来了灾难性的破坏。有的造成网络拥塞，甚至瘫痪；有的造成重要数据丢失；还有的造成计算机内存储的机密信息被窃取；甚至还有的计算机信息系统和网络被人控制。

（4）变种多

目前，很多病毒使用高级语言编写，如"爱虫"是脚本语言病毒，"美丽杀"是宏病毒。因此，它们容易编写，并且很容易被修改，生成很多病毒变种。"爱虫"病毒在十几天中，出现 30 多种变种。"美丽杀"病毒也生成三四种变种，并且此后很多宏病毒都使用了"美丽杀"的传染机理。这些变种主要传染和破坏的机理与母体病毒一致。只是某些代码做了改变。

（5）难以控制

利用网络传播、破坏的计算机病毒，一旦在网络中传播、蔓延，很难控制。往往准备采取防护措施时候，可能已经遭受病毒的侵袭。除非关闭网络服务，但是这样做很难被人接受，同时关闭网络服务可能会蒙受更大的损失。

（6）难以根治，容易引起多次疫情

"美丽杀"病毒最早在 1999 年 3 月份爆发，人们花了很多精力和财力控制住了它。但是，2001年在美国它又死灰复燃，再一次形成疫情，造成破坏。之所以出现这种情况，一是由于人们放松了警惕性，新投入使用的系统未安装防病毒系统；三是使用了保存旧的染病毒文档，激活了病毒，使其再次流行。

（7）具有病毒、蠕虫和后门（黑客）程序的功能

计算机病毒的编制技术随着网络技术的普及和发展也在不断地提高和变化。过去病毒最大的特点是能够复制自身并传染给其他的程序。现在，计算机病毒具有蠕虫的特点，可以利用网络进行传播，如：利用 E-mail。同时，有些病毒还具有黑客程序的功能，一旦侵入计算机系统，病毒控制者可以从入侵的系统中窃取信息，远程控制这些系统。计算机病毒功能的多样化，使其更具有危害性。

6.1.4　计算机病毒的结构

计算机病毒的种类虽多，但对病毒代码进行分析、比较可以看出，它们的主要结构是类似的，有其共同特点。整个病毒代码虽短小，但也包含 3 部分：引导部分、传染部分和表现部分。

① 引导部分也就是病毒的初始化部分，它的作用是将病毒主体加载到内存，为传染部分做准备（如驻留内存、修改中断、修改高端内存、保存原中断向量等操作）。

② 传染部分的作用是将病毒代码复制到传染目标上去。一般病毒在对目标进行传染前要判断传染条件。不同类型的病毒在传染方式、传染条件上各有不同。

③ 表现部分是病毒间差异最大的部分，前两个部分也是为这部分服务的。它破坏被传染系统或者在被传染系统的设备上表现出特定的现象。大部分病毒都是有一定条件才会触发其表现部分的。如：以时钟、计数器作为触发条件的或用键盘输入特定字符来触发的。这一部分也是最为灵活的部分，这部分根据编制者的不同目的而千差万别，或者根本没有这部分。

6.1.5　计算机病毒的分类

1. 根据计算机病毒存在的媒体划分

根据病毒存在的媒体不同，可以将病毒划分为网络病毒、文件病毒和引导型病毒。

网络病毒通过计算机网络传播感染网络中的可执行文件，文件病毒感染计算机中的文件（如：COM、EXE、DOC 等）、引导型病毒感染启动扇区（Boot）和硬盘的系统引导扇区（MBR），还有这 3 种情况的混合型，例如：多型病毒（文件和引导型）感染文件和引导扇区两种目标，这样的病毒通常都具有复杂的算法，它们使用非常规的办法侵入系统，同时使用了加密和变形算法。

2．根据病毒特有的算法划分

根据病毒特有的算法不同，可将病毒划分为以下 6 种：

（1）伴随型病毒

这一类病毒并不改变文件本身，它们根据算法产生 EXE 文件的伴随体，具有同样的名字和不同的扩展名（COM），例如：XCOPY.EXE 的伴随体是 XCOPY.COM。病毒把自身写入 COM 文件但并不改变 EXE 文件，当 DOS 加载文件时，伴随体优先被执行，再由伴随体加载执行原来的 EXE 文件。

（2）蠕虫型病毒

此类病毒通过计算机网络传播，不改变文件和资料信息，利用网络从一台机器的内存传播到其他机器的内存，计算网络地址，将自身的病毒通过网络发送。有时它们在系统存在，一般除了内存不占用其他资源。

（3）寄生型病毒

除了伴随和"蠕虫"型，其他病毒均可称为寄生型病毒，它们依附在系统的引导扇区或文件中，通过系统的功能进行传播。

（4）练习型病毒

病毒自身包含错误，不能进行很好的传播，例如一些病毒在调试阶段。

（5）诡秘型病毒

它们一般不直接修改 DOS 中断和扇区数据，而是通过设备技术和文件缓冲区等 DOS 内部修改，不易看到资源，使用比较高级的技术。利用 DOS 空闲的数据区进行工作。

（6）变型病毒

又称幽灵病毒，这一类病毒使用一个复杂的算法，使自己每传播一份都具有不同的内容和长度。它们一般是由一段混有无关指令的解码算法和被变化过的病毒体组成。

6.1.6　计算机病毒的发展趋势

随着因特网的普及和广泛应用，计算机病毒在传播形式、病毒制作技术和病毒的形式方面有了根本的改变。自 2001 年以来，对国内计算机用户造成危害最严重的计算机病毒均为恶性网络蠕虫病毒，如：震荡波、冲击波等。在此通过对近年来计算机病毒的疫情特点分析，将计算机病毒的发展趋势归纳如下：

（1）高频度

病毒疫情发作的频率高，几乎每个月都有新的病毒疫情出现。而且恶性病毒的比例大，对计算机用户的危害增大；

（2）传播速度快，危害面广

由网络的特点决定了国内计算机病毒几乎与国外病毒疫情同步爆发，且迅速大面积流行。目前对用户安全威胁最大的是恶性网络蠕虫病毒。

（3）病毒制作技术新

与传统的计算机病毒不同的是，许多新病毒是利用当前最新的编程语言与编程技术实现的，易于修改以产生新的变种，从而逃避反病毒软件的搜索。例如"爱虫"病毒是用 VBScript 语言编写的，只要通过 Windows 下自带的编辑软件修改病毒代码中的一部分，就能轻而易举地制造病毒变种，以躲避反病毒软件的追击。

另外，新病毒利用 Java、Activex、VBScript 等技术，可以潜伏在 HTML 页面里，在上网浏览时触发。Kakworm 病毒的感染率一直居高不下，就是由于它利用 Activex 控件中存在的缺陷传播，装有 IE5 或 Office 2000 的计算机都可能被感染。这个病毒的出现使原来不打开带毒邮件附件而直接删除的防邮件病毒方法完全失效。更为令人担心的是，一旦这种病毒被赋予其他计算机病毒的恶毒特性，造成的危害很有可能超过任何现有的计算机病毒。

（4）病毒形式多样化

病毒呈现多样化的趋势。病毒分析显示，虽然新病毒不断产生，但较早的病毒发作仍很普遍，并向卡通图片、ICQ、OICQ 等方面发展。此外，新的病毒更善于伪装，如主题会在传播中改变，许多病毒会伪装成常用程序，或者将病毒代码写入文件内部长度而不发生变化，用来麻痹计算机用户。

主页病毒的附件并非一个 HTML 文档，而是一个恶意的 VB 脚本程序，一旦执行后，就会向用户地址簿中的所有电子邮件地址发送带毒的电子邮件副本。

（5）病毒生成工具

以往计算机病毒都是编程高手制作的，编写病毒显示自己的技术。"库尔尼科娃"病毒的设计者只是修改下载的 VBS 蠕虫孵化器，"库尔尼科娃"病毒就诞生了。据报道，VBS 蠕虫孵化器被人们下载了 15 万次以上。由于这类工具在网络上可以很容易地获得，使得现在新病毒出现的频率超出以往任何时候。

尽管计算机病毒疫情发展呈上升趋势，但广大用户也不必谈虎色变，国内杀毒软件产品不仅在整体技术水平上已与国际接轨，而且具备了多项世界领先的独创技术。广大计算机用户只要加强安全防范意识，计算机病毒还是可以防患于未然的。

6.2　计算机病毒的工作原理

为了做好病毒的检测、预防和清除工作，首先要在认清计算机病毒的结构和主要特征的基础上，了解计算机病毒工作的一般过程及其原理，只有这样才能针对每个环节做出相应的防范措施，为检测和清除病毒提供充实可靠的依据。在本节主要介绍计算机病毒工作的一般过程及其每个过程的具体实现。

6.2.1　计算机病毒的工作过程

计算机病毒的完整工作过程一般应包括以下几个环节：

① 传染源。病毒总是依附于某些存储介质，例如软盘、硬盘等构成了传染源。

② 传染媒介。病毒传染的媒介由工作的环境来定，可能是计算机网络，也可能是可移动的存储介质，例如软磁盘等。

③ 病毒触发（激活）。是指将病毒装入内存，并设置触发条件，触发的条件是多样化的，可以是内部时钟、系统的日期、用户标识符，也可能是系统一次通信等。一旦触发条件成熟，病毒就开始作用——自我复制到传染对象中，进行各种破坏活动。

④ 病毒表现。表现是病毒的主要目的之一，有时在屏幕显示出来，有时则表现为破坏系统数据。可以这样说，凡是软件技术能够触发到的地方，都在其表现范围内。

⑤ 传染。病毒的传染是病毒性能的一个重要标志。在传染环节中，病毒复制一个自身副本到传染对象中去。

6.2.2　计算机病毒的引导机制

1. 计算机病毒的寄生对象

计算机病毒存储在磁盘上，为了进行自身的主动传播，必须寄生在可以获取执行权的寄生对象上。就目前出现的各种计算机病毒来看，其寄生对象有两种，一种是寄生在磁盘引导扇区；另一种是寄生在可执行文件（.exe 或.com）中。不论是磁盘引导扇区还是可执行文件，它们都有获取执行权的可能，病毒程序寄生在它们的上面，就可以在一定条件下获得执行权，从而使病毒得以进入计算机系统，并处于激活状态，然后进行病毒的动态传播和破坏活动。

2. 计算机病毒的寄生方式

计算机病毒的寄生方式有两种，一种是采用替代法；另一种是采用链接法。所谓替代法是指病毒程序用自己的部分或全部指令代码，替代磁盘引导扇区或文件中的全部或部分内容。所谓链接法则是指病毒程序将自身代码作为正常程序的一部分与原有正常程序链接在一起，病毒链接的位置可能在正常程序的首部、尾部或中间，寄生在磁盘引导扇区的病毒一般采取替代法，而寄生在可执行文件中的病毒一般采用链接法。

3. 计算机病毒的引导过程

计算机病毒的引导过程一般包括以下 3 方面：

（1）驻留内存

病毒若要发挥其破坏作用，一般要驻留内存。为此就必须开辟所用内存空间或覆盖系统占用的部分内存空间。有的病毒则不驻留内存。

（2）窃取系统控制权

在病毒程序驻留内存后，必须使有关部分取代或扩充系统的原有功能，并窃取系统的控制权。此后病毒程序依据其设计思想，隐蔽自己，等待时机，在条件成熟时，再进行传染和破坏。

（3）恢复系统功能

病毒为隐蔽自己，驻留内存后还要恢复系统，使系统不会死机，只有这样才能等待时机成熟，进行感染和破坏的目的。有的病毒在加载之前进行动态反跟踪和病毒体解密。

对于寄生在磁盘引导扇区的病毒来说，病毒引导程序占用了原系统引导程序的位置，并把原系统引导程序转移到一个特定的地方。这样一旦启动系统，病毒引导模块就会自动地装入内存并获得执行权，然后该引导程序负责将病毒程序的传染模块和发作模块装入内存的适当位置，并采取常驻内存技术，以保证这两个模块不会被覆盖，接着对这两个模块设定某种激活方式，使之在适当的时候获得执行权。这些工作完成后，病毒引导模块将系统引导模块装入内存，使系统在带毒状态下运行。

对于寄生在可执行文件中的病毒来说，病毒程序一般通过修改原有可执行文件，使该文件执行时首先转入病毒程序引导模块，该引导模块也完成把病毒程序的其他两个模块驻留内存及初始化的工作，然后把执行权交给执行文件，使系统及执行文件在带毒的状态下运行。

6.2.3　计算机病毒的触发机制

传染、潜伏、可触发、破坏是病毒的基本特性。可触发性是病毒的攻击性和潜伏性之间的调整杠杆，可以控制病毒感染和破坏的频度，兼顾杀伤力和潜伏性。

过于苛刻的触发条件，可能使病毒有好的潜伏性，但不易传播、杀伤力较低。而过于宽松的触发条件将导致病毒频繁感染与破坏，容易暴露，导致用户做反病毒处理，也不能有大的杀伤力。

计算机病毒在传染和发作之前，往往要判断某些特定条件是否满足，满足则传染或发作，否则不传染、不发作或只传染不发作，这个条件就是计算机病毒的触发条件。

实际上病毒采用的触发条件花样繁多，目前病毒采用的触发条件主要有以下几种：

① 日期触发。许多病毒采用日期做触发条件。日期触发大体包括：特定日期触发、月份触发、前半年或后半年触发等。

② 时间触发。时间触发包括特定的时间触发、染毒后累计工作时间触发、文件最后写入时间触发等。

③ 键盘触发。有些病毒监视用户的击键动作，当发现病毒预定的键入时，病毒被激活，进行某些特定操作。键盘触发包括击键次数触发、组合键触发、热启动触发等。

④ 感染触发。许多病毒的感染需要某些条件触发，而且相当数量的病毒又以与感染有关的信息反过来作为破坏行为的触发条件，称为感染触发。它包括运行感染文件个数触发、感染序数触发、感染磁盘数触发和感染失败触发等。

⑤ 启动触发。病毒对机器的启动次数计数，并将此值作为触发条件称为启动触发。

⑥ 访问磁盘次数触发。病毒对磁盘 I/O 访问的次数进行计数，以预定次数作为触发条件称为访问磁盘次数触发。

⑦ 调用中断功能触发。病毒对中断调用次数计数，以预定次数作为触发条件。

被计算机病毒使用的触发条件是多种多样的，而且往往不只是使用上面所述的某一个条件，而是使用由多个条件组合起来的触发条件。大多数病毒的组合触发条件是基于时间的，再辅以读、写盘操作，按键操作及其他条件。如"侵略者"病毒的激发时间是开机后机器运行时间和病毒传染个数成某个比例时，恰好按【Ctrl + Alt + Del】组合键试图重新启动系统则病毒发作。

病毒中有关触发机制的编码是其敏感部分。剖析病毒时，如果搞清病毒的触发机制，可以修改此部分代码，使病毒失效，就可以产生没有潜伏性的极为外露的病毒样本，供反病毒研究使用。

6.2.4　计算机病毒破坏行为

计算机病毒的破坏行为体现了病毒的杀伤能力。病毒破坏行为的激烈程度取决于病毒作者的主观愿望和他所具有的技术能量。数以万计、不断发展扩张的病毒，其破坏行为千奇百怪，不可能穷举其破坏行为，难以做全面的描述。根据有的病毒资料可以把病毒的破坏目标和攻击部位归纳如下：

① 攻击系统数据区。攻击部位包括：硬盘主引导扇区、Boot 扇区、FAT 表和文件目录。一般来说，攻击系统数据区的病毒是恶性病毒，受损的数据不易恢复。

② 攻击文件。病毒对文件的攻击方式很多，可列举如下：删除、改名、替换内容、丢失部分程序代码、内容颠倒、写入时间空白、变碎片、假冒文件、丢失文件簇和丢失数据文件。

③ 攻击内存。内存是计算机的重要资源，也是病毒的攻击目标。病毒额外地占用和消耗系

统的内存资源，可以导致一些大程序运行受阻。病毒攻击内存的方式如下：占用大量内存、改变内存总量、禁止分配内存和蚕食内存。

④ 干扰系统运行。病毒会干扰系统的正常运行，以此作为自己的破坏行为。此类行为也是花样繁多，例如：不执行命令、干扰内部命令的执行、虚假报警、打不开文件、内部栈溢出、占用特殊数据区、换现行盘、时钟倒转、重启动、死机、强制游戏、扰乱串并行口。

⑤ 运行速度下降。病毒激活时，其内部的时间延迟程序启动。在时钟中纳入了时间的循环计数，迫使计算机空转，计算机速度明显下降。

⑥ 攻击磁盘。攻击磁盘数据、不写盘、写操作变读操作、写盘时丢字节。

⑦ 攻击 CMOS。在机器的 CMOS 区中，保存着系统的重要数据。例如系统时钟、磁盘类型和内存容量等，并具有校验和。有的病毒激活时，能够对 CMOS 区进行写入动作，破坏系统 CMOS 中的数据。

6.2.5　计算机病毒的传播

1. 计算机病毒传播的一般过程

在系统运行时，计算机病毒通过病毒载体即系统的外存储器进入系统的内存储器，常驻内存。该病毒在系统内存中监视系统的运行，当它发现有攻击的目标存在并满足条件时，便从内存中将自身存入被攻击的目标，从而将病毒进行传播。而病毒利用系统 INT 13H 读写磁盘的中断，又将其写入系统的外存储器软盘或硬盘中，再感染其他系统。

（1）可执行文件感染病毒后感染新的可执行文件

可执行文件.com 或.exe 感染上了病毒，例如黑色星期五病毒，它驻入内存的条件是在执行被传染的文件时进入内存的。一旦进入内存，便开始监视系统的运行。当它发现被传染的目标时，进行如下操作：

① 首先对运行的可执行文件特定地址的标识位信息进行判断是否已感染了病毒。

② 当条件满足时，利用 INT 13H 将病毒链接到可执行文件的首部、尾部或中间，并存入磁盘中。

③ 完成传染后，继续监视系统的运行，试图寻找新的攻击目标。

（2）操作系统型病毒进行传染

正常的 PC DOS 启动过程如下：

① 加电开机后进入系统的检测程序并执行该程序，对系统的基本设备进行检测。检测正常后从系统盘 0 面 0 道 1 扇区即逻辑 0 扇区读入 Boot 引导程序到内存的 0000:7C00 处。

② 转入 Boot 执行。

③ Boot 判断是否为系统盘，如果不是系统盘则显示如下提示：

```
non-system disk or disk error
Replace and strike any key when ready
```

否则，读入 IBM BIO.com 和 IBM DOS.com 两个隐含文件。

④ 执行 IBM BIO.com 和 IBM DOS.com 两个隐含文件，将 COMMAND.com 装入内存。

⑤ 系统正常运行，DOS 启动成功。

如果系统盘已感染了病毒，PC DOS 的启动将是另一番景象，其过程如下：

① 将 Boot 区中病毒代码首先读入内存的 0000: 7C00 处。

② 病毒将自身全部代码读入内存的某一安全地区，常驻内存，监视系统的运行。

③ 修改 INT 13H 中断服务处理程序的入口地址，使之指向病毒控制模块并执行。因为任何一种病毒想要感染软盘或者硬盘，都离不开对磁盘的读写操作，修改 INT 13H 中断服务程序的入口地址是一项少不了的操作。

④ 病毒程序全部被读入内存后才读入正常的 Boot 内容到内存的 0000:7C00 处，进行正常的启动过程。

⑤ 病毒程序伺机等待随时准备感染新的系统盘或非系统盘。

⑥ 如果发现有可攻击的对象，病毒要进行下列的工作：

a. 将目标盘的引导扇区读入内存，对该盘进行判断是否传染了病毒。

b. 当满足传染条件时，则将病毒的全部或者一部分写入 Boot 区，把正常的磁盘的引导区程序写入磁盘特写位置。

c. 返回正常的 INT 13H 中断服务处理程序，完成对目标盘的传染。

2．计算机病毒的传播途径

计算机病毒具有自我复制和传播的特点，因此，研究计算机病毒的传播途径是极为重要的。从计算机病毒的传播机制分析可知，只要是能够进行数据交换的介质都可能成为计算机病毒传播途径。现在通过 Internet 传播计算机病毒与过去手工传播计算机病毒的方式相比速度要快得多。

网络和电子邮件已经成为最重要的病毒传播途径。此外，可移动式磁盘包括软盘、CD-ROM（光盘）、磁带、优盘等传播方式也占据了一定的比例。下面来分析这些传播途径。

（1）移动存储设备

移动式磁盘包括软盘、CD-ROM（光盘）、磁带和优盘等。目前优盘是使用广泛、移动频繁的存储介质，因此也成了计算机病毒寄生的"温床"。盗版光盘上的软件和游戏及非法复制也是目前传播计算机病毒主要途径之一。随着大容量可移动存储设备如 Zip 盘、可擦写光盘、磁光盘（MO）等的普遍使用，这些存储介质也将成为计算机病毒寄生的场所。硬盘是现在数据的主要存储介质，因此也是计算机病毒感染的重灾区。硬盘传播计算机病毒的途径体现在：硬盘从优盘上复制带毒的文件、向光盘上刻录带毒文件、硬盘之间的数据复制，以及将带毒文件发送至其他地方等。

（2）网络和电子邮件

网络是由相互连接的一组计算机组成的，这是数据共享和相互协作的需要。数据能从一台计算机发送到其他计算机上。如果发送的数据感染了计算机病毒，接收方的计算机将自动被感染，因此，有可能在很短的时间内感染整个网络中的计算机。

局域网络技术的应用为企业的发展做出巨大贡献，同时也为计算机病毒的迅速传播铺平了道路。特别是国际互联网，已经越来越多地被用于获取信息、发送和接收文件、接收和发布新的消息，以及下载文件和程序。随着因特网的高速发展，计算机病毒也走上了高速传播之路，已经成为计算机病毒的第一传播途径。除了传统的文件型计算机病毒以文件下载、电子邮件的附件等形式传播外，新兴的电子邮件计算机病毒，如"美丽杀"计算机病毒、"我爱你"计算机病毒等则是完全依靠网络来传播的。甚至还有利用网络分布计算技术将自身分成若干部分，隐藏在不同的主机上进行传播的计算机病毒。

（3）通信系统和通道

通过点对点通信系统和无线通道传播。目前，这种传播途径还不是十分广泛，但预计在未来的信息时代，这种途径很可能与网络传播途径成为病毒扩散的两大"时尚渠道"。

6.2.6　计算机病毒与故障、黑客软件的区别

1. 计算机病毒与计算机故障的区别

在清除计算机病毒的过程中，有些类似计算机病毒的现象纯属由计算机硬件或软件故障引起的，同时有些病毒发作现象又与硬件或软件的故障现象类似，如引导型病毒等。这给用户造成了很大的麻烦，许多用户往往在用各种查杀病毒软件查不出病毒时就去格式化硬盘，不仅影响了硬盘的寿命，而且还不能从根本上解决问题。所以，正确区分计算机的病毒与故障是保障计算机系统安全运行的关键。

（1）计算机病毒的表现

在一般情况下，计算机病毒总是依附某一系统软件或用户程序进行繁殖和扩散，病毒发作时危及计算机的正常工作，破坏数据与程序，侵犯计算机资源。计算机在感染病毒后，总是有一定规律地出现以下异常现象：

① 屏幕显示异常。屏幕显示出不是由正常程序产生的画面或字符串，屏幕显示混乱。

② 程序装入时间增长，文件运行速度下降。

③ 丢失数据或程序，文件字节数发生变化。

④ 内存空间、磁盘空间减小。

⑤ 异常死机。

⑥ 系统引导时间延长，磁盘访问时间比平时延长。

如果出现上述现象，应首先对系统的 Boot 区、IO.sys、MSDOS.sys、COMMAND.com、.com、.exe 件进行仔细检查，并与正确的文件相比较，如有异常现象则可能感染病毒。然后检查其他文件有无异常现象，找出异常现象的原因。区别病毒与故障的关键是，一般故障只是无规律地偶然发生一次，而病毒的发作总是有规律的。

可以使用 DOS 6.0 以上版本所带的 MSAV 软件，它最突出的功能是能查出所有文件的变化，并能做出记录。如果 MSAV 报告有大量的文件被改动，则系统可能被病毒感染。

（2）与病毒现象类似的硬件故障

硬件的故障范围不太广泛，但是很容易被确认。在处理计算机的异常现象时很容易被忽略，只有先排除硬件故障，才是解决问题的根本。

① 电源电压不稳定。

由于计算机所使用的电源电压不稳定，容易导致用户文件在磁盘读写时出现丢失或被破坏的现象，严重时将会引起系统自启动。如果用户所用的电源的电压经常性地不稳定，为了使您的计算机更安全地工作，建议您使用电源稳压器或不间断电源（UPS）。

② 插件接触不良。

由于计算机插件接触不良，会使某些设备出现时好时坏的现象。例如：显示器信号线与主机接触不良时可能会使显示器显示不稳定；磁盘线与多功能卡接触不良时会导致磁盘读写时好时坏；打印机电缆与主机接触不良时会造成打印机不工作或工作现象不正常；鼠标线与串行口接触不良时会出现鼠标时动时不动的故障等。

③ 系统的硬件配置。

这种故障常在兼容机上发生，由于配件的不完全兼容，导致一些软件不能够正常运行。例如主板是节能型的，而 CPU、硬盘却不是节能型的，安装小软件非常顺利，但是安装 Windows 等较大软件时却出现了装不上的故障，我们怀疑病毒作怪，但是在使用许多杀毒软件后也不能解决问题。最终查阅资料发现：当安装软件的时间超过主板进入休眠时间的期限时，主板就进入了休眠状态，于是就因主板、CPU、硬盘工作不协调而出现了故障。

（3）与病毒现象类似的软件故障

软件故障的范围比较广泛，问题出现也比较多。对软件故障的辨认和解决也是一件很难的事情。这里介绍一些常见的症状。

① 出现"Invalid drive specification"（非法驱动器号）。

这个提示是说明用户的驱动器丢失，如果用户原来拥有这个驱动器，则可能是这个驱动器的主引导扇区的分区表参数损坏或是磁盘标志 50AA 被修改。遇到这种情况时，用 DEBUG 或 NORTON等工具软件将正确的主引导扇区信息写入磁盘的主引导扇区。

② 编辑软件编辑源程序故障。

用户用一些编辑软件编辑源程序，编辑系统会在文件的特殊地方做上一些标记。这样当源程序编译或解释执行时就会出错。例如，用 WPS 的 N 命令编辑的文本文件，在其头部也有版面参数，有的程序编译或解释系统却不能将之与源程序分辨开，这样就出现了错误。

在使用计算机的过程中，可能还会遇到许多与病毒现象相似的软硬件故障，所以用户要多阅读有关参考资料，了解检测病毒的方法，并注意在实践中积累经验，就不难区分病毒与软硬件故障了。

2．计算机病毒与黑客软件的区别

黑客软件实际上也是人们编写的程序，它能够控制和操纵远程计算机，一般由本地和远程两部分程序组成。黑客通过 E-mail 或冒充可供下载的文件把程序暗中发送到远程机器上，如果该程序被远程机器主人不经意间运行，该用户机器中的启动文件或注册表就会被自动修改，以后只要这台机器上了因特网，黑客就可以通过网络找到它，并在自己的计算机上对它进行远程控制，随意复制、修改、删除远程机器上的文件，甚至能自动关闭或重新启动这台机器。

计算机病毒与黑客软件都有隐藏性、潜伏性、可触发性、破坏性和持久性等基本特点。它们的不同之处在于：病毒是寄生在其他的文件中，可以自我复制，可以感染其他文件，其目的是破坏文件或系统。而黑客软件，它不能寄生，且不可复制和感染文件，其目的是盗取密码和远程监控系统。

6.3　计算机病毒的检测、防范和清除

随着网络的发展，伴随而来的计算机病毒传播问题越来越引起人们的关注。因特网的普及使有些计算机病毒借助网络爆发流行，如"优盘寄生虫"、"ARP 病毒"、"网游盗号病毒"、"性感相册"等病毒，给广大计算机用户带来了极大的损失。

在与计算机病毒的对抗中，如果能采取有效的防范措施，就能使系统不染毒，或者染毒后能减少损失。当计算机系统或文件染有计算机病毒时，需要检测和清除。但是，隐性计算机病毒和多态性计算机病毒使人难以检测。

6.3.1　计算机病毒的检测

想要知道自己的计算机中是否染有病毒，最简单的方法是用较新的防病毒软件对磁盘进行全面的检测。无论如何高明的病毒，在其侵入系统后总会留下一些"蛛丝马迹"。

在与病毒的对抗中，及早发现病毒很重要。早发现，早处置，可以减少损失。检测病毒的方法有：特征代码法、校验和法、行为监测法和软件模拟法，这些方法依据的原理不同，实现时所需开销不同，检测范围不同，各有所长。

1．特征代码法

特征代码法被早期应用于 SCAN、CPAV 等著名病毒检测工具中。国外专家认为特征代码法是检测已知病毒最简单、开销最小的方法。

（1）特征代码法的实现步骤

采集已知病毒样本，病毒如果既感染.com 文件又感染.exe 文件，对这种病毒要同时采集.com 型病毒样本和.exe 型病毒样本。在病毒样本中，抽取特征代码。

（2）抽取代码的原则

抽取的代码比较特殊，不大可能与普通正常程序代码吻合。抽取的代码要有适当长度，一方面维持特征代码的唯一性，另一方面又不要有太大的空间与时间的开销。如果一种病毒的特征代码增长 1 字节，要检测 3 000 种病毒，增加的空间就是 3 000 字节。在保持唯一性的前提下，尽量使特征代码长度短些，以减少空间与时间开销。在既感染.com 文件又感染.exe 文件的病毒样本中，要抽取两种样本共有的代码。将特征代码纳入病毒数据库。

打开被检测文件，在文件中搜索，检查文件中是否含有病毒数据库中的病毒特征代码。如果发现病毒特征代码，由于特征代码与病毒一一对应，便可以断定，被查文件中患有何种病毒。

采用病毒特征代码法的检测工具，面对不断出现的新病毒，必须不断更新版本，否则检测工具便会老化，逐渐失去使用价值。病毒特征代码法对从未见过的新病毒，自然无法知道其特征代码，因而无法去检测这些新病毒。

（3）特征代码法的优缺点

特征代码法的优点是：检测准确快速、可识别病毒的名称、误报警率低，且依据检测结果，可做解毒处理。

特征代码法的缺点是：不能检测未知病毒、需搜集已知病毒的特征代码、费用开销大、在网络上效率低（在网络服务器上，因长时间检索会使整个网络性能降低）。

2．检验和法

计算正常文件内容的检验和，将该检验和写入文件中或写入别的文件中保存。在文件使用过程中，定期地或每次使用文件前，检查文件现在内容算出的检验和与原来保存的检验和是否一致，因而可以发现文件是否感染，这种方法称为检验和法，它既可发现已知病毒，又可以发现未知病毒。在 SCAN 和 CPAV 工具的后期版本中除了病毒特征代码法之外，还纳入检验和法，以提高其检测能力。

这种方法不能识别病毒类，不能报出病毒名称。由于病毒感染并非文件内容改变的唯一的非他性原因，文件内容的改变有可能是正常程序引起的，所以检验和法常常误报警。而且此种方法也会影响文件的运行速度。

病毒感染的确会引起文件内容变化，但是检验和法对文件内容的变化太敏感，又因不能区分正常程序引起的变动而频繁报警。用监视文件的检验和来检测病毒，不是最好的方法。

这种方法遇到已有软件更新、变更口令、修改运行参数等情况，检验和法都会误报警。

检验和法对隐蔽性病毒无效。隐蔽性病毒进驻内存后，会自动剥去染毒程序中的病毒代码，使检验和法受骗，对一个有毒文件算出正常检验和。

（1）运用检验和法查病毒的 3 种方式

① 在检测病毒工具中纳入检验和法，对被查的对象文件计算其正常状态的检验和，将检验和值写入被查文件中或检测工具中，而后进行比较。

② 在应用程序中，放入检验和法自我检查功能，将文件正常状态的检验和写入文件本身，每当应用程序启动时，比较现行检验和与原检验和值，实现应用程序的自检测。

③ 将检验和检查程序常驻内存，每当应用程序开始运行时，自动比较检查应用程序内部或别的文件中预先保存的检验和。

（2）检验和法的优缺点

检验和法的优点是：方法简单能发现未知病毒、被查文件的细微变化也能发现。

检验和法的缺点是：发布通行记录正常态的校验和、会误报警、不能识别病毒名称、不能对付隐蔽型病毒。

3．行为监测法

利用病毒的特有行为特征性来监测病毒的方法，称为行为监测法。通过对病毒多年的观察、研究，有一些行为是病毒的共同行为，而且比较特殊。在正常程序中，这些行为比较罕见。当程序运行时，监视其行为，如果发现了病毒行为，立即报警。

（1）作为监测病毒的行为特征

① 占有 INT 13H 所有的引导型病毒，都攻击 Boot 扇区或主引导扇区。系统启动时，当 Boot 扇区或主引导扇区获得执行权时，系统刚刚开工。一般引导型病毒都会占用 INT 13H 功能，因为其他系统功能未设置好，无法利用。引导型病毒占据 INT 13H 功能，在其中放置病毒所需的代码。

② 改 DOS 系统为数据区的内存总量。病毒常驻内存后，为了防止 DOS 系统将其覆盖，必须修改系统内存总量。

③ 对.com、.exe 文件做写入动作。病毒要感染，必须写.com、.exe 文件。

④ 病毒程序与宿主程序的切换。染毒程序运行中，先运行病毒，而后执行宿主程序。在两者切换时，有许多特征行为。

（2）行为监测法的优缺点

行为监测法的缺点：可发现未知病毒、可相当准确地预报未知的多数病毒。

行为监测法的短处：可能误报警、不能识别病毒名称、实现时有一定难度。

4．软件模拟法

多态性病毒每次感染都变化其病毒密码，对付这种病毒，特征代码法失效。因为多态性病毒代码实施密码化，而且每次所用密钥不同，把染毒的病毒代码相互比较，也无法找出相同的可能作为特征的稳定代码。虽然行为检测法可以检测多态性病毒，但是在检测出病毒后，因为不知病毒的种类，难以进行清毒处理。

6.3.2　计算机病毒的防范

防范是对付计算机病毒积极而又有效的措施，比等待计算机病毒出现之后再去扫描和清除能更有效地保护计算机系统。要做好计算机病毒的防范工作，首先是防范体系和制度的建立。其次，利用反病毒软件及时发现计算机病毒侵入，对它进行监视、跟踪等操作，并采取有效的手段阻止它的传播和破坏。

老一代的反病毒软件只能对计算机系统提供有限的保护，只能识别出已知的计算机病毒。新一代的反病毒软件则不仅能识别出已知的计算机病毒，在计算机病毒运行之前发出警报，还能屏蔽掉计算机病毒程序的传染功能和破坏功能，使受感染的程序可以继续运行（即所谓的带毒运行）。同时还能利用计算机病毒的行为特征，防范未知计算机病毒的侵扰和破坏。另外，新一代的反病毒软件还能实现超前防御，将系统中可能被计算机病毒利用的资源都加以保护，不给计算机病毒可乘之机。

计算机病毒的工作方式是可以分类的，反病毒软件就是针对已归纳总结出的这几类计算机病毒的工作方式来进行防范的。当被分析过的已知计算机病毒出现时，由于其工作方式早已被记录在案，反病毒软件能识别出来；当未曾被分析过的计算机病毒出现时，如果其工作方式仍可被归入已知的工作方式，则这种计算机病毒能被反病毒软件所捕获。这也就是采取积极防御措施的计算机病毒防范方法优越于传统方法的地方。

当然，如果新出现的计算机病毒不按已知的方式工作，这种新的传染方式又不能被反病毒软件所识别，那么反病毒软件也就无能为力了。

这时只能采取两种措施进行保护：第一是依靠管理上的措施，及早发现疫情，捕捉计算机病毒，修复系统。第二是选用功能更加完善的、具有更强超前防御能力的反病毒软件，尽可能多地堵住能被计算机病毒利用的系统漏洞。

对于病毒，人们虽然使用了许多种反病毒软件，但仍经常受到病毒的攻击。经历过"CIH""美丽杀"病毒以后，我们明白了维护计算机的安全是一项漫长的过程。

反病毒软件常用以下几种反病毒技术来对病毒进行预防和彻底杀除：

1．实时监视技术

这个技术为计算机构筑起一道动态、实时的反病毒防线，通过修改操作系统，使操作系统本身具备反病毒功能。时刻监视系统当中的病毒活动、系统状况，时刻监视软盘、光盘、因特网、电子邮件上的病毒传染，将病毒阻止在操作系统外部。优秀的反病毒软件由于采用了与操作系统的底层无缝连接技术，实时监视器占用的系统资源极小，用户一方面完全感觉不到对机器性能的影响，一方面根本不用考虑病毒的问题。

只要实时反病毒软件实时地在系统中工作，病毒就无法侵入我们的计算机系统。可以保证反病毒软件只需一次安装，今后计算机运行的每一秒都会执行严格的反病毒检查，使因特网、光盘、软盘等途径进入计算机的每一个文件都安全无毒，如有毒则进行自动清除。

2．全平台反病毒技术

目前病毒活跃的平台有：DOS、Windows 95/98、Windows NT/2000、Windows XP、NetWare

等，为了反病毒软件做到与系统的底层无缝连接，可靠地实时检查和杀除病毒，必须在不同的平台上使用相应平台的反病毒软件，如你用的是 Windows 的平台，则必须用 Windows 版本的反病毒软件。如果是企业网络，什么版本的平台都有，那么就要在网络的每一个 Server、Client 端安装 DOS、Windows 95/98、Windows NT/2000、Windows XP 等平台的反病毒软件，每一个点上都安装相应的反病毒模块，每一个点上都能实时地抵御病毒攻击。只有这样，才能做到网络的真正安全和可靠。

（1）网络病毒防范措施

对于单机病毒防范，运用以上技术或使用具有相应功能的反病毒软件即可基本保障计算机系统不受病毒的侵扰。相对于单机病毒的防护来说，网络病毒的防范具有更大的难度，网络病毒防范应与网络管理集成。网络防病毒最大的优势在于网络的管理功能，如果没有把管理功能加上，很难完成网络防毒的任务，只有管理与防范相结合，才能保证系统的良好运行。管理功能就是管理全部的网络设备和操作：从 Hub、交换机、服务器到 PC，包括软盘的存取、局域网上的信息互通及与 Internet 的接驳等所有病毒能够感染和传播的途径。

在网络环境下，病毒传播扩散快，仅用单机反病毒产品已经难以清除网络病毒，必须有适用于局域网、广域网的全方位反病毒产品。

（2）计算机病毒的预防措施

计算机一旦感染病毒,可能给用户带来无法挽回的损失。因此在使用计算机时，要采取一定的措施来预防病毒，从而最低限度地降低损失。为实现计算机病毒的防范，应注意以下几项防范措施：

① 不使用来历不明的程序或软件。

② 在使用移动存储设备之前应先杀毒，在确保安全的情况下再使用。

③ 安装防火墙，防止网络上的病毒入侵。

④ 安装最新的杀毒软件，并定期升级，实时监控。

⑤ 养成良好的计算机使用习惯，定期优化、整理磁盘，养成定期全面杀毒的习惯。

⑥ 对于重要的数据信息和系统数据要及时备份，以便在机器遭到破坏后能及时得到恢复。

⑦ 关注漏洞公告，及时更新系统或安装补丁程序。

6.3.3　常用反病毒软件

随着世界范围内计算机病毒的大量流行，病毒编制花样不断变化，反病毒软件也在经受一次又一次的考验，各种反病毒产品也在不断地推陈出新、更新换代。这些产品的特点表现为技术领先、误报率低、杀毒效果明显、界面友好、良好的升级和售后服务技术支持、与各种软硬件平台兼容性好等方面。国产里面最常见的有 360 杀毒、瑞星、金山毒霸（根据市场份额排名）。占据了国内约 80%的市场份额。

1. 360 杀毒软件

（1）360 杀毒软件功能介绍

360 杀毒是中国用户量最大的杀毒软件，360 杀毒是完全免费的杀毒软件，它创新性地整合了五大领先防杀引擎，包括国际知名的 BitDefender 病毒查杀引擎、小红伞病毒查杀引擎、360 云查杀引擎、360 主动防御引擎、360QVM 人工智能引擎。五个引擎智能调度，提供全面的病毒防护，不但查杀能力出色，而且能第一时间防御新出现的病毒木马。360 杀毒完全免费，无须激活码，轻巧快速不卡机，误杀率远远低于其他杀毒软件。360 杀毒独有的技术体系对系统资源占用极少，对系统运行速度的影响微乎其微。360 杀毒还具备"免打扰模式"，在用户玩游戏或打开全屏程序时自动进入"免打扰模式"，拥有更流畅的游戏乐趣。360 杀毒和 360 安全卫士配合使用，是安全上网的黄金组合。

（2）手动查杀病毒的操作步骤

① 启动 360 杀毒软件，先确定使用"快速扫描"、"全盘扫描"还是"自定义扫描"，如图 6-1 所示。如果单击"快速扫描"图标，如图 6-2 所示，开始扫描相应目标，发现病毒立即清除；扫描过程中可随时单击"暂停"按钮来暂时停止扫描，单击"继续"按钮则继续扫描，或单击"停止"按钮来停止扫描。如果单击"全盘扫描"图标，则对计算机所有磁盘文件进行扫描。如果单击"自定义扫描"图标则会出现一个界面，此时只需选择想要查杀的文件即可进行扫描。

② 扫描完成后，可以查看更多扫描日志，如图 6-3 所示。可将带病毒文件或系统的名称，所在文件夹，病毒名称显示在查杀结果栏内，此时根据提示对染毒文件进行处理。

图 6-1　360 杀毒软件界面

图 6-2　快速扫描

图 6-3　查看更多扫描日志

③ 如果想继续扫描文件或磁盘，重复以上步骤即可。

（3）实时防护

实时防护操作的作用是实时地监控系统文件，在操作系统对文件进行操作之前对文件查杀毒，可阻止病毒运行，保护系统安全。

（4）产品升级

软件安装完成后，对产品进行升级。升级过程中可随时单击"停止升级"按钮来停止升级。

（5）设置 360 杀毒软件

① 常规设置。选择"常规设置"选项卡，如图 6-4 所示。

用户可以根据自己的需要在"常规选项"选项区域选择所需的 360 软件的出现界面。也可以在"自保护状态"选项区域中单击"开启"按钮，则可防止恶意程序破坏 360 杀毒运行，保护计算机安全，从而保护 360 查杀软件。

图 6-4　常规设置

② 病毒扫描设置。

选择"病毒扫描设置"选项卡,如图 6-5 所示。同上所述用户还可以进行"实时防护设置"来保护自己的计算机,用户可以根据自己的需要选择相应的设置。

图 6-5　病毒扫描设置

③ 升级设置。

在 360 杀毒软件的主界面中,单击"设置"按钮,选择"升级设置"选项卡,如图 6-6 所示。在出现的界面中可以看到在"自动升级设置"选项区域有 4 个单选按钮,用户可以根据自己的需要来选择是"自动升级病毒特征库及程序"还是"关闭自动升级,每次升级时提醒"、"关闭自动升级,也不显示升级提醒"或者"定时升级",在选择"定时升级"复选框后,用户要自定义升级的时间,用户还可以在"其他升级设置"选项区域进行设置。用户也可以在"代理服务器设置",在选择代理服务器设置时用户要输入自己计算机的地址、端口、用户及密码,从而实现代理服务。

图 6-6　升级设置

④ 免打扰设置。

在 360 杀毒软件的主界面中，单击"设置"按钮，选择"免打扰设置"选项卡，单击"进入免打扰模式"按钮，即可进入免打扰模式，如图 6-7 所示。用户也可以设置自动进入免打扰模式，但只是在运行游戏或全屏程序时自动进入免打扰模式。

图 6-7　免打扰模式

⑤ 用户也可单击 360 软件主界面中的 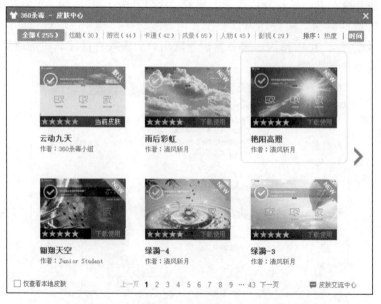（换肤）按钮，在网上搜索自己喜欢的 360 软件所显示的皮肤，选择应用即可，如图 6-8 所示。

图 6-8　皮肤中心

（6）国内常用杀毒工具——360 安全卫士功能简介

360 安全卫士是当前功能最强、效果最好、最受用户欢迎的上网必备安全软件之一。由于使用方便，用户口碑好，目前，首选安装 360 的用户已超过 4 亿。

360 安全卫士拥有查杀木马、清理插件、修复漏洞和电脑体检等多种功能，并独创了"木马防火墙"功能，依靠抢先侦测和云端鉴别，可全面、智能地拦截各类木马，保护用户的账号、隐私等重要信息。目前木马威胁之大已远超病毒，360 安全卫士运用云安全技术，在拦截和查杀木马的效果、速度及专业性上表现出色，能有效防止个人数据和隐私被木马窃取，被誉为"防范木马的第一选择"。360 安全卫士自身非常轻巧，同时还具备开机加速、垃圾清理等多种系统优化功能，可大大加快计算机的运行速度，内含的 360 软件管家还可帮助用户轻松下载、升级和强力卸载各种应用软件。

360 安全卫士常用于电脑体检、查杀木马、清理插件、修复漏洞、清理垃圾、清理痕迹、系统修复、软件管家。

① 电脑体检。

电脑体检是一种帮助计算机进行一些常规检查的过程，如扫描一些系统中的垃圾及一些需要升级的软件等。

② 木马查杀。

查杀木马就是检查系统中的木马程序，防止计算机中一些木马程序，损坏计算机。

● 快速扫描：扫描系统内存、启动对象等关键位置，速度较快。

● 全盘扫描：扫描系统内存、启动对象及全部内存，速度较慢。

③ 漏洞修复。

漏洞是因系统本身存在的技术缺陷，往往会被木马、病毒利用来入侵计算机。360 安全卫士可进行系统漏洞检查。

④ 电脑清理。

电脑清理能够最大限度地提升系统性能，使用户上网时能够有一个清洁、顺畅的系统环境。它能够清理一些 Windows 系统垃圾文件、上网产生的一些垃圾文件、看视频产生的一些垃圾文件及应用程序产生的垃圾文件等。

⑤ 系统修复。

系统修复可以检查计算机中多个关键位置是否处于正常的状态。当遇到浏览器主页、"开始"菜单、桌面图标、文件夹、系统设置等出现异常时，使用系统修复功能，可以找出问题出现的原因并修复问题。

⑥ 软件管家

360 软件管家中提供了多种方式使用户对计算机上的软件进行管理。如装机必备、软件宝库、今日热门、软件升级、下载管理、开机加速、手机必备和热门游戏等。使用户更好地管理自己的计算机。

2. 金山毒霸网络版 V7.0

金山毒霸网络版 V7.0 具备提前被系统加载的特性，可以在病毒模块还没有加载或被保护的时候删除被保护的病毒文件或拦截禁止病毒的保护模块；精确打击、定点清除顽固恶意软件和木马，解决能查不能杀的难题，从而完成正常杀毒任务。

全新推出的金山毒霸网络版 V7.0 正是为帮助用户快速有效地抵御各类互联网安全威胁，构筑多维安全防护体系，实现集中式安全管理的新一代信息安全解决方案。分布式的安全防护体系与业界领先的金山云安全平台，可实时响应网络中瞬息万变的安全威胁，全面覆盖从桌面到 Web Server 的全网各个结点，扫除安全盲点。此外，金山毒霸网络版 V7.0 还率先采用了分布式的漏洞扫描及修复技术。全网漏洞扫描及修复过程无须人工参与，不给攻击者留下任何机会。

金山毒霸网络版 V7.0，包含企业和高级企业两个版本。该产品不仅能满足不同规模用户的安全需求，其完善的系统状态监控、灵活的安全策略、集中式的管控手段，以及领先的云安全技术，还可快速响应最新的病毒木马威胁，为企业级客户的安全管理与优化提供了更好的保护。

下面介绍金山毒霸网络版 V7.0 主要特性。

（1）集成金山卫士，实时的云安全保护

金山毒霸网络版 V7.0 集成了金山卫士 3.0 实时安全保护功能，不仅漏洞检测速度得到显著提升，领先的云安全技术还能够精确查杀上亿已知木马，确保 5 分钟内响应最新的病毒木马威胁。漏洞检测针对 Windows 7 优化，速度比同类软件快 10 倍；更有实时保护、网页防护、系统清理优化、插件清理、修复 IE 等功能。

（2）全网智能漏洞修复

金山毒霸网络版 V7.0 采用分布式的漏洞扫描及修复技术。管理员通过管理结点获取客户机主动智能上报的漏洞信息，再精确部署漏洞修复程序；其通过 Proxy（代理）下载修复程序的方式，极大地降低了网络对外带宽的占用。全网漏洞扫描及修复过程无须人工参与，且能够在客户机用户未登录或以受限用户登录的情况下进行。

（3）在线杀毒与安全工具

金山毒霸网络版 V7.0 不仅提供基于 Web 服务的在线杀毒功能，还提供包括金山毒霸系统清理专家在内的多种安全工具下载，包括病毒专杀工具、系统修复工具和数据恢复工具等，方便管理员和直接用户彻底清除顽固病毒。

（4）Bootclean 领先的顽固病毒清除技术

金山毒霸网络版 V7.0 具备先于病毒模块被系统加载的特性，彻底清除具有自我保护功能的顽固恶意软件与木马，有效提升金山毒霸网络版 V7.0 的病毒查杀能力。

（5）爆发性病毒免疫

针对网络中流行的具有高爆发性、高破坏性，并且一旦感染难以彻底清除的病毒，金山毒霸专门研发了应对防护技术。通过金山毒霸网络版 V7.0 的部署，能够彻底对该类型病毒免疫（包括计算机已经感染该类型病毒的情况），例如维金病毒、熊猫烧香病毒和科多兽病毒等。

（6）可扩展的无限分级管理架构

金山毒霸网络版 V7.0 采用主系统中心对数据进行集中管理，以实现单个系统中心对多个系统中心、升级服务器及其他特殊病毒结点的集中管理，具有良好的可扩展性和可伸缩性，对大型网络具有良好的适应性。

（7）精确的优盘病毒查杀

独特的优盘病毒检测技术，可清除万余种通过优盘传播的病毒，恢复被病毒隐藏或修改的正常文件信息，确保关键数据安全。

（8）便捷的安装部署方式

金山毒霸网络版 V7.0 为企业提供 Web 页面（Activex）安装、远程安装和域脚本安装等方式，管理员可在短时间内完成网络内大量客户端安装，简单快速地实现整个网络反病毒体系的部署。

（9）数据流杀毒

基于传统的静态磁盘文件和狭义匹配技术，更进一步从网络和数据流入手，极大地提高了查杀木马及其变种的能力。

注意：网络版是要收费的，界面简单但是比较成熟，支持离线更新，企业版 2012 是免费的，无限制但是有些功能还不完善，不支持离线更新。

3. 瑞星 2012 版

瑞星 2012 版以瑞星最新研发的变频杀毒引擎为核心，通过变频技术使计算机得到安全保证的同时，又大大降低资源占用，让计算机更加轻便。同时，瑞星 2012 版应用"瑞星云安全+"技术、"云查杀"、"网购保护"、"智能、安全上网"和"智能反钓鱼"等技术，保护网购、网游、微博、办公等常见应用面临的各种安全问题，通过友善易用的界面和更小的资源占用为用户提供全新安全软件体验。

① 瑞星变频杀毒技术：智能检测计算机资源占用，自动分配杀毒时占用的系统资源，既保障计算机正常使用，又保证计算机安全。

② 瑞星"云查杀"：大大降低用户计算机资源的占用，杀毒速度快速提升，无须升级即可查杀最新病毒。

③ 网购保护：在用户进行网上购物、支付、访问网银等操作时自动进行保护，防止黑客、木马病毒等问题对用户网上银行财产产生威胁，确保网购安全。

④ 智能、安全上网：通过"智能反钓鱼"、"安全搜索"、"木马下载拦截"、"家长控制"、"ADSL 带宽管家"等大量新增功能，保证用户安全上网、绿色上网和智能上网。

⑤ 体积小、资源小、高效升级：安装包体积小、杀毒速度快速提升、对系统影响小，升级时只下载几 KB 的文件，减小带宽占用。

瑞星总体来讲还算不错，唯一的缺点就是现在安装瑞星软件影响开机速度。现在 360 安全卫士与 360 杀毒配合使用效果很好，360 安全卫士用于防护，360 杀毒用于杀毒，是一很好的组合并且是完全免费的。

6.3.4　计算机染毒以后的危害修复措施

对病毒造成的危害进行修复，不论是手动修复还是用专用工具修复，都是危险操作，有可能不仅修不好，反而彻底破坏。因此，为了修复病毒危害，用户应采取以下措施：

（1）重要数据必须备份

重要数据必须备份，这是使用计算机时必须牢记的，也是修复病毒危害最基础和最好的方法。因为一旦病毒危害发生，只要将备份重新回写，即可修复。此外，修复时所需要的有关信息也依赖于平时的备份，所以，备份重要的数据是每个计算机用户安全使用计算机的良好习惯。

重要数据包括系统的主引导区扇区、Boot 扇区、FAT 表、根目录区及用户辛勤劳动的智慧结晶，如绘制的图纸、编制的程序代码、录入的文字等。对于常用的软件或工具，一般都有原盘，因此无须备份。每天工作结束时必须备份重要数据，而且要同时至少备份两份，存放在不同的地方。

对于系统信息的备份，可借助 DEBUG、PCTOOLS、NORTON 及反病毒软件等专业工具，将系统信息备份到软盘。对于文件备份，可采用先压缩后备份的方式进行，可用工具较多，选择余地较大。

（2）立刻切断电源，关机，提高修复成功率

立刻切断电源关机。因为正常的关机操作，Windows 会做备份注册表等很多写盘操作，刚刚被病毒误删的文件可能被覆盖。一旦被覆盖就没有修复的可能。是否被覆盖，取决于它的物理位置，原则上有两个条件必须满足，就是文件数据所在的物理空间没有被占用，并且文件删除后原来占据的目录表项没有被覆盖。假如您丢失的东西值得恢复的话，那么，先关机，即把电源切断进行关机。这个时候，把操作系统自身的完整性和其他应用程序数据的保存都放在了次要位置。

（3）备份染毒信息，以防不测

在对染毒系统进行修复前，一定要先备份再修复，安全可靠，以防万一修复失败，还可恢复原来的状态，再使用其他方法进行修复。备份包括染毒的文件和染毒的系统信息。

（4）修复病毒危害

目前反病毒软件都具备对绝大部分已知病毒造成的危害进行修复的能力。无论是引导型病毒，还是文件型病毒造成的危害，均可由反病毒软件自动修复。但对于有些病毒造成的危害，反病毒软件是不能修复的，那就只能求助于备份了。借助于专用工具，将有关备份数据回写，达到基本或部分修复。如果既没有备份重要数据，又没有被反病毒软件修复，那么，只能用 DEBUG、PCTOOLS、Norton Utility 等工具进行手动修复，这需要一定的专业知识，可求助于反病毒厂家或技术人员，但也不能保证数据完全修复。

6.4　典型的计算机病毒分析

6.4.1　宏病毒

宏病毒是利用 Office 特有的"宏（Macro）"编写的病毒，它专门攻击微软 Office 系列的 Word 和 Excel 文件。这种病毒不仅能运行在 Windows 环境，还能运行在 OS/2 或 MAC OS 上的微软 Office 软件中，因为 Office 软件有 For Windows、For OS/2 或 For MAC OS 等多种版本，而所有版本中"宏"的定义都相同，所以只要在这些操作系统上打开 Office 文档，宏病毒就开始发作，感染其他 Office 文档、改变文件属性，甚至删除文件，例如"7 月杀手"宏病毒，会在 7 月的任一天发作，发作时弹出"醒世恒言"对话框，要求用户选择"确定"或"取消"，如果单击"取消"按钮，就会在 autoexec.bat 中增加一条删除 C 盘的命令，重新开机时，就会删除 C 盘上的全部数据。

1．宏病毒的原理

Word/Excel 宏病毒的特性较为相似，因此我们仅以 Word 宏病毒为例，说明宏病毒的作用、传染及发作的机理和特性。

宏病毒的产生，是利用了一些数据处理系统内置宏命令编程语言的特性而形成的。这些数据处理系统内置宏编程语言的存在使得宏病毒有机可乘，病毒可以把特定的宏命令代码附加在指定的文件上，通过文件的打开或关闭来获取控制权，实现宏命令在不同文件之间的共享和传递，从

而在未经使用者许可的情况下获取某种控制权，达到传染的目的。目前在可被宏病毒感染的系统中，以微软的 Word、Excel 居多。

2．宏病毒的作用机制

以 Word 为例，一旦病毒宏侵入 Word，它就会替代原有的正常宏，如 FileOpen、FileSave、FileSaveAs 和 FilePrint 等，并通过这些宏所关联的文件操作功能获取对文件交换的控制。当某项功能被调用时，相应的病毒宏就会篡夺控制权，实施病毒所定义的非法操作，包括传染操作、表现操作及破坏操作等。

宏病毒在感染一个文档时，首先要把文档转换成模板格式，然后把所有病毒宏（包括自动宏）复制到该文档中。被转换成模板格式后的染毒文件无法转存为任何其他格式。含有自动宏的宏病毒染毒文档，当被其他计算机的 Word 系统打开时，便会自动感染该计算机。例如，如果病毒捕获并修改了 FileOpen，那么，它将感染每一个被打开的 Word 文件。目前，几乎所有已知的宏病毒都沿用了相同的作用机制，即如果 Word 系统在读取一个染毒文件时被感染，则其后所有新创建的 DOC 文件都会被感染。

3．宏病毒的特征

与以往的病毒不同，宏病毒有以下特征：

① 感染数据文件。宏病毒专门感染数据文件，彻底改变了人们的"数据文件不会传播病毒"的错误认识。

② 平台交叉感染。宏病毒冲破了以往病毒在单一平台上传播的局限，当 Word、Excel 这类软件在不同平台（如 Windows、Windows NT、OS/2 和 Macintosh 等）上运行时，会被宏病毒交叉感染。

③ 容易编写。以往病毒是以二进制的计算机机器码形式出现的，而宏病毒则是以人们容易阅读的源代码形式出现的，所以编写和修改宏病毒比以往的病毒更容易。从 1996 年底至今短短半年的时间，宏病毒种类已从 30 多种急剧增加到 1 000 多种。

④ 容易传播。别人发一个文档或发一个 E-mail（电子邮件）给你，如果它们带有病毒，只要你打开这些文件，你的计算机就会被宏病毒感染。此后，你打开或新建文件都可能带上宏病毒，这导致了宏病毒的感染率非常高。根据国内外的统计，宏病毒的感染率已高达 90%以上，即在现实生活中每发现 100 个病毒，其中就有 90 多个宏病毒。

4．宏病毒的主要类型

有些宏病毒对用户进行骚扰，但不破坏系统，比如有一种宏病毒在每月的 13 日发作时显示出 5 个数字连乘的心算数学题。有些宏病毒或使打印中断或打印出混乱信息，如 Nuclear、Kompu 等属此类。有些宏病毒将文档中的部分字符、文本进行替换。但也有些宏病毒极具破坏性，如 MDMA.A，这种病毒既感染中文版 Word，又感染英文版 Word，发作时间是每月的 1 日。此病毒在不同的 Windows 平台上有不同的破坏性表现，轻则删除帮助文件，重则删除硬盘中的所有文件。另外还有一种双栖复合型宏病毒，发作时可使计算机瘫痪。

5．判断是否被感染

宏病毒一般在发作的时候没有特别的迹象，通常会伪装成其他的对话框让用户确认。在感染了宏病毒的计算机上，会出现不能打印文件、Office 文档无法保存或另存为等情况。

6. 宏病毒带来的破坏

删除硬盘上的文件；将私人文件复制到公开场合；从硬盘上发送文件到指定的 E-mail、FTP 地址。

7. 防范措施

平时最好不要几个人共用一个 Office 程序，要加载实时的病毒防护功能。病毒的变种可以附带在邮件的附件里，在用户打开邮件或预览邮件的时候执行，应该留意。一般的杀毒软件都可以清除宏病毒。

6.4.2　CIH 病毒

CIH 病毒，别名 Win95.CIH、Spacefiller、Win32.CIH、PE_CIH 等，属文件型病毒，使用面向 Windows 的 VxD 技术编制，主要感染 Windows 95/98 下的可执行文件，并且在 DOS、Windows 3.2 及 Windows NT 中无效。正是因为 CIH 病毒独特地使用了 VxD 技术，使得这种病毒在 Windows 环境下传播，其实时性和隐蔽性都特别强，使用一般反病毒软件很难发现这种病毒在系统中的传播。

（1）CIH 病毒的传播途径

CIH 病毒传播的主要途径是 Internet 和电子邮件，随着时间的推移，它也会通过软盘或光盘的交流传播。据悉，权威病毒搜集网目前报道的 CIH 病毒，"原体"加"变种"一共有 5 种之多，相互之间主要区别在于"原体"会使受感染文件增长，但不具破坏力；而"变种"不但使受感染的文件增长，同时还有很强的破坏性，特别是有一种"变种"，每月 26 日都会发作。CIH 是本世纪最著名和最有破坏力的病毒之一，它是第一个能破坏硬件的病毒。

（2）CIH 破坏的方式

CIH 主要是通过篡改主板 BIOS 里的数据，造成计算机开机就黑屏，从而让用户无法进行任何数据抢救和杀毒操作。CIH 的变种能在网络上通过捆绑其他程序或是邮件附件传播，并且常常删除硬盘上的文件及破坏硬盘的分区表。所以 CIH 发作以后，即使换了主板或其他计算机引导系统，如果没有正确的分区表备份，染毒的硬盘上特别是其 C 分区的数据挽回的机会很少。

（3）CIH 防范措施

已经有很多 CIH 免疫程序诞生了，包括病毒制作者本人写的免疫程序。一般运行了免疫程序就可以不怕 CIH 了。如果已经中毒，但尚未发作，记得先备份硬盘分区表和引导区数据再进行查杀，以免杀毒失败造成硬盘无法自举。

6.4.3　脚本病毒

脚本病毒编写最为简单，但造成的危害非常大。常见的有浏览了某站点就被改了主页，在收藏夹里被添加上很多无用的东西。

（1）脚本病毒介绍

这类病毒的本质是利用脚本解释器的检查漏洞和用户权限设置不当进行感染传播。病毒本身是 ASCII 码或者加密的 ASCII 码，通过特定的脚本解释器执行产生规定行为，因其行为对计算机用户造成伤害，因此被定性为恶意程序。最常见的行为就是修改用户主页、搜索页、收藏夹，在每个文件夹下放置自动执行文件拖慢系统速度等，比较出名的如"美丽杀"邮件病毒、"新欢乐时光"病毒、Office 的宏病毒等都属于这类。

为了完成一些自动化的任务，需要用程序方式来实现。但复杂的程序编写又不是非程序人员能够胜任的。为了提高工作效率，方便用户操作，加强系统特性，于是许多软件/操作系统都预留了接口给用户，用简单的方法编写一些完成一定功能的小程序。程序本身是 ASCII 码的，不编译，直接解释执行，在调试/修改使用时相当简便，虽然牺牲了一定效率，但是换来了易用性。这本是一个良好的愿望，但大多时候，这没有起到积极的作用，反而为脚本病毒编写者提供了良机。

（2）脚本病毒实例

由于用户缺乏安全意识，用错误的权限登录，导致 IE 中的解释器使用 WSH 可以操作硬盘上的文件和注册表，而 JavaScript 和 VBScript 调用 WSH 是很容易的事情——于是恶意脚本的作者只需要让用户访问该页面，就能在用户本地写上一些恶意的脚本，在注册表里修改用户的主页和搜索项了。病毒编写者主要从以下方面入手编写：

① 利用 IE 的 Activex 检查漏洞，则可以在不提示的情况下从网络上下载文件并自动执行——这就成了木马攻击的前奏曲。

② 利用 Mime 头漏洞，则可以用一个以 JPG 结尾的 URL 中，指向一个事实上的 Web 页，然后以 Web 页中内嵌图片+恶意代码的方式迷惑计算机用户。

③ 利用 Outlook 自动读去 EML 的特性和 Mime 头检查不严格来执行恶意二进制代码。

④ 利用本地硬盘上有执行 Autorun.inf 的特性（这一功能本来是光驱用的，光盘之所以放进去就能自动读出程序，就是光盘上有个名为 Autorun.inf 文件，它是一个文本文件），把一些需要加载的程序写到该文件下，导致每次访问该分区的时候就会自动运行。

⑤ 利用 Windows 下会优先读取 Folder.htt 和 Desktop.ini 的特性，将恶意代码写入其中，导致访问任何一个文件夹的时候都会启动该病毒，再配合上锁定注册表的功能，清除起来异常麻烦——不复杂，但是相当烦琐，若杀不干净，会导致死灰复燃，前功尽弃。

（3）脚本病毒查杀

这类病毒一般以捣乱居多，所以特别容易发现。而其另一个作用是作为木马进驻系统的先遣部队，利用浏览器漏洞等达到下载木马文件到本地硬盘，并修改启动项，达到下次启动运行的目的。因此一旦发现木马，也可以检查一下是不是有可疑的脚本文件。

这类病毒一般来说由于其编写灵活，源代码公开，所以衍生版本格外多。杀毒软件/木马杀除软件对待这类病毒大多没用。而由于脚本病毒（除宏病毒外）大多是独立文件，只要将这些文件查找出来删除掉就行了。不过这里值得留意的是，利用微软浏览器的漏洞，在选择某些文件的同时就自动执行了，甚至打开浏览器的同时脚本病毒就开始驻留感染——这样是无法杀除干净的。

正确的做法是使用其他第三方的资源浏览器，例如 Total Command 就是一个非常不错的选择。查杀大致过程如下：

首先，在资源浏览器中选择"工具"→"文件夹"命令，取消选择"使用 Windows 传统风格的桌面"选项，在桌面右击，选择"属性"→"桌面设置"命令，取消使用活动桌面。

接着查杀可疑对象。常见查杀对象：各个根分区下的 Autorun.inf，各个目录下的 Desktop.ini 和 folder.htt（有几个是系统自带的，不过删除了也没关系），这一步最好采用第三方的资源浏览器，例如前面介绍的 Total Command 来完成。在这一步，最忌讳查杀不净，即使有一个病毒遗漏，很快就又遍布各个文件夹内了。关于邮件病毒的杀除使用专杀工具即可。

（4）脚本病毒残留

纯粹脚本病毒在杀除后不会有任何残留，但由于目前的病毒大都采用复合形态，捆绑多种传染方式和多种特性，因此不少脚本病毒只是将用户机器的安全防线撕开的前奏——真正的破坏主力木马、蠕虫尾随其后进入系统，因此在清除脚本病毒后，非常有必要连带着检查系统中是否已经有了木马和蠕虫病毒。

（5）脚本病毒防御

脚本病毒的特性之一就是被动触发，因此防御脚本病毒最好的方法是不访问带毒的文件或Web网页。在网络时代，脚本病毒更以欺骗的方式引诱人运行居多。由于IE本身存在多个漏洞，特别是执行Activex的功能存在相当大的弊端，最近爆出的重大漏洞都和它有关，包括Mozilla的Windows版本也未能幸免。因此个人推荐使用Myie2软件代替IE作为默认浏览器，因为Myie2中有个方便的功能是启用/禁用Web页面的Activex控件，在默认的时候，可以将页面中的Activex控件全部禁用，待访问在线电影类等情况下根据用户的需要再启用。关于邮件病毒，大多以EML作为文件扩展名，如果用户单机有用Outlook取信的习惯，最好准备一个能检测邮件病毒的杀毒软件并及时升级。如果非必要，将Word等Office软件中的宏选项设置为禁用。

脚本病毒是目前网络上最为常见的一类病毒，它编写容易，源代码公开，修改起来相当容易和方便，而且往往给用户造成巨大危害。所以经常上网的用户要多多留意，不要让脚本病毒缠身。

6.4.4　网络蠕虫

网络蠕虫是一种智能化、自动化，综合网络攻击、密码学和计算机病毒技术，无须计算机使用者干预即可运行的攻击程序或代码，它会扫描和攻击网络上存在系统漏洞的结点主机，通过局域网或者国际互联网从一个结点传播到另外一个结点。

蠕虫病毒是一种常见的计算机病毒。它利用网络进行复制和传播，传染途径是网络和电子邮件。最初的蠕虫病毒定义是因为在DOS环境下，病毒发作时会在屏幕上出现一条类似虫子的东西，胡乱吞吃屏幕上的字母并将其变形。

蠕虫病毒是自包含的程序（或是一套程序），它能传播它自身功能的副本或它（蠕虫病毒）的某些部分到其他的计算机系统中（通常是经过网络连接）。请注意，与一般病毒不同，蠕虫不需要将其自身附着到宿主程序，它是一种独立智能程序。有两种类型的蠕虫：主机蠕虫与网络蠕虫。主计算机蠕虫完全包含（侵占）在它们运行的计算机中，并且使用网络的连接仅将自身复制到其他的计算机中，主计算机蠕虫在将其自身的副本加入到另外的主机后，就会终止它自身（因此在任意给定的时刻，只有一个蠕虫的副本运行），这种蠕虫有时也叫"野兔"，蠕虫病毒一般通过1434端口漏洞传播。

危害很大的"尼姆亚"病毒就是蠕虫病毒的一种，"熊猫烧香"及其变种也是蠕虫病毒。这一病毒利用了微软视窗操作系统的漏洞，计算机感染这一病毒后，会不断自动拨号上网，并利用文件中的地址信息或者网络共享进行传播，最终破坏用户的大部分重要数据。

1. 网络蠕虫的发作

（1）利用操作系统和应用程序的漏洞主动进行攻击

此类病毒主要是"红色代码"和"尼姆亚"，以及至今依然肆虐的"求职信"等。由于IE浏览器的漏洞（IFRAME EXECCOMMAND），使得感染了"尼姆亚"病毒的邮件在不去手工打开附件的情况下病毒就能激活，而此前即便是很多防病毒专家也一直认为，带有病毒附件的邮件，只要不去打开附件，病毒不会有危害。"红色代码""利用了微软 IIS 服务器软件的漏洞（idq.dll 远程缓存区溢出）来传播，"SQL 蠕虫王"病毒则利用了微软数据库系统的一个漏洞进行大肆攻击。

（2）传播方式多样

如"尼姆亚"病毒和"求职信"病毒，可利用的传播途径包括文件、电子邮件、Web 服务器、网络共享等。

（3）病毒制作技术新

与传统病毒不同的是，许多新病毒是利用当前最新的编程语言与编程技术实现的，易于修改以产生新的变种，从而逃避反病毒软件的搜索。另外，新病毒利用 Java、Activex、VB Script 等技术，可以潜伏在 HTML 页面里，在上网浏览时触发。

（4）与黑客技术相结合，潜在的威胁和损失更大

以"红色代码"为例，感染后的计算机的 Web 目录的\Scripts 下将生成一个 Root.exe，可以远程执行任何命令，从而使黑客能够再次进入。

蠕虫和普通病毒不同的一个特征是蠕虫病毒往往能够利用漏洞，这里的漏洞或者说是缺陷，可以分为两种，即软件上的缺陷和人为的缺陷。软件上的缺陷，如远程溢出、微软 IE 和 Outlook 的自动执行漏洞等，需要软件厂商和用户共同配合，不断地升级软件；而人为的缺陷，主要指的是计算机用户的疏忽。这就是所谓的社会工程学（social engineering），当收到一封带着病毒的求职信邮件时，大多数人都会因好奇去单击的。对于企业用户来说，威胁主要集中在服务器和大型应用软件的安全上，而对个人用户而言，主要是防范第二种缺陷。

（5）对个人用户产生直接威胁的蠕虫病毒

在以上分析的蠕虫病毒中，只对安装了特定微软组件的系统进行攻击，而对广大个人用户而言，是不会安装 IIS（微软的因特网服务器程序，可以允许在网上提供 Web 服务）或者是庞大的数据库系统的。因此，上述病毒并不会直接攻击个人用户的计算机（当然能够间接地通过网络产生影响）。但接下来分析的蠕虫病毒，则是对个人用户威胁最大，同时也是最难以根除，造成的损失也更大的一类蠕虫病毒。

对于个人用户而言，威胁大的蠕虫病毒采取的传播方式，一般为电子邮件（E-mail）及恶意网页等。

对于利用电子邮件传播的蠕虫病毒来说，通常利用的是各种各样的欺骗手段，诱惑用户单击的方式进行传播。恶意网页确切地讲是一段黑客破坏代码程序，它内嵌在网页中，当用户在不知情的情况下打开含有病毒的网页时，病毒就会发作。这种病毒代码镶嵌技术的原理并不复杂，所以会被很多怀不良企图者利用，在很多黑客网站竟然出现了关于用网页进行破坏的技术的论坛，并提供破坏程序代码下载，从而造成了恶意网页的大面积泛滥，也使越来越多的用户遭受损失。

对于恶意网页，常常采 VBScript 和 Java script 编程的形式，由于编程方式十分简单，所以在网上非常流行。

VBScript 和 Java Script 是由微软操作系统的脚本主机（windows scripting hostwindows，WSH）解析并执行的，由于其编程非常简单，所以此类脚本病毒在网上疯狂传播，疯狂一时的爱虫病毒就是一种 VBS 脚本病毒，然后伪装成邮件附件诱惑用户单击运行。更为可怕的是，这样的病

毒是以源代码的形式出现的，只要懂得一点关于脚本编程的人就可以修改其代码，形成各种各样的变种。

2．网络蠕虫的防范措施

蠕虫病毒的一般防治方法是：使用具有实时监控功能的杀毒软件，并且注意不要轻易打开不熟悉的邮件附件。

个人用户对蠕虫病毒的防范措施：

通过上述分析和介绍，可以知道，病毒并不是非常可怕的，网络蠕虫病毒对个人用户的攻击主要还是通过社会工程学，而不是利用系统漏洞，所以防范此类病毒需要注意以下几点：

① 选购合适的杀毒软件。网络蠕虫病毒的发展已经使传统的杀毒软件的"文件级实时监控系统"落伍，杀毒软件必须向内存实时监控和邮件实时监控发展。另外，面对防不胜防的网页病毒，也使得用户对杀毒软件的要求越来越高。

② 经常升级病毒库。杀毒软件对病毒的查杀是以病毒的特征码为依据的，而病毒每天都层出不穷，尤其是在网络时代，蠕虫病毒的传播速度快、变种多，所以必须随时更新病毒库，以便能够查杀最新的病毒。

③ 提高杀毒意识。不要轻易去单击陌生的站点，有可能里面就含有恶意代码。

当运行 IE 浏览器时，选择"工具"→"Internet 选项"→"安全"→"Internet 区域的安全级别"命令，把安全级别由"中"改为"高"。因为这一类网页主要是含有恶意代码的 Activex 或 Applet、JavaScript 的网页文件，所以在 IE 浏览器中设置将 Activex 插件和控件、JAVA 脚本等全部禁止，就可以大大减少被网页恶意代码感染的几率。具体方案如下：

在 IE 窗口中选择"工具"→"Internet 选项"命令，在弹出的对话框中选择"安全"选项卡，再单击"自定义级别"按钮，就会弹出"安全设置"对话框，把其中所有 Activex 插件和控件及与 JAVA 相关的全部选项"禁用"。但是，这样做在以后的网页浏览过程中有可能会使一些正常应用 Activex 的网站无法浏览。

④ 不随意查看陌生邮件，尤其是带有附件的邮件。由于有的病毒邮件能够利用 IE 和 Outlook 的漏洞自动执行，所以计算机用户需要升级 IE 和 Outlook 程序，以及常用的其他应用程序。

6.4.5　恶意代码

恶意代码又称恶意软件。这些软件也可称为广告软件（adware）、间谍软件（spyware）、恶意共享软件（malicious shareware）。恶意代码是指在未明确提示用户或未经用户许可的情况下，在用户计算机或其他终端上安装运行，侵犯用户合法权益的软件。与病毒或蠕虫不同，这些软件很多不是小团体或者个人秘密地编写和散播，反而有很多知名企业和团体涉嫌此类软件。有时也称为流氓软件。

（1）恶意代码的特征

恶意代码（malicious code）或者叫恶意软件（malicious software）具有如下共同特征：

① 恶意的目的。

② 本身是程序。

③ 通过执行发生作用。

有些恶作剧程序或者游戏程序不能看做是恶意代码。

（2）恶意代码的分类

恶意代码可以按照两种分类标准：一种分类标准是，恶意代码是否需要宿主，即特定的应用程序、工具程序或系统程序。需要宿主的恶意代码具有依附性，不能脱离宿主而独立运行；不需宿主的恶意代码具有独立性，可不依赖宿主而独立运行。另一种分类标准是恶意代码是否能够自我复制。不能自我复制的恶意代码是不感染的；能够自我复制的恶意代码是可感染的。

（3）恶意代码的传播方法

恶意代码编写者一般利用 3 类手段来传播恶意代码：软件漏洞、用户本身或者两者的混合。有些恶意代码是自启动的蠕虫和嵌入脚本，本身就是软件，这类恶意代码对人的活动没有要求。一些像特洛伊木马、电子邮件蠕虫等恶意代码，利用受害者的心理操纵他们执行不安全的代码；还有一些是哄骗用户关闭保护措施来安装恶意代码。

利用商品软件缺陷的恶意代码有 Code Red 、KaK 和 BubbleBoy。它们完全依赖商业软件产品的缺陷和弱点，比如溢出漏洞和可以在不适当的环境中执行任意代码。像没有打补丁的 IIS 软件就有输入缓冲区溢出方面的缺陷。利用 Web 服务缺陷的攻击代码有 Code Red、Nimda，Linux 和 Solaris 上的蠕虫也利用了远程计算机的缺陷。

恶意代码编写者的一种典型手法是把恶意代码邮件伪装成其他恶意代码受害者的感染报警邮件，恶意代码受害者往往是 Outlook 地址簿中的用户或者是缓冲区中 Web 页的用户，这样做可以最大可能地吸引受害者的注意力。一些恶意代码的作者还表现了高度的心理操纵能力，LoveLetter 就是一个突出的例子。一般用户对来自陌生人的邮件附件越来越警惕，而恶意代码的作者也设计一些诱饵吸引受害者的兴趣。附件的使用正在和必将受到网关过滤程序的限制和阻断，恶意代码的编写者也会设法绕过网关过滤程序的检查。使用的手法可能包括采用模糊的文件类型，将公共的执行文件类型压缩成 ZIP 文件等。

对聊天室 IRC（internet relay chat）和即时消息 IM（instant messaging）系统的攻击案例不断增加，其手法多为欺骗用户下载和执行自动的 Agent 软件，将远程系统用做分布式拒绝服务（DDoS）的攻击平台，或者使用后门程序和特洛伊木马程序控制之。

（4）恶意代码传播的趋势

恶意代码的传播具有以下趋势：

① 种类更模糊。恶意代码的传播不单纯依赖软件漏洞或者社会工程学中的某一种，而可能是它们的混合。比如蠕虫产生寄生的文件病毒、特洛伊程序、口令窃取程序、后门程序，进一步模糊了蠕虫、病毒和特洛伊的区别。

② 混合传播模式。"混合病毒威胁"和"收敛（convergent）威胁"将成为新的病毒术语，"红色代码"利用的是 IIS 的漏洞，Nimda 实际上是 1988 年出现的 Morris 蠕虫的派生品种，它们的特点都是利用漏洞，病毒的模式从引导区方式发展为多种类病毒蠕虫方式，所需要的时间并不是很长。

③ 多平台。多平台攻击开始出现，有些恶意代码对不兼容的平台都能够起作用。来自 Windows 的蠕虫可以利用 Apache 的漏洞，而 Linux 蠕虫会派生.exe 格式的特洛伊木马。

④ 使用销售技术。另外一个趋势是更多的恶意代码使用销售技术，其目的不仅在于利用受害者的邮箱实现最大数量的转发，更重要的是引起受害者的兴趣，让受害者进一步对恶意文件进行操作，并且使用网络探测、电子邮件脚本嵌入和其他不使用附件的技术来达到自己的目的。

　　恶意软件（malware）的制造者可能会将一些有名的攻击方法与新的漏洞结合起来，制造出下一代的 WM/Concept、下一代的 Code Red、下一代的 Nimda。对于防病毒软件的制造者，改变自己的方法去对付新的威胁则需要不少的时间。

　　⑤ 服务器和客户机同样遭受攻击。对于恶意代码来说服务器和客户机的区别越来越模糊，客户计算机和服务器如果运行同样的应用程序，也将同样会受到恶意代码的攻击。IIS 服务是一个操作系统默认的服务，因此它的服务程序的缺陷是各个机器都共有的，Code Red 的影响也就不限于服务器，还会影响到众多的个人计算机。

　　⑥ Windows 操作系统遭受的攻击最多。Windows 操作系统更容易遭受恶意代码的攻击，它也是病毒攻击最集中的平台，病毒总是选择配置不好的网络共享和服务作为进入点。其他溢出问题，包括字符串格式和堆溢出，仍然是过滤性病毒入侵的基础。病毒和蠕虫的攻击点和附带功能都是由作者来选择的。另外一类缺陷是允许任意或者不适当的执行代码，随着 scriptlet.typelib 和 Eyedog 漏洞在聊天室的传播，JS/Kak 利用 IE/Outlook 的漏洞，导致两个 Activex 控件在信任级别执行，但是它们仍然在用户不知道的情况下，执行非法代码。最近的一些漏洞帖子报告说 Windows Media Player 可以用来旁路 Outlook 2002 的安全设置，执行嵌入在 HTML 邮件中的 JavaScript 和 Activex 代码。这种消息肯定会引发黑客的攻击热情。利用漏洞旁路一般的过滤方法是恶意代码采用的典型手法之一。

　　⑦ 恶意代码类型变化。此外，另外一类恶意代码是利用 MIME 边界和 uuencode 头处理薄弱的缺陷，将恶意代码化装成安全数据类型，欺骗客户软件执行不适当的代码。

习　　题

1. 什么是计算机病毒？
2. 计算机病毒的基本特征是什么？
3. 计算机病毒按寄生方式和传染途径分为哪几类？
4. 计算机病毒一般由哪几部分组成？
5. 检测计算机病毒的常用方法有哪些？
6. 计算机病毒的发展主要经历了哪几个阶段？
7. 计算机病毒和故障、黑客软件的主要区别是什么？
8. 脚本病毒的特征是什么？如何防治？
9. 简述恶意代码。

第 7 章 | 防火墙技术

随着 Internet 的迅速发展，越来越多的公司或个人加入到其中，使 Internet 本身成为世界上空前庞大以至于无法确切统计的网络系统。当一个机构将其内部网络与 Internet 连接之后，所关心的一个重要问题就是安全。人们需要一种安全策略，既可以防止非法用户访问内部网络上的资源，又可以阻止用户非法向外传递内部信息。在这种情况下，防火墙技术便应运而生了。

7.1 防火墙技术概述

防火墙（firewall）是一种能将内部网和公众网分开的方法。它能限制被保护的网络与互联网络及其他网络之间进行的信息存取、传递等操作。在构建安全的网络环境过程中，防火墙作为第一道安全防线，正受到越来越多用户的关注。

7.1.1 防火墙的定义

"防火墙"原来是指在建筑物中用来隔离不同的房间，防止火灾蔓延的隔断墙。现在，人们引用这个概念，把用于保护计算机网络中敏感数据不被窃取和篡改的计算机软硬件系统称为"防火墙"。

防火墙是设置在不同网络（如可信任的企业内部网和不可信任的公共网）或网络安全域之间的一系列部件的组合。它可通过监测、限制、更改跨越防火墙的数据流，尽可能地对外部屏蔽网络内部的信息、结构和运行状况，以此来实现网络的安全保护。

简单地说，防火墙实际上是一种访问控制技术，它在一个被认为是安全和可信的内部网络和一个被认为不太安全和可信的外部网络之间设置障碍，阻止对信息资源的非法访问，也可以阻止保密信息从受保护的网络上被非法输出。它能允许你"同意"的人和数据进入你的网络，同时将你"不同意"的人和数据拒之网外。换句话说，如果不通过防火墙，可信网络内部和外部的人就无法进行通信。

防火墙是一类防范措施的总称，不是一个单独的计算机程序或设备。在物理上，它通常是一组硬件设备和软件的多种组合。在逻辑上，它是分离器、限制器和分析器，可有效地监控内部网和公共网之间的任何活动。防火墙是不同网络或网络安全域之间信息的唯一出入口，能根据一定的安全政策控制出入网络的信息流。防火墙本身具有较强的抗攻击能力，是提供信息安全服务，实现网络和信息安全的基础设施。如图 7-1 所示为防火墙示意图。

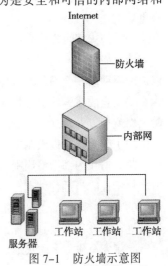

图 7-1　防火墙示意图

7.1.2　防火墙的作用

应用防火墙的主要目的是要强制执行一定的安全策略，能够过滤掉不安全服务和非法用户，控制对特殊站点的访问，并提供监视系统安全和预警的方便端点。基于这样的准则，防火墙应能够封锁所有信息流，然后对希望提供的安全服务逐项开放，对不安全的服务或可能有安全隐患的服务一律拒绝。防火墙还应该先允许所有的用户和站点对内部网络进行访问，然后再按照一定的规则对未授权的用户或不信任的站点进行逐项屏蔽。这样就可以针对不同的服务面向不同的用户开放，也就是能自由地设置各个用户的不同访问权限。

具体来说，防火墙的作用主要体现在以下几个方面：

（1）防火墙是网络安全的屏障

防火墙作为网络当中的阻塞点及控制点，能够极大地提高一个内部网络的安全性，并通过过滤不安全的服务而降低风险。由于只有经过选择的应用协议才能通过防火墙，所以使网络环境变得更加安全。例如，防火墙可以禁止不安全的 NFS 协议进出受保护网络，这样外部的攻击者就不可能利用这些脆弱的协议来攻击内部网络。防火墙同时可以保护网络免遭基于路由的攻击，如 IP 选项中的源路由攻击和 ICMP 重定向中的重定向路径。防火墙应该可以拒绝所有以上类型攻击的报文并通知防火墙管理员。

（2）防火墙可以强化网络安全策略

在没有防火墙时，内部网络每台主机的安全策略是由其自身来完成的。由于没有防火墙的隔离，内部网络基本处于暴露状态，极易受到攻击。而以防火墙为中心的网络安全配置方案，能够将所有安全软件，如口令、加密、身份认证、审计等配置在防火墙上。与将网络安全问题分散到各个主机上相比，防火墙的集中安全管理更方便，也更经济。

（3）防火墙可以对网络的存取和访问进行监控、审计

因为所有进出内部网络的信息都必须经过防火墙，所以防火墙能够记录内部网络和外部网络之间发生的所有事件，并做出日志记录，同时也能提供网络使用情况的统计数据。当发生可疑动作时，防火墙能进行适当的报警，并提供网络是否受到监测和攻击的详细信息。另外，收集一个网络的使用和误用情况也是非常重要的。理由是可以清楚防火墙是否能够抵挡攻击者的探测和攻击，并且清楚防火墙的控制是否充足。而网络使用统计对网络需求分析和威胁分析等而言也是非常重要的。

（4）防火墙可以防止内部信息的外泄

防火墙能够对内部网络进行划分，从而实现内部网络中重点网段的隔离，有效限制了局部重点或敏感网络安全问题对全局网络造成的影响。其次，一个内部网络中不引人注意的细节可能包含有关安全的线索而引起外部攻击者的兴趣，甚至因此而暴露了内部网络的某些安全漏洞。使用防火墙就可以隐蔽这些透漏内部细节的服务。

（5）防火墙可以限制网络暴露

防火墙在内部网络周围创建了一个保护的边界，对于外部网络隐藏了内部系统的一些信息以增加保密性。当远程结点探测你的网络时，它们仅仅能看到防火墙。远程设备将不会知道你内部网络的布局。防火墙还可以提高认证功能和使用网络加密来限制网络信息的暴露。通过对进入的流量进行检查，以限制从外部发动的攻击。

除了安全作用，防火墙还支持具有 Internet 服务特性的企业内部网络技术体系 VPN（虚拟专

用网）。通过 VPN，可以将企事业单位在地域上分布在全世界各地的 LAN 或专用子网，有机地联成一个整体。不仅省去了专用通信线路，而且为信息共享提供了技术保障。

7.1.3　防火墙的局限性

尽管防火墙有许多防范功能，但由于互联网的开放性，它也有一些力不能及的地方，具体表现在以下几个方面：

（1）防火墙不能防范不经过防火墙的攻击

例如，在一个被保护的网络上有一个没有限制的拨出存在，内部网络上的用户就可以直接通过 SLIP 或 PPP 连接进入外部网络。内部网络用户可能会对需要附加认证的代理服务器感到厌烦，因而通过 SLIP 或 PPP 连接 Internet，从而试图绕过由精心构造的防火墙系统提供的安全系统，这就为从后门攻击创造了极大的可能。网络上的用户必须了解这种类型的连接对于一个有全面的安全保护系统来说是绝对不允许的。

（2）防火墙不能防止感染了病毒的软件或文件的传输

这是因为病毒的类型太多，操作系统也有多种，编码与压缩二进制文件的方法也各不相同，所以不能期望 Internet 防火墙去对每一个文件进行扫描，查出潜在的病毒。对病毒特别关心的机构应在每个桌面部署防病毒软件，防止病毒从软盘或其他来源进入网络系统。

（3）防火墙不能防止数据驱动式攻击

当有些表面看来无害的数据被邮寄或复制到 Internet 主机上并被执行而发起攻击时，就会发生数据驱动攻击。例如，一种数据驱动的攻击可以使一台主机修改与安全有关的文件，从而使得入侵者很容易获得对系统的访问权，以便下一次更容易地入侵该系统。

（4）防火墙不能防止来自内部变节者和用户带来的威胁

防火墙无法禁止变节者或内部存在的间谍复制敏感数据，并将其带出。防火墙也不能防范有人故意伪装成超级用户，劝说没有防范心理的用户公开口令或授予其临时的网络访问权限。

总的来说，防火墙只是整体安全防范政策的一部分。整个网络易受攻击的各个点必须以相同程度的安全防护措施加以保护。在没有全面的安全政策的情况下设置防火墙，就如同在一顶帐篷上安装一个防盗门。

7.1.4　防火墙技术的现状及发展趋势

防火墙技术是一种综合性的技术，涉及计算机网络技术、密码技术、安全技术、软件技术、安全协议、安全规范及安全操作系统等诸多方面。作为一种解决网络之间访问控制的有效方法，防火墙技术得到了人们的广泛重视。纵观防火墙技术的发展，可将其分为以下 4 个阶段：

- 第一代防火墙，又称包过滤防火墙。由于多数路由器本身就包含有分组过滤的功能，所以网络访问控制功能可通过路由控制来实现，从而使具有分组过滤功能的路由器成为第一代防火墙产品。它主要通过对数据包源地址、目的地址、端口号等参数来决定是否允许该数据包通过，对其进行转发。这种防火墙最大的安全隐患是它很难抵御 IP 地址欺骗等攻击。其次，由于路由器的主要功能是为网络访问提供动态的、灵活的路由，而防火墙则要对访问行为实施静态、固定的控制，这样一对难以调和的矛盾，将导致由于防火墙的规则设置而大大降低路由器的性能。

- 第二代防火墙，也称代理防火墙，它用来提供网络服务级的控制，起到外部网络向被保护的内部网络申请服务时的中间转接作用，这种方法可以有效地防止对内部网络的直接攻击，安全性较高。但同时第二代防火墙无论在实现上还是在维护上都对系统管理员提出了相当复杂的要求，导致配置和维护过程复杂、费时，使用中出现差错的情况较多。

- 第三代防火墙，称为状态监控功能防火墙，它有效地提高了防火墙的安全性，可以对每一层的数据包进行检测和监控。其不足之处在于，作为第三代防火墙基础的操作系统及其内核往往不为防火墙管理者所知，所以用户必须依赖两方面的安全支持，一是防火墙厂商，二是操作系统厂商，否则其安全性将无从保证。

- 第四代防火墙已超出了原来传统意义上防火墙的范畴，演变成为一个全方位的安全技术集成系统。它将网关与安全系统合二为一，在功能上包括灵活的代理系统、多级的过滤技术、网络地址转换技术及 Internet 网关技术，且具有审计和报警、加密与鉴别等功能，透明性好，易于使用。此外，它还在网络诊断、数据备份与保全等方面具有特色。第四代防火墙可以抵御目前常见的网络攻击手段，如 IP 地址欺骗、特洛伊木马攻击、Internet 蠕虫、口令探寻攻击和邮件攻击等。

（1）防火墙的特性

由以上 4 个阶段可以看出，防火墙最基本的构件既不是软件也不是硬件，而是构造防火墙的思想。这种思想会极大地影响如何对网络数据设计路由。从这个意义上讲，构造一个好的防火墙需要直觉、创造和逻辑的共同作用。归纳起来，一个好的防火墙系统应具有以下一些特性：

① 所有在内部网络和外部网络之间传输的数据都必须经过防火墙。

② 只有被授权的合法数据，即防火墙系统中安全策略允许的数据，可以通过防火墙。

③ 防火墙本身应能抵御各种攻击的影响。

④ 防火墙应使用目前较先进的信息安全技术。

⑤ 防火墙应具有良好的人机界面，方便用户配置及管理。

（2）防火墙的发展趋势

从防火墙的发展趋势来看，未来的防火墙将变得更加能够识别通过的信息，同时在目前的功能上向"透明"、"低级"方面发展。主要有以下一些发展趋势：

① 防火墙的性能将更加优良。新一代防火墙系统不仅应该能更好地保护防火墙后面内部网络的安全，而且应该具有更为优良的整体性能。传统的代理型防火墙虽然可以提供较高级别的安全保护，但是同时它也成为限制网络带宽的瓶颈，这极大地制约了在网络中的实际应用。特别是采用复杂的加密算法时，防火墙性能更显重要。未来的防火墙系统将会把高速的性能和最大限度的安全性有机结合在一起，有效地消除制约传统防火墙的性能瓶颈。

② 防火墙具有可扩展的结构和功能。对于一个好的防火墙系统而言，它的规模和功能应该能适应内部网络的规模和安全策略的变化。选择哪种防火墙，除了应考虑它的基本性能外，毫无疑问，还应考虑用户的实际需求与未来网络的升级。因此，未来的防火墙系统应是一个可随意伸缩的模块化解决方案，从最为基本的包过滤直到一个独立的应用网关，使用户有充分的余地构建自己所需要的防火墙体系。

③ 防火墙要有简化的安装与管理。防火墙产品配置和管理的难易程度是防火墙能否达到目的的主要考虑因素之一。实践证明，许多防火墙产品并未起到预期作用的一个不容忽视的原因在于配置和

实现上的错误。同时，若防火墙的管理过于困难，则可能会造成设定上的错误，反而不能达到其功能。因此未来的防火墙将具有非常易于进行配置的图形用户界面以帮助管理员加强内部网的安全性。

④ 防火墙要有主动过滤的能力。许多防火墙都包括对过滤产品的支持，并可以与第三方过滤服务连接，这些服务提供了不受欢迎的 Internet 站点的分类清单。防火墙还在它们的 Web 代理中包括时间限制功能，允许非工作时间的登录和访问，并提供具体的活动报告。

⑤ 防火墙应有防病毒与防黑客的能力。尽管防火墙在防止不良分子进入方面发挥了很好的作用，但由于 TCP／IP 协议的脆弱性，使 Internet 对病毒及黑客的攻击敞开了大门。未来的防火墙应内置完善的防病毒与防黑客的功能。

最终防火墙将成为一个快速注册稽查系统，可保护数据以加密方式通过，使所有组织可以放心地在结点间传送数据。

7.2 防火墙技术的分类

防火墙技术可根据防范的方式和侧重点的不同而分为很多种类型。按照防火墙对数据的处理方法，大致分为两大类：包过滤防火墙和代理防火墙。

7.2.1 包过滤防火墙技术

数据包过滤（packet filtering）技术是防火墙为系统提供安全保障的主要技术，它依据系统内事先设定的过滤逻辑，通过设备对进出网络的数据流进行有选择的控制与操作。

数据包过滤技术作为防火墙的应用有 3 种。第 1 种是路由设备在完成路由选择和数据转发的同时进行包过滤。第 2 种是在工作站上使用软件进行包过滤。第 3 种是在一种称为屏蔽路由器的路由设备上启动包过滤功能。目前较常用的方式是第 1 种，即设备在选择路由的同时对数据包进行过滤。用户可以设定一系列的规则，指定允许哪些类型的数据包可以流入或流出内部网络，哪些类型的数据包的传输应该被拦截。

包过滤作用在网络层和传输层，以 IP 包信息为基础，对通过防火墙的 IP 包的源、目的地址、TCP/UDP 的端口标识符及 ICMP 等进行检查。规定了哪些网络结点何时可以通过防火墙访问外部网络，哪些网络结点可访问内部网络；或者是哪些用户只能使用 E-mail，而不能使用 Telnet 和 FTP；哪些用户只能使用 Telnet，而不能使用 FTP 等。可以利用安全策略形式语言描述安全配置规则，并对其进行一致性检查，达到灵活方便地配置安全策略的目的。

包过滤规则检查数据流中的每个数据包后，根据规则来确定是否允许数据包通过，其核心是过滤算法的设计。如果包的出入接口相匹配，并且规则允许该数据包通过，那么该数据包就会按照路由表中的信息被转发。但是，如果是包的出入接口相匹配，而规则拒绝该数据包，那么该数据包也会被丢弃。如果出入接口未设匹配规则，用户配置的缺省参数会决定是转发还是丢弃数据包。

数据包过滤在网络中起着举足轻重的作用，它允许你在某个地方为整个网络提供特别的保护。例如，Telnet 服务器在 TCP 的 23 号端口上监听远地连接，而 SMTP 服务器在 TCP 的 25 号端口上监听人连接。为了阻塞所有进入的 Telnet 连接，包过滤路由器只需简单地丢弃所有 TCP 端口号等于 23 的数据包。为了将进来的 Telnet 连接限制到内部的数台机器上，包过滤路由器必须拒绝所有 TCP 端口号等于 23，并且目标 IP 地址不等于允许主机的 IP 地址的数据包。

包过滤的操作可以在路由器上进行，也可以在网桥，甚至在一个单独的主机上进行。大多数数据包过滤系统不处理数据本身，它们不根据数据包的内容做决定。

7.2.2 包过滤防火墙技术的优缺点

（1）包过滤防火墙技术的优点

数据包过滤防火墙技术有很多优点，主要体现为以下几点：

① 应用包过滤技术不用改动客户机和主机上的应用程序，因为过滤发生在网络层和传输层，与应用层无关。

② 一个单独的、放置恰当的数据包过滤路由器有助于保护整个网络。如果仅有一个路由器连接内部网络和外部网络，那么不论网络大小、拓扑结构如何，所有网络通信都要通过那个路由器进行数据包过滤，这样在网络安全方面就能够取得较好的效果。

③ 数据包过滤技术对用户没有特别的要求。数据包过滤是在 IP 层实现的，它不要求任何自定义的软件或者特别的客户机配置，也不要求用户经过任何特殊的训练。当数据包过滤路由器在检查数据包时，它与普通路由器没什么区别，用户甚至感觉不到它的存在，除非用户试图做一些数据包过滤路由器所禁止的事。因此数据包过滤技术对用户来说，具有较强的透明度，使用起来很方便。

④ 大多数路由器都具有数据包过滤功能。不论是商业的还是免费的，许多硬件或软件路由产品都具有数据包过滤能力，大多数网络使用的路由器也具有这种功能。数据包过滤路由器在工作时一般只检查报头相应的字段，而不查看数据包的内容，而且有些核心部件是由专用硬件实现的，所以其转发速度快，效率比较高。

由以上优点可以看出，数据包过滤是一种通用、廉价、有效的安全手段。说它通用是因为它不针对各个具体的网络服务采取特殊的处理方式。说它廉价是因为大多数路由器都提供分组过滤功能。说它有效是因为它能很大程度地满足企业的安全要求。

（2）包过滤防火墙技术的缺点

虽然数据包过滤有很多优点，但同时它也存在着一些缺陷。

① 在过滤过程中判别的只有网络层和传输层的有限信息，而不能在用户级别上进行过滤，不能识别不同的用户和防止 IP 地址的盗用，因此各种安全要求不可能充分满足。例如，攻击者可以把自己主机的 IP 地址设成一个合法主机的 IP 地址，这样就可以很轻易地通过报文过滤器。

② 在许多过滤器中，过滤规则的数目是有限制的。随着规则数目的增加，设备性能会受到很大地影响，导致数据包过滤路由器使你难以应用某些用户需要的规则。例如，它们只能确定数据包来自什么主机，而不能确定来自什么用户，因此，不能强行限制特殊的用户。又如，它们只能指定数据包到达的端口，而不能指定到达特定的应用程序，当用户通过端口号对一些协议实行限制时，其他的协议同时也被禁止了。

③ 当前的过滤工具并不完善，或多或少地存在着一些局限性。如数据包过滤规则难以配置，甚至不可能运行；难以检查数据包过滤规则；许多产品的数据包过滤能力不完全等。

④ 由于缺少上下文关联信息，数据包过滤路由器不能有效地过滤诸如 UDP、RPC、FTP 一类的协议。

⑤ 大多数过滤器中缺少审计和报警机制，且管理方式和用户界面较差。

⑥ 数据包过滤技术对安全管理人员素质要求较高。建立安全规则时，管理人员必须对协议本身及其在不同应用程序中的作用有较深入的理解。

　　由于数据包过滤技术本身的缺陷,在实际应用中,很少把数据包过滤技术当做单独的安全解决方案。过滤路由器通常是和应用网关配合或是与其他防火墙技术结合使用,共同组成防火墙系统。

7.2.3　代理防火墙技术

　　代理防火墙的概念源于代理服务器(proxy server)。所谓代理服务器是指代理内部网络用户与外部网络服务器进行信息交换的程序。它可以将内部用户的请求确认后送达外部服务器,同时将外部服务器的响应再回送给用户。这种技术经常被用于在 Web 服务器上高速缓存信息,扮演着Web 客户和 Web 服务器之间的中介角色。它主要保存因特网上最常用和最近访问过的内容,可为用户提供更快的访问速度,并且提高了网络安全性。由于代理服务器在外部网络向内部网络申请服务时发挥了中间转接和隔离的作用,因此又把它称为代理防火墙。

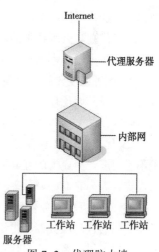

图 7-2　代理防火墙

　　代理防火墙作用在应用层,用来提供应用层服务的控制。其特点是完全"阻隔"了网络通信流,通过对每种应用服务编制专门的代理程序,实现监视和控制应用层通信流的作用。所以代理防火墙又称为应用代理或应用层网关型防火墙。

　　应用层网关型防火墙控制的内部网络只接受代理服务器提出的服务请求,拒绝外部网络其他接点的直接请求。它同时提供了多种方法认证用户。当确认了用户名和口令后,服务器根据系统的设置对用户进行进一步的检查,验证其是否可以访问本服务器。应用层网关型防火墙还对进出防火墙的信息进行记录,并可由网络管理员用来监视和管理防火墙的使用情况。实际中的应用网关通常由专用代理服务器实现。如图 7-2 所示为代理防火墙的示意图。

　　具体来说,应用层网关是内部网与外部网的隔离点,掌握着应用系统中可用做安全决策的全部信息。这使得网络管理员能够实现比包过滤路由器更严格的安全策略。应用层网关不用依赖包过滤工具来管理因特网服务在防火墙系统中的进出,而是采用为每种所需服务安装特殊代码的方式来管理因特网服务。如果网络管理员没有为某种应用安装代理编码,那么该项服务就不支持且不能通过防火墙系统来转发。同时,代码还可以配置成只支持网络管理员认为必须的部分功能,从而有效地防止网络攻击。

7.2.4　代理防火墙技术的优缺点

　　(1)代理防火墙技术的优点

　　代理防火墙技术的优点主要有如下几点:

　　① 代理易于配置。代理因为是一个软件,所以它较过滤路由器更易配置,配置界面十分友好。如果代理实现得好,可以对配置协议要求较低,从而避免了配置错误。

　　② 代理能生成各项记录。因为代理工作在应用层,它检查各项数据,可以按一定准则,让代理生成各项日志、记录。这些日志、记录对于流量分析、安全检验是十分重要和宝贵的。当然,它也可以用于计费等应用。

　　③ 代理能灵活、完全地控制进出流量、内容。通过采取一定的措施,按照一定的规则,我

们可以借助代理实现一整套的安全策略，比如可以说控制"谁"和"什么"，以及"时间"和"地点"。

④ 代理能过滤数据内容。我们可以把一些过滤规则应用于代理，让它在高层实现过滤功能，例如文本过滤、图像过滤（目前还未实现，但这是一个热点研究领域）、预防病毒或扫描病毒等。

⑤ 代理能为用户提供透明的加密机制。用户通过代理进出数据，可以让代理完成加解密的功能，从而方便用户，确保数据的机密性。这一点在虚拟专用网络中特别重要。代理可以广泛地用于企业外部网中，提供较高安全性的数据通信。

⑥ 代理可以方便地与其他安全手段集成。目前的安全问题解决方案很多，如认证（authentication）、授权（authorization）、账号（accouting）、数据加密、安全协议（SSL）等。如果把代理与这些手段联合使用，将大大提高网络安全性。

（2）代理防火墙技术的缺点

代理防火墙技术的缺点主要有以下几个：

① 代理速度比路由器慢。路由器只是简单查看 TCP/IP 报头，检查特定的几个域，不做详细分析、记录。而代理工作于应用层，要检查数据包的内容，按特定的应用协议进行审查、扫描数据包内容，并进行转发请求或响应，所以其速度较慢。

② 代理对用户不透明。代理要求客户端做相应改动或安装定制客户端软件，这给用户增加了不透明度。为庞大的互异网络的每一台内部主机安装和配置特定的应用程序既耗费时间，又容易出错，因为它们的硬件平台和操作系统都存在差异。

③ 对于每项服务代理可能要求不同的服务器。可能需要为每项协议设置一个不同的代理服务器，因为代理服务器不得不理解协议以便判断什么是允许的和不允许的，并且还装扮一个对真实服务器来说是客户、对代理客户来说是服务器的角色。挑选、安装和配置所有这些不同的服务器也可能是一项繁重的工作。

④ 代理服务通常要求对客户、过程之一或两者进行限制。除了一些为代理而设的服务，代理服务器要求对客户与/或过程进行限制，每一种限制都有不足之处，人们无法经常按他们自己的步骤使用快捷可用的工作。由于这些限制，代理应用就不能像非代理应用运行得那样好，它们往往可能曲解协议的说明，并且一些客户和服务器比其他的要缺少一些灵活性。

⑤ 代理服务不能保证免受所有协议弱点的限制。作为一个安全问题的解决方法，代理取决于对协议中哪些是安全操作的判断能力。每个应用层协议，都或多或少地存在一些安全问题，对于一个代理服务器来说，要彻底避免这些安全隐患几乎是不可能的，除非关掉这些服务。代理取决于在客户端和真实服务器之间插入代理服务器的能力，这要求两者之间交流的相对直接性。而且有些服务的代理是相当复杂的。

⑥ 代理不能改进底层协议的安全性。因为代理工作于应用层，所以它就不能改善底层通信协议的能力。而这些方面，对于一个网络的健壮性是相当重要的。

在实际应用当中，构筑防火墙的解决方案很少采用单一的技术，大多数防火墙是将数据包过滤和代理服务器结合起来使用的。

7.3　常见的防火墙系统结构

包过滤技术和代理技术在实现上各自有各自的缺点。包过滤技术的缺点是审计功能差，过滤规则的设计存在矛盾关系，若过滤规则简单，安全性就差，若过滤规则复杂，管理就困难。代理技术的缺点是对于每一种应用服务都必须为其设计一个代理软件模块来进行安全控制，而每一种网络应用服务的安全问题各不相同，分析和实现比较困难。出于对更高安全性的要求，通常的防火墙系统是多种解决不同问题的技术的有机组合。例如，把基于包过滤的方法与基于应用代理的方法结合起来，就形成了复合型防火墙产品。目前常见的配置有以下几种：

（1）屏蔽路由器（screening router）

屏蔽路由器是防火墙最基本的构件，是最简单也是最常见的防火墙。屏蔽路由器作为内外连接的唯一通道，要求所有的报文都必须在此通过检查。路由器上可以安装基于 IP 层的报文过滤软件，实现报文过滤功能。许多路由器本身带有报文过滤配置选项，但一般比较简单。

这种配置的优点是：容易实现、费用少，并且对用户的要求较少，使用方便。其缺点是：日志记录能力不强，规则表庞大、复杂，整个系统依靠单一的部件来进行保护，一旦被攻击，系统管理员很难确定系统是否正在被入侵或已经被入侵了。

（2）双宿主主机网关（dual homed gateway）

双宿主主机是一台安装有两块网卡的计算机，每块网卡有各自的 IP 地址，并分别与受保护网和外部网相连。如果外部网络上的计算机要与内部网络上的计算机进行通信，它就必须与双宿主主机上与外部网络相连的 IP 地址联系，代理服务器软件再通过另一块网卡与内部网络相连接。也就是说，外部网络与内部网络不能直接通信，它们之间的通信必须经过双宿主主机的过滤和控制。如图 7-3 所示。

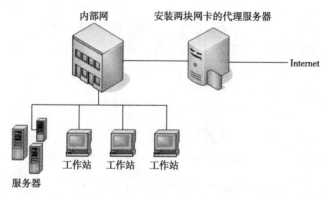

图 7-3　双宿主主机网关

这种配置是用双宿主主机做防火墙，两块网卡各自在主机上运行着防火墙软件，可以转发应用程序、提供服务等。应该指出的是，在建立双宿主主机时，应该关闭操作系统的路由能力，否则从一块网卡到另一块网卡的通信会绕过代理服务器软件，而使双宿主主机网关失去"防火"的作用。

这种配置的优点在于：网关可将受保护网络与外界完全隔离；代理服务器可提供日志，有助于网络管理员确认哪些主机可能已被入侵；同时，由于它本身是一台主机，所以可用于诸如身份验证服务器及代理服务器，使其具有多种功能。

它的缺点是：双宿主主机的每项服务必须使用专门设计的代理服务器，即使较新的代理服务器能处理几种服务，也不能同时进行；另外，一旦双宿主主机受到攻击，并使其只具有路由功能，那么任何网上的用户都可以随便访问内部网络了，这将严重损害网络的安全性。

（3）屏蔽主机网关（screened host gateway）

屏蔽主机网关由屏蔽路由器和应用网关组成，屏蔽路由器的作用是包过滤，应用网关的作用是代理服务。这样，在内部网络和外部网络之间建立了两道安全屏障，既实现了网络层安全，又实现了应用层安全。来自外部网络的所有通信都会连接到屏蔽路由器，它根据所设置的规则过滤这些通信。在多数情况下，与应用网关之外的机器的通信都会被拒绝。网关的代理服务器软件用自己的规则，将被允许的通信传送到受保护的网络上。在这种情况下，应用网关只有一块网卡，因此它不是双宿主主机网关。如图7-4所示。

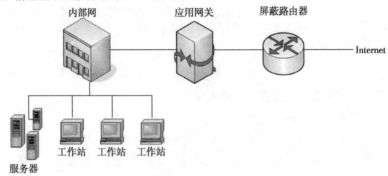

图 7-4　屏蔽主机网关

屏蔽主机网关比设置双宿主主机网关更加灵活，它可以设置成使屏蔽路由器将某些通信直接传到内部网络的站点，而不是传到应用层网关。另外，屏蔽主机网关具有双重保护，安全性更高。它的缺点主要是由于要求对两个部件配置，使它们能协同工作，所以屏蔽主机网关的配置工作比较复杂。另外，如果攻击者成功入侵了应用网关或屏蔽路由器，则内部网络的主机将失去任何的安全保护，整个网络将对攻击者敞开。

（4）屏蔽子网（screened subnet）

屏蔽子网系统结构是在屏蔽主机网关的基础上再添加一个屏蔽路由器，两个路由器放在子网的两端，三者形成了一个被称为"非军事区"的子网，如图7-5所示。

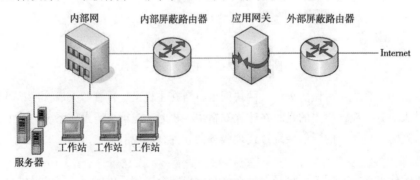

图 7-5　屏蔽子网

这种方法在内部网络和外部网络之间建立了一个被隔离的子网。用两台屏蔽路由器将这一子网分别与内部网络和外部网络分开。内部网络和外部网络均可访问被屏蔽子网，但禁止它们穿过被屏蔽子网通信。外部屏蔽路由器和应用网关与在屏蔽主机网关中的功能相同，内部屏蔽路由器在应用网关和受保护网络之间提供附加保护。为了入侵用这种体系结构构筑的内部网络，攻击者必须通过两个路由器。即使攻击者成功侵入了应用网关，他仍将面对内部路由器，这就消除了内部网络的单一入侵点。在屏蔽子网防火墙系统结构中，应用网关和屏蔽路由器共同构成了整个防火墙的安全基础。

屏蔽子网防火墙系统结构的不足：它要求的设备和软件模块是上述几种防火墙系统结构中最多的，其配置也相当复杂和昂贵。

7.4 防火墙的选购策略

防火墙作为网络安全体系的基础和核心控制设备，它贯穿于整个网络通信主干线，对通过受控网络的任何通信行为进行控制、审计、报警、反应等安全处理，同时防火墙还承担着繁重的通信任务。由于其自身处于网络系统中的敏感位置，同时还要面对各种安全威胁，因此，选用一个安全、稳定和可靠的防火墙产品，是极其重要的。在防火墙的选购上，应注意以下一些策略：

（1）防火墙自身的安全性

防火墙自身的安全性主要体现在自身设计和管理两个方面。设计的安全性关键在于操作系统，只有自身具有完整信任关系的操作系统才可以谈论系统的安全性。而应用系统的安全是以操作系统的安全为基础的，同时防火墙自身的安全实现也直接影响整体系统的安全性。

防火墙的安全指标可归结为防火墙是否基于安全的操作系统，以及防火墙是否采用专用的硬件平台两个方面。只有基于安全的，甚至是专用的操作系统并采用专用硬件平台的防火墙才可能保证防火墙自身的安全。

（2）防火墙系统的稳定性

就一个成熟的产品来说，系统的稳定性是最基本的要求。目前，由于种种原因，国内有些防火墙尚未最后定型或没有经过严格的、大量的测试就被推向了市场，这样一来其稳定性就可想而知了。防火墙的稳定性情况从厂家的宣传材料中是看不出来的，但可以从以下一些渠道获得，如国家权威的测评认证机构、对产品的咨询、调查及试用、厂商开发研制的历史及实力等方面。

（3）防火墙的性能

高性能是防火墙的一个重要指标，它直接体现了防火墙的可用性，也体现了用户使用防火墙所需付出的安全代价。如果由于使用防火墙而带来了网络性能较大幅度地下降的话，就意味着安全代价过高，用户是无法接受的。一般来说，防火墙加载上百条规则，其性能下降不应超过 5%。

（4）防火墙的可靠性

可靠性对防火墙设备来说尤为重要，其直接影响受控网络的可用性。提高可靠性的措施一般是提高本身部件的强健性、增大设计阈值和增加冗余部件，这要求有较高的生产标准和设计冗余度，如使用工业标准、电源热备份和系统热备份等。

（5）防火墙的灵活性

对通信行为的有效控制，要求防火墙设备有一系列不同的级别，以满足不同用户的各类安全控制需求。防火墙控制的有效性、多样性、级别目标的清晰性、制定的难易性和经济性等，体现着防火墙的高效和质量。例如对普通用户，只要对 IP 地址进行过滤即可；如果是内部有不同安全级别的子网，有时则必须允许高级别子网对低级别子网进行单向访问；如果还有移动用户的话，还要求能根据用户身份进行过滤。

（6）防火墙配置的方便性

在网络入口和出口处安装新的网络设备是比较复杂的，这意味着必须修改几乎全部现有设备的配置，因此，应选用方便配置的、支持透明通信的防火墙。它在安装时不需要对原网络配置做任何改动，所做的工作只相当于连接一个网桥或 Hub。需要时，两端一连线就可以工作，不需要时，将网线恢复原状即可。

（7）防火墙管理的简便性

防火墙的管理在充分考虑安全需要的前提下，必须提供方便灵活的管理方式和方法。通常体现为管理途径、管理工具和管理权限。防火墙设备首先是一个网络通信设备，管理途径的提供要兼顾通常网络设备的管理方式。管理工具主要为 GUI 类管理器，用它管理很直观，这对于设备的初期管理和不太熟悉的管理人员来说是一种有效的管理方式。权限管理是管理本身的基础，但是应防止严格的权限认证可能带来的管理方便性的降低。

（8）防火墙抵抗拒绝服务攻击的能力

在当前的网络攻击中，拒绝服务攻击是使用频率较高的方法。拒绝服务攻击可以分为两类，一类是由于操作系统或应用软件本身设计或编程上的缺陷而造成的，由此带来的攻击种类很多，只有通过打补丁的办法来解决；另一类是由于 TCP/IP 协议本身的缺陷造成的，数量不多，但危害性非常大。防火墙能做的是对付第二类攻击，这一点应该是防火墙的基本功能之一。目前有很多防火墙号称可以抵御拒绝服务攻击，实际上严格地说，它应该是可以降低拒绝服务攻击的危害而不是抵御这种攻击。因此在采购防火墙时，网管人员应该详细考察这一功能的真实性和有效性。

（9）防火墙对用户身份的过滤能力

防火墙过滤报文时，最基础的是针对 IP 地址进行过滤。而 IP 地址是非常容易修改的，只要打听到内部网里谁可以穿过防火墙，那么将自己的 IP 地址改成和他的一样就可以了。这就需要一个针对用户身份而不是 IP 地址进行过滤的办法。目前防火墙上常用的是一次性口令验证机制，通过特殊的算法，保证用户在登录防火墙时，口令不会在网络上泄露，这样防火墙就可以确认登录上来的用户确实和他所声称的一致。

（10）防火墙的可扩展性、可升级性

用户的网络不是一成不变的，防火墙现在可能主要是在内部网和外部网之间做过滤，随着网络的发展，内部网络可能出现具有不同安全级别的子网，这时就需要在子网之间做过滤。因此，在购买防火墙时必须清楚，是否可以增加网络接口，是否具有扩展性。

随着网络技术的发展和黑客攻击手段的不断变化，防火墙也必须不断地进行升级，此时支持软件升级就很重要了。如果不支持软件升级的话，为了抵御新的攻击手段，用户就必须进行硬件上的更换，而在更换期间您的网络是不设防的，同时您也要为此花费更多的钱。

以上就是选购防火墙时需要注意的一些问题，同时要明白，没有一种技术可以百分之百地解决网络上的所有问题。网络安全会受到许多因素的影响，诸如安全策略、职员的技术背景、费用及估计可能受到的攻击等。只有能正确认识防火墙，才是最安全的。

总之，防火墙作为目前用来实现网络安全措施的一种主要手段，可以在很大程度上提高网络安全。但网络安全单靠防火墙是不够的，还需要考虑其他技术和非技术因素，如信息加密技术、身份验证技术、制定网络法规和提高网络管理人员的安全意识等。

7.5　防火墙实例

由于硬件防火墙价格昂贵，个人计算机一般使用软件防火墙，如瑞星防火墙和天网防火墙等。下面以 Windows Server 2003 自带防火墙为例，简单介绍关于防火墙的设置。

① 首先，对没有进行防火墙设置的计算机使用"Ping"命令进行网络连接测试，如图 7-6 所示，说明连接正常。

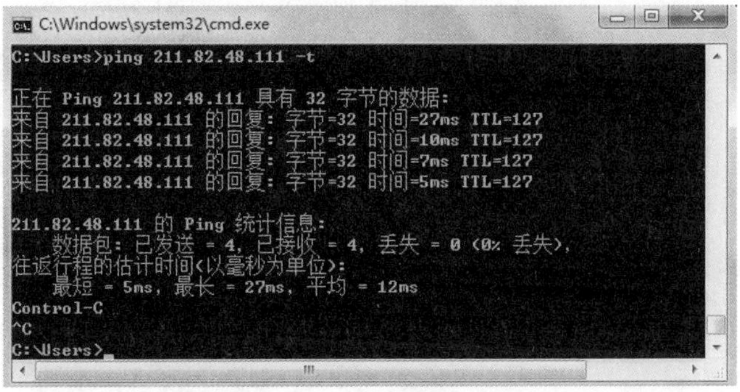

图 7-6　Ping 命令（一）

② 然后，右击"网上邻居"图标，选择"属性"命令，在打开的窗口中右击"本地连接"选项，选择"属性"命令，在打开的对话框中，选择"高级"选项卡，如图 7-7 所示。

③ 单击"Windows 防火墙"选项区域的"设置"按钮，在打开的对话框中选择"启用"单选按钮，然后单击"确定"按钮，就可以打开 Windows 防火墙了，如图 7-8 所示。

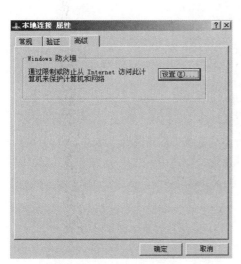

图 7-7　"高级"选项卡

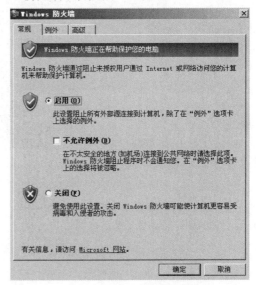

图 7-8　启用防火墙

④ 此时，再次使用"Ping"命令对此计算机进行网络连接测试，如图 7-9 所示，说明防火墙已经起了作用。

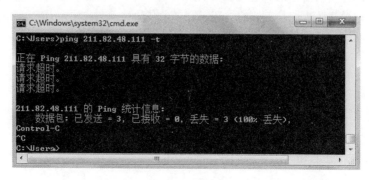

图 7-9 Ping 命令（二）

⑤ 选择图 7-8 中的"高级"选项卡，可以进行 Windows 防火墙的高级设置，如图 7-10 所示。

⑥ 如果计算机要开通相应的服务，可在图 7-11 所示的对话框中进行选择，例如选择"FTP服务器"复选框，这样从其他机器就可 FTP 到本机，扫描本机可以发现 21 端口是开放的。可以单击"添加"按钮增加相应的服务端口。

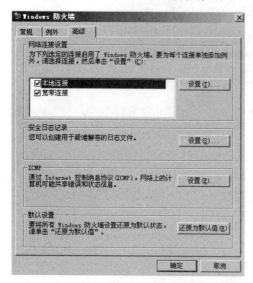

图 7-10 防火墙高级设置

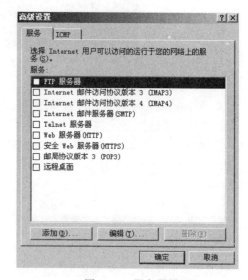

图 7-11 服务器设置

⑦ 在图 7-12 所示的对话框中可以进行日志的设置，选择要记录的项目，防火墙将记录相应的数据，日志默认路径为 C:\Windows\Pfirewall.log，用记事本就可以打开查看。

⑧ 在图 7-13 所示的对话框中可以进行 ICMP 的设置，上面用到的命令"Ping"就使用的是 ICMP 协议，默认设置完后 Ping 不通本机就是因为屏蔽了 ICMP 协议，如果想 Ping 通本机只需选择"允许传入回显请求"复选框即可。

图 7-12　日志设置

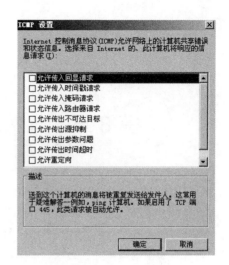

图 7-13　ICMP 设置

习　　题

1. 简述防火墙的定义及作用。
2. 防火墙有哪些局限性？
3. 简述防火墙的发展动态和趋势。
4. 试述包过滤防火墙技术的原理及特点。
5. 试述代理防火墙技术的原理及特点。
6. 常见的防火墙的体系结构有哪几种？
7. 屏蔽主机网关是双宿主主机网关吗？为什么？
8. 屏蔽子网的防火墙体系结构是如何实现的？
9. 选购防火墙产品时有哪些注意事项？
10. 上机练习：下载并安装、配置一个防火墙。

第 8 章 | 网络安全技术

网络安全涉及计算机科学、网络技术、通信技术、密码技术、信息安全技术、应用数学、数论和信息论等多种学科，是指网络系统的硬件、软件及其系统中的数据得到保护，不受偶然的或者恶意的原因而遭到破坏、更改、泄露，系统连续、可靠、正常地运行，网络服务不中断。从广义来说，凡是涉及网络上信息的保密性、完整性、可用性、真实性和可控性等相关的技术和理论都是网络安全所要研究的领域。网络安全从其本质上来讲就是网络上的信息安全。如何更有效地保护重要的信息数据，提高计算机网络系统的安全性，已经成为所有计算机网络应用必须考虑和解决的一个重要问题。

8.1 计算机网络安全概述

8.1.1 网络安全面临的威胁

计算机网络所面临的威胁大体可分为两种：一是对网络中信息的威胁；二是对网络中设备的威胁。影响计算机网络安全的因素很多，如系统存在的漏洞、系统安全体系的缺陷、使用人员薄弱的安全意识及管理制度等，诸多的原因使网络安全面临的威胁日益严重。概括起来，主要有以下几类：

① 来自内部的威胁。包括内部涉密人员有意或无意地泄密、更改记录信息，内部非授权人员有意或无意地偷窃机密信息、更改网络配置和记录信息，以及内部人员破坏网络系统等。

② 窃听。攻击者通过搭线或在电磁波辐射的范围内安装接收装置等方式，截获机密信息，或通过对信息流的流向、通信频度和长度等参数的分析，推出有用的信息。它不破坏传输信息的内容，不易被察觉。

③ 非法访问。没有预先经过同意，就使用网络或计算机资源被看做非法访问。它主要有以下几种形式：假冒、身份攻击、非法用户进入网络系统进行违法操作、合法用户以未授权方式进行操作等。

④ 破坏信息的完整性。可以从篡改、删除和插入 3 方面破坏信息的完整性。篡改指改变信息流的次序、时序，更改信息的内容、形式；删除指删除某个信息或信息的某些部分；插入指在信息中插入另一些信息，让接收方读不懂或接收错误的信息。

⑤ 破坏系统的可用性。包括使合法用户不能正常访问网络资源、使有严格时间要求的服务不能及时得到响应、恶意摧毁系统等。

⑥ 重演。指截获并录制信息，然后在必要的时候重发或反复发送这些信息。

⑦ 行为否认。包括发信者事后否认曾经发送过某条消息或其内容，以及发信者事后否认曾经接收过某条消息或其内容。

⑧ 拒绝服务攻击。指通过某种方法使系统响应减慢甚至瘫痪，阻止合法用户获得服务。

⑨ 病毒传播。通过网络传播计算机病毒，其破坏性非常高，而且用户很难防范。

⑩ 其他威胁。对网络系统的威胁还包括电磁泄漏、软硬件故障、各种自然灾害和人为操作失误等。

8.1.2　网络安全的目标

鉴于网络安全威胁的多样性、复杂性及网络信息、数据的重要性，在设计网络系统的安全时，应努力通过相应的手段达到以下 5 项安全目标：可靠性、可用性、保密性、完整性和不可抵赖性。

（1）可靠性（reliability）

可靠性是指系统在规定条件下和规定时间内完成规定功能的概率。可靠性是网络安全最基本的要求之一。如果网络不可靠，事故不断，也就根本谈不上网络的安全。目前，对于网络可靠性的研究基本上偏重于硬件可靠性方面。研制高可靠性元器件设备，采取合理的冗余备份措施仍是最基本的可靠性对策。然而，有许多故障和事故，与软件可靠性、人员可靠性和环境可靠性有关。如人员可靠性在通信网络可靠性中起着重要作用。有关资料表明，系统失效中很大一部分是由人为因素造成的。

（2）可用性（availability）

可用性是指信息和通信服务在需要时允许授权人或实体使用。可用性是网络面向用户的基本安全要求。网络最基本的功能是向用户提供所需的信息和通信服务，而用户的通信要求是随机的，多方面的，有时还要求时效性。网络必须随时满足用户通信的要求。从某种意义上讲，可用性是可靠性的更高要求，特别是在重要场合下，特殊用户的可用性显得十分重要。为此，网络需要采用科学合理的网络拓扑结构、必要的冗余、容错和备份措施，以及网络自愈技术、分配配置和负荷分担、各种完善的物理安全和应急措施等，从满足用户需要出发，保证通信网的安全。

（3）保密性（confidentiality）

保密性是指防止信息泄露给非授权个人或实体，信息只能为授权用户使用。保密性是面向信息的安全要求。它是在可靠性和可用性的基础上，保障网络中信息安全的重要手段。对于敏感用户信息的保密，是人们研究最多的领域。由于网络信息会成为黑客、计算机犯罪、病毒、甚至信息战攻击的目标，已受到了人们越来越多的关注。

（4）完整性（integrity）

完整性是指信息不被偶然或蓄意地删除、修改、伪造、乱序、重放和插入等破坏的特性。完整性也是面向信息的安全要求。它与保密性不同，保密性是防止信息泄露给非授权的人，而完整性则要求信息的内容和顺序都不受破坏和修改。用户信息和网络信息都要求完整性，例如涉及金融的用户信息，如果用户账目被修改、伪造或删除，将带来巨大的经济损失。网络中的网络信息一旦遭到破坏，严重时会造成通信网的瘫痪。

（5）不可抵赖性（non-repudiation）

不可抵赖性也称为不可否认性，是面向通信双方（人、实体或进程）信息真实、同一的安全要求。它包括收发双方均不可抵赖。随着通信业务的不断扩大，电子贸易、电子金融、电子商务和办公自动化等许多信息处理过程都需要通信双方对信息内容的真实性进行认同，为此，应采用数字签名、认证、数据完备、鉴别等有效措施，以实现信息的不可抵赖性。

从以上安全目标可以看出，网络安全不仅仅是防范窃密活动，其可靠性、可用性、完整性和不可抵赖性应作为与保密性同等重要的安全目标加以实现。我们应从观念上、政策上做出必要的调整，全面规划和实施网络和信息的安全。

8.1.3   网络安全的特点

根据网络安全的历史及现状，可以看出网络安全大致有以下几个特点：

（1）网络安全的涉及面越来越广

随着计算机使用范围的扩大，网络安全几乎涉及了社会的各个层面。例如，保护国家机密不受黑客的袭击而泄露；保护商业机密、企业资料不遭窃取；保护个人隐私；保证接入网络的计算机系统不受病毒的侵袭而瘫痪等。可以看出，网络安全不仅仅涉及如何运用适当的技术保护信息系统的安全，还涉及与此相关的一系列包括安全管理制度、安全法律法规等在内的众多内容。

（2）网络安全涉及的技术层面越来越深

如今的计算机网络已经形成了一个跟现实社会紧密相关的虚拟社会，大量的信息流、资金流和物流都运行其上。为了实现所需的功能，网络本身采用了许多的新兴技术。此外，黑客采用的攻击手段和技术很多都是利用以前没有发现的全新系统漏洞，防御的技术难度比较大。这一切都使网络安全所涉及的技术层面不断加深。

（3）网络安全的黑盒性

网络安全是一种以"防患于未然"为主的安全保护方式，而网络威胁的隐蔽性和潜在性更增加了保证安全的难度，如窃取、侦听、传播病毒这些行为都是隐蔽的，致使网络安全防范的对象广泛而难以明确。

（4）网络安全的动态性

由于黑客和病毒方面的技术日新月异，新的系统安全漏洞也层出不穷。因此，网络安全必须能够紧跟网络发展的步伐，适应新兴的黑客技术。唯有如此，才能为不断发展的计算机网络提供可靠的安全保障。

（5）网络安全的相对性

任何网络安全都是相对的，任何网络安全产品的安全保证都只能说是提高网络安全的水平，而不能杜绝危害网络安全的所有事件。因此，在网络安全领域中，失败是常有的事情，只是启用了网络安全防护系统的网络其遭到攻击的可能性低一些，损失也小一些而已。另外，安全措施与系统使用的灵活性和方便性之间也存在着矛盾。

今后，随着安全基础设施建设力度的加大及安全技术和安全意识的普及，相信网络安全水平还是可以满足人们的安全需求的。

8.2   网络安全体系结构

通过对网络应用的全面了解，按照安全风险、需求分析结果、安全策略及网络的安全目标，整个网络安全措施应按系统体系建立。具体的网络安全体系结构可以由以下几个方面组成：物理安全、网络安全、信息安全和安全管理。

8.2.1　物理安全

保证计算机信息系统各种设备的物理安全是整个计算机信息系统安全的前提。物理安全是保护计算机网络设备、设施及其他媒体免遭地震、水灾、火灾等环境事故，以及人为操作失误或错误及各种计算机犯罪行为导致的破坏过程。它主要包括以下 3 个方面：

（1）环境安全

环境安全指对系统所在环境的安全保护，如区域保护和灾难保护。

（2）设备安全

设备安全主要包括设备的防盗、防毁、防电磁辐射及泄漏、防止线路截获、抗电磁干扰及电源保护等。

（3）媒体安全

媒体安全包括媒体数据的安全及媒体本身的安全。

关于物理安全的具体内容，可参看本书的第 2 章实体安全技术。

8.2.2　网络安全

网络安全是整个安全解决方案的关键，下面我们从几个方面分别进行说明。

（1）隔离及访问控制系统

第一，要有严格的管理制度，可制定诸如"用户授权实施规则"、"口令及账户管理规范"、"权限管理制度"、"安全责任制度"等一系列规章守则。第二，可以通过划分虚拟子网，实现较粗略的访问控制。内部办公自动化网络可根据不同用户安全级别或者根据不同部门的安全需求，利用三层交换机来划分虚拟子网，在没有配置路由的情况下，不同虚拟子网间是不能够互相访问的。第三，配置防火墙。防火墙是实现网络安全最基本、最经济、最有效的安全措施之一。防火墙可以通过制定严格的安全策略实现内外网络或内部网络不同信任域之间的隔离与访问控制，并且防火墙可以实现单向或双向控制，对一些高层协议实现较细致的访问控制。

（2）网络安全检测

网络系统的安全性取决于网络系统中最薄弱的环节。如何及时发现网络系统中最薄弱的环节？如何最大限度地保证网络系统的安全？最有效的方法是定期对网络系统进行安全性分析，及时发现并修正存在的弱点和漏洞。

网络安全检测工具通常是一个网络安全性评估分析软件，其功能是用实践性的方法扫描分析网络系统，检查报告系统存在的弱点和漏洞，建议补救措施和安全策略，达到增强网络安全性的目的。

（3）审计与监控

审计是记录用户使用计算机网络系统进行所有活动的过程，它是提高安全性的重要工具。它不仅能够识别谁访问了系统，还能指出系统正被怎样地使用。对于确定是否有网络攻击的情况，审计信息对于确定问题和攻击源非常重要。同时，系统事件的记录能够更迅速和系统地识别问题，并且它是后面阶段事故处理的重要依据。另外，通过对安全事件的不断收集与积累并且加以分析，有选择性地对其中的某些站点或用户进行审计跟踪，以便对发现已产生或可能产生的破坏性行为提供有力的证据。

因此，除使用一般的网管软件和系统监控管理系统外，还应使用目前已较为成熟的网络监控设备或实时入侵检测设备，以便对进出各级局域网的常见操作进行实时检查、监控、报警和阻断，从而防止针对网络的攻击与犯罪行为。

（4）网络反病毒

在网络环境下，计算机病毒有着不可估量的威胁性和破坏力，因此计算机病毒的防范是网络安全性建设中的重要一环。

网络反病毒技术包括预防病毒、检测病毒和消毒3种技术。预防病毒技术通过自身常驻系统内存，优先获得系统的控制权，监视和判断系统中是否有病毒存在，进而阻止计算机病毒进入计算机系统和对系统进行破坏。这类技术有加密可执行程序、引导区保护、系统监控与读/写控制（如防病毒卡等）。检测病毒技术是通过对计算机病毒的特征来进行判断的技术，如自身校验、关键字、文件长度的变化等。消毒技术是指通过对计算机病毒的分析，开发出具有删除病毒程序并恢复原文件的软件。

网络反病毒技术实现的具体方法包括对网络服务器中的文件进行频繁地扫描和监测，在工作站上用防病毒芯片和对网络目录及文件设置访问权限等。

（5）网络备份系统

为了尽可能快地全盘恢复运行计算机系统所需的数据和系统信息，人们引入了备份系统。根据系统安全需求可选择的备份机制有：场地内高速度大容量自动的数据存储、备份与恢复；场地外的数据存储、备份与恢复；对系统设备的备份。备份不仅在网络系统硬件故障或人为失误时起到保护作用，也在入侵者非授权访问或对网络攻击及破坏数据完整性时起到保护作用，同时亦是系统灾难恢复的前提之一。

一般的数据备份操作有3种。一是全盘备份，即将所有文件写入备份介质；二是增量备份，只备份那些上次备份之后增加的文件，这是最有效的备份方法；三是差分备份，备份上次全盘备份之后更改过的所有文件，其优点是只需两组磁介质就可恢复最后一次全盘备份的数据和最后一次差分备份的数据。

在确定备份的指导思想和备份方案之后，就要选择安全的存储媒介和技术进行数据备份，有"冷备份"和"热备份"两种。热备份是指"在线"备份，即下载备份的数据还在整个计算机系统和网络中，只不过传到另一个非工作的分区或是另一个非实时处理的业务系统中存放。"冷备份"是指"不在线"的备份，下载的备份存放到安全的存储媒介中，而这种存储媒介与正在运行的整个计算机系统和网络没有直接联系，在系统恢复时重新安装，有一部分原始数据长期保存并作为查询使用。热备份的特点是调用快，使用方便，在系统恢复中需要反复调试时更显优势。其具体做法是：可以在主机系统开辟一块非工作运行空间，专门存放备份数据，即分区备份。另一种方法是，将数据备份到另一个子系统中，通过主机系统与子系统之间的传输，同样具有速度快和调用方便的特点，但投资比较昂贵。冷备份弥补了热备份的一些不足，二者优势互补，相辅相成，因为冷备份在回避风险中还具有便于保管的特殊优点。

在进行备份的过程中，常常使用备份软件，它一般应具有以下功能：保证备份数据的完整性，并具有对备份介质的管理能力；支持多种备份方式，可以定时自动备份，还可设置备份自动启动和停止日期；支持多种校验手段（如字节校验、CRC 循环冗余校验和快速磁带扫描），以保证备份的正确性；提供联机数据备份功能；支持 RAID 容错技术和图像备份功能。

8.2.3　信息安全

信息安全主要涉及鉴别、信息传输的安全、信息存储的安全，以及对网络传输信息内容的审计等方面。

（1）鉴别

鉴别是对网络中的主体进行验证的过程，通常有 3 种方法验证主体身份。

一是只有该主体了解的秘密，如口令、密钥等。口令是相互约定的代码，假设只有用户和系统知道。口令有时由用户选择，有时由系统分配。通常情况下，用户先输入某种标志信息，比如用户名和 ID 号，然后系统询问用户口令，若口令与用户文件中的相匹配，用户即可进入访问。口令有多种，如一次性口令，系统生成一次性口令的清单，第一次时必须使用 X，第二次时必须使用 Y，第三次时用 Z，这样一直下去。还有基于时间的口令，即访问使用的正确口令随时间变化，变化基于时间和一个秘密的用户钥匙。这样口令每分钟都在改变，使其更加难以猜测。

二是主体携带的物品，如智能卡和令牌卡等。智能卡大小形如信用卡，一般由微处理器、存储器及输入、输出设施构成。微处理器可计算该卡的一个唯一数（ID）和其他数据的加密形式。ID 保证卡的真实性，持卡人就可访问系统。为防止智能卡遗失或被窃，许多系统需要智能卡和身份识别码（PIN）同时使用。若仅有卡而不知道 PIN 码，则不能进入系统。智能卡比传统的口令鉴别方法更好，但其携带不方便，且开户费用较高。

三是只有该主体具有的独一无二的特征或能力，如指纹、声音、视网膜或签字等。利用个人特征进行鉴别的方式具有很高的安全性。目前已有的设备包括：视网膜扫描仪、声音验证设备和手型识别器等。

（2）数据传输安全系统

数据传输加密技术的目的是对传输中的数据流加密，以防止通信线路上的窃听、泄露、篡改和破坏。如果以加密实现的通信层次来区分，加密可以在通信的 3 个不同层次上实现，即链路加密（位于 OSI 网络层以下的加密）、结点加密、端到端加密（传输前对文件加密，位于 OSI 网络层以上的加密）。

一般常用的是链路加密和端到端加密这两种方式。链路加密侧重在通信链路上而不考虑信源和信宿，是对保密信息通过各链路采用不同的加密密钥提供安全保护。链路加密是面向结点的，对于网络高层主体是透明的，它对高层的协议信息（地址、查错、帧头帧尾）都加密，因此数据在传输中是密文，但在中央结点必须解密得到路由信息。端到端加密则指信息由发送端自动加密，并进入 TCP/IP 数据包回封，然后作为不可阅读和不可识别的数据穿过互联网，一旦这些信息到达目的地，将自动重组、解密，成为可读数据。端到端加密是面向网络高层主体的，它不对下层协议进行信息加密，协议信息以明文形式传输，用户数据在中央结点无须解密。

目前，对于动态传输的信息，许多协议确保信息完整性的方法大多是收错重传、丢弃后续包的办法，但黑客的攻击可以改变信息包内部的内容，所以应采取有效的措施来进行完整性控制。常用的数据完整性鉴别技术有以下 5 种：

① 报文鉴别。它与数据链路层的 CRC 控制类似，将报文名字段（或域）使用一定的操作组成一个约束值，称为该报文的完整性检测向量（integrated check vector，ICV）。然后将它与数据封装在一起进行加密，传输过程中由于侵入者不能对报文解密，所以也就不能同时修改数据并计算新的 ICV，这样，接收方收到数据后解密并计算 ICV，若与明文中的 ICV 不同，则认为此报文无效。

② 校验和。一个最简单易行的完整性控制方法是使用校验和，计算出该文件的校验和值并与上次计算出的值比较。若相等，说明文件没有改变；若不等，则说明文件可能被未察觉的行为改变了。校验和方式可以查错，但不能保护数据。

③ 加密校验和。将文件分成小快，对每一块计算 CRC 校验值，然后再将这些 CRC 值加起来作为校验和。只要运用恰当的算法，这种完整性控制机制几乎无法攻破。但这种机制运算量大，并且昂贵，只适用于那些完整性要求保护极高的情况。

④ 消息完整性编码 MIC。使用简单单向散列函数计算消息的摘要，连同信息发送给接收方，接收方重新计算摘要，并进行比较验证信息在传输过程中的完整性。这种散列函数的特点是任何两个不同的输入不可能产生两个相同的输出。因此，一个被修改的文件不可能有同样的散列值。单向散列函数能够在不同的系统中高效实现。

⑤ 防抵赖技术。它包括对源和目的地双方的证明，常用方法是数字签名。数字签名采用一定的数据交换协议，使得通信双方能够满足两个条件：接收方能够鉴别发送方所宣称的身份，发送方以后不能否认自己发送过数据这一事实。比如，通信的双方采用公钥体制，发送方使用接收方的公钥和自己的私钥加密的信息，只有接收方凭借自己的私钥和发送方的公钥解密之后才能读懂，而对于接收方的回执也是同样道理。另外，实现防抵赖的途径还有：采用可信第三方的权标、使用时间戳、采用一个在线的第三方、数字签名与时间戳相结合等。

为保障数据传输的安全，需采用数据传输加密技术、数据完整性鉴别技术及防抵赖技术。因此为节省投资、简化系统配置、便于管理、使用方便，有必要选取集成的安全保密技术措施及设备。这种设备应能够为大型网络系统的主机或重点服务器提供加密服务，为应用系统提供安全性强的数字签名和自动密钥分发功能，支持多种单向散列函数和校验码算法，以实现对数据完整性的鉴别。

（3）数据存储安全系统

在计算机信息系统中存储的信息主要包括纯粹的数据信息和各种功能文件两大类。对纯粹数据信息的安全保护，以数据库信息的保护最为典型。而对各种功能文件的保护，终端安全则很重要。

对数据库系统所管理的数据和资源提供安全保护，一般包括以下几点：

① 物理完整性，即数据能够免于物理方面破坏的问题，如掉电、火灾等。

② 逻辑完整性，能够保持数据库的结构，如对一个字段的修改不至于影响其他字段。

③ 元素完整性，包括在每个元素中的数据是准确的。

④ 数据的加密。

⑤ 用户鉴别，确保每个用户被正确识别，避免非法用户入侵。

⑥ 可获得性，指用户一般可访问数据库和所有授权访问的数据。

⑦ 可审计性，能够追踪到谁访问过数据库。

要实现对数据库的安全保护，一种选择是安全数据库系统，即从系统的设计、实现、使用和管理等各个阶段都要遵循一套完整的系统安全策略；二是以现有数据库系统所提供的功能为基础，构造安全模块，旨在增强现有数据库系统的安全性。

终端安全主要解决微机信息的安全保护问题，一般的安全功能如下：基于口令或（和）密码算法的身份验证，防止非法使用机器；自主和强制存取控制，防止非法访问文件；多级权限管理，防止越权操作；存储设备安全管理，防止非法软盘备份和硬盘启动；数据和程序代码加密存储，防止信息被窃；预防病毒，防止病毒侵袭；严格的审计跟踪，便于追查责任事故。

（4）信息内容审计系统

实时对进出内部网络的信息进行内容审计，可防止或追查可能的泄密行为。因此，为了满足国家保密法的要求，在某些重要或涉密网络，应该安装使用此系统。

8.2.4　安全管理

面对网络安全的脆弱性，除了在网络设计上增加安全服务功能，完善系统的安全保密措施外，还必须花大力气加强网络的安全管理，因为诸多的不安全因素恰恰反映在组织管理和人员使用等方面，而这又是计算机网络安全所必须考虑的基本问题，所以应引起各计算机网络应用部门的重视。

（1）安全管理的原则

网络信息系统的安全管理主要基于以下 3 个原则：

① 多人负责原则。每一项与安全有关的活动，都必须有两人或多人在场。这些人应是系统主管领导指派的，必须保证忠诚可靠，能胜任此项工作。他们应该签署工作情况记录以证明安全工作已得到保障。以下各项是与安全有关的活动：

- 访问控制使用证件的发放与回收。
- 信息处理系统使用的媒介发放与回收。
- 处理保密信息。
- 硬件和软件的维护。
- 系统软件的设计、实现和修改。
- 重要程序和数据的删除和销毁等。

② 任期有限原则。一般地讲，任何人都不要长期担任与安全有关的职务，以免使其认为这个职务是专有的或永久性的。为遵循任期有限原则，工作人员应不定期地循环任职，强制实行休假制度，并规定对工作人员进行轮流培训，以使任期有限制度切实可行。

③ 职责分离原则。在信息处理系统工作的人员不要打听、了解或参与职责以外的任何与安全有关的事情，除非系统主管领导批准。出于对安全的考虑，下面每组内的两项信息处理工作应当分开。

- 计算机操作与计算机编程。
- 机密资料的接收和传送。
- 安全管理和系统管理。
- 应用程序和系统程序的编制。
- 访问证件的管理与其他工作。
- 计算机操作与信息处理系统使用媒介的保管等。

（2）安全管理的实现

信息系统的安全管理部门应根据管理原则和该系统处理数据的保密性，制定相应的管理制度或采用相应的规范。具体工作如下：

① 根据工作的重要程度，确定该系统的安全等级。

② 根据确定的安全等级，确定安全管理的范围。

③ 制定相应的机房出入管理制度。对于安全等级要求较高的系统，要实行分区控制，限制工作人员出入与己无关的区域。出入管理可采用证件识别或安装自动识别登记系统，采用磁卡、身份卡等手段，对人员进行识别、登记管理。

④ 制定严格的操作规程。操作规程要根据职责分离和多人负责的原则，各负其责，不能超越自己的管辖范围。

⑤ 制定完备的系统维护制度。对系统进行维护时，应采取数据保护措施，如数据备份等。维护时要首先经主管部门批准，并有安全管理人员在场，故障的原因、维护内容和维护前后的情况要详细记录。

⑥ 制定应急措施。要制定在紧急情况下，系统如何尽快恢复的应急措施，使损失减至最小。建立人员雇用和解聘制度，对工作调动和离职人员要及时调整相应的授权。

8.3　常用的网络安全技术

网络安全技术是在与网络攻击的对抗中不断发展的，它大致经历了从静态到动态、从被动防范到主动防范的发展过程。下面对一些常见的网络安全技术做出说明。

8.3.1　入侵检测系统

由于防火墙存在许多局限性，比如防火墙不能很好地防范内部网络攻击；对不经过防火墙的数据，防火墙无法检查；防火墙无法解决 TCP/IP 协议的漏洞问题；防火墙不能阻止内部泄密行为等，为了解决这些问题引入了入侵检测系统。

1. 入侵检测系统的概念

入侵检测系统（intrusion detection system，IDS）通过对计算机网络或计算机系统中若干关键点收集信息并对其进行分析，从中发现网络或系统中是否有违反安全策略的行为和被攻击的迹象。打一个比方，如果说防火墙是一栋大楼的门卫，负责检查进出人员的身份并做好登记，那么大楼里面的录像监控系统就是入侵检测系统，它知道进入大楼的人员都做了些什么事情，如果有异常情况立即采取相应的行动。

入侵检测是防火墙的合理补充，帮助系统对付网络攻击。入侵检测作为一种积极主动的安全防护技术，提供了对内部攻击、外部攻击和误操作的实时保护，在网络系统受到危害之前拦截和响应入侵。因此被认为是防火墙之后的第二道安全闸门，在不影响网络性能的情况下能对网络进行监测。

入侵检测系统通常由两部分组成：传感器和控制台。传感器负责采集数据（网络包、系统日志等）、分析数据并生成安全事件。控制台主要起到中央管理的作用，提供图形界面的控制台，如图 8-1 所示。

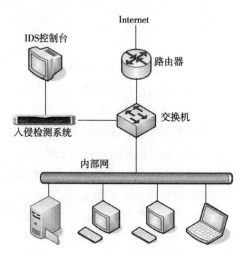

图 8-1　入侵检测系统

入侵检测通过执行以下任务来实现：监视、分析用户及系统活动；审计系统构造和弱点；识别反映已知进攻的活动模式并向相关人士报警；统计分析异常行为模式；评估重要系统和数据文件的完整性；审计跟踪管理操作系统，识别用户违反安全策略的行为。

2．入侵检测系统的分灯

（1）根据入侵检测系统采用的技术划分

根据入侵检测系统采用的技术不同可以分为异常检测、特征检测和协议分析。

① 异常检测：异常检测的假设是入侵者活动异常于正常主体的活动，建立正常活动的"活动简档"，当前主体的活动违反其统计规律时，认为可能是"入侵"行为。通过检测系统的行为或使用情况的变化来完成。

② 特征检测：特征检测假设入侵者活动可以用一种模式来表示，然后将观察对象与之进行比较，判别是否符合这些模式。

③ 协议分析：利用网络协议的高度规则性快速探测攻击的存在。

（2）根据入侵检测系统的对象划分

根据入侵检测系统监测的对象是主机还是网络，可以分为基于主机的入侵检测系统、基于网络的入侵检测系统和分布式入侵检测系统。

① 基于主机的入侵检测系统：通过监视与分析主机的审计记录检测入侵。能否及时采集到审计是这些系统的弱点之一，入侵者会将主机审计子系统作为攻击目标以避开入侵检测系统。

② 基于网络的入侵检测系统：基于网络的入侵检测系统通过在共享网段上对通信数据的侦听采集数据，分析可疑现象。这类系统不需要主机提供严格的审计，对主机资源消耗少，并可以提供对网络通用的保护而无须顾及异构主机的不同架构。

③ 分布式入侵检测系统：分布式入侵检测系统检测的数据也是来源于网络中的数据包，不同的是，它采用分布式检测、集中管理的方法。即在每个网段安装一个黑匣子，该黑匣子相当于基于网络的入侵检测系统，只是没有用户操作界面。黑匣子用来监测其所在网段上的数据流，它根据集中安全管理中心制定的安全策略、响应规则等来分析检测网络数据，同时向集中安全管理中心发回安全事件信息。集中安全管理中心是整个分布式入侵检测系统面向用户的界面。它的特点是对数据保护的范围比较大，但对网络流量有一定的影响。

（3）根据入侵检测系统的工作方式划分

根据入侵检测系统的工作方式分为离线检测系统与在线检测系统。

① 离线检测系统：离线检测系统是非实时工作的系统，它在事后分析审计事件，从中检查入侵活动。离线检测由网络管理人员进行，他们具有网络安全的专业知识，根据计算机系统对用户操作所做的历史审计记录判断是否存在入侵行为，如果有就断开连接，并记录入侵证据和进行数据恢复。离线检测是管理员定期或不定期进行的，不具有实时性。

② 在线检测系统：在线检测系统是实时联机的检测系统，它包含对实时网络数据包分和，实时主机审计分析。其工作过程是实时入侵检测在网络连接过程中进行，系统根据用户的历史行为模型、存储在计算机中的专家知识，以及审计网络模型对用户当前的操作进行判断，一旦发现入侵迹象立即断开入侵者与主机的连接，并搜集证据和实施数据恢复。这个检测过程是不断循环进行的。

3．入侵检测的过程

入侵检测的过程分为 3 部分：信息收集、信息分析和结果处理。

（1）信息收集

入侵检测的第一步是信息收集，收集的内容包括系统、网络、数据及用户活动的状态和行为。通常需要在计算机网络系统中的若干不同关键点（不同网段和不同主机）收集信息，这除了尽可能扩大检测范围的因素外，还有一个重要的因素就是从一个源来的信息有可能看不出疑点，但从几个源来的信息的不一致性却是可疑行为或入侵的最好标识。

入侵检测很大程度上依赖于收集信息的可靠性和正确性，因此，有必要利用所知道的真正的和精确的软件来报告这些信息。因为入侵者经常替换软件以便搞混和移走这些信息，例如替换被程序调用的子程序、库和其他工具。入侵者对系统的修改可能使系统功能失常而看起来跟正常的一样。这需要保证用来检测网络系统软件的完整性，特别是入侵检测系统软件本身应具有相当强的坚固性，防止被篡改而收集到错误的信息。

入侵检测利用的信息一般来自以下 4 个方面：系统和网络日志、目录和文件中不期望的改变、程序执行中的不期望行为、物理形式的入侵信息。

（2）信息分析

收集到的有关系统、网络、数据及用户活动的状态和行为等信息，被送到检测引擎，检测引擎驻留在传感器中，一般通过 3 种技术手段进行分析：模式匹配、统计分析和完整性分析。当检测到某种误用模式时，产生一个告警并发送给控制台。

（3）结果处理

控制台按照告警产生预先定义的响应采取相应措施，可以是重新配置路由器或防火墙、终止进程、切断连接、改变文件属性，也可以只是简单的告警。

4．入侵检测系统存在的问题

在入侵检测技术发展的同时，入侵技术也在更新，攻击者将试图绕过入侵检测系统（IDS）或直接攻击 IDS 系统。交换技术的发展及通过加密信道的数据通信使通过共享网段侦听的网络数据采集方法显得不足，而大通信量对数据分析也提出了新的要求。目前的入侵检测系统还存在相当多的问题。

① 攻击者不断增加的知识、日趋成熟多样的自动化工具，以及越来越复杂细致的攻击手法。入侵检测系统必须不断跟踪最新的安全技术，才能不致被攻击者远远超越。

② 恶意信息采用加密的方法传输。网络入侵检测系统通过匹配网络数据包发现攻击行为，入侵检测系统往往假设攻击信息是通过明文传输的，因此对信息的稍加改变便可能骗过入侵检测系统的检测。

③ 不知道安全策略的内容。必须协调、适应多样性的环境中不同的安全策略。网络及其中的设备越来越多样化，入侵检测系统要能有所定制以更适应多样的环境要求。

④ 不断增大的网络流量。用户往往要求入侵检测系统尽可能快地报警，因此需要对获得的数据进行实时的分析，这导致对所在系统的要求越来越高。可以想见，随着网络流量的进一步加大，对入侵检测系统将提出更大的挑战。

⑤ 缺乏广泛接受的术语和概念框架。标准的缺乏使得互通、互操作几乎不可能。

⑥ 不恰当的自动反应存在风险。一般的 IDS 都有入侵响应功能，如记录日志、发送告警信息、发送告警邮件和防火墙互动等。而攻击者可以利用 IDS 的响应进行间接攻击，使入侵日志迅速增加，塞满硬盘；发送大量的告警信息，使管理员无法发现真正的攻击者，并占用大量的 CPU 资源；发送大量的告警邮件，占满告警信箱或硬盘，并占用接收告警邮件服务器的系统资源；发送虚假的警告信息，使防火墙错误配置，如攻击者假冒大量不同的 IP 进行模拟攻击，而入侵检测系统自动配置防火墙将这些实际上并没有进行任何攻击的地址都过滤掉，造成一些正常的 IP 无法访问等。

⑦ 自身的安全问题。入侵检测系统本身也往往存在安全漏洞。因为 IDS 是安装在一定的操作系统之上的，操作系统本身存在漏洞或 IDS 自身防御力差，就可能受到攻击，从而造成 IDS 的探测器丢包、失效或不能正常工作。

⑧ 存在大量的误报和漏报。采用当前的技术及模型，完美的入侵检测系统无法实现。这种现象存在的主要原因是：入侵检测系统必须清楚地了解所有操作系统网络协议的运作情况，甚至细节，才能准确地进行分析。而不同操作系统之间，甚至同一操作系统的不同版本之间对协议处理的细节均有所不同。而力求全面则必然违背入侵检测系统高效工作的原则。

⑨ 缺乏客观的评估与测试信息的标准。

5．入侵检测技术的发展趋势

今后的入侵检测技术发展趋势主要有以下 3 个方面：

① 对分析技术加以改进。采用当前的分析技术和模型，会产生大量的误报和漏报，难以确定真正的入侵行为。采用协议分析和行为分析等新的分析技术后，可极大地提高检测效率和准确性，从而对真正的攻击做出反应。协议分析是目前较先进的检测技术，通过对数据包进行结构化协议分析来识别入侵企图和行为，这种技术比模式匹配检测效率更高，并能对一些未知的攻击特征进行识别，具有一定的免疫功能。行为分析技术不仅简单分析单次攻击事件，还根据前后发生的事件确认是否确有攻击发生、攻击行为是否生效，是入侵检测技术发展的趋势。

② 增进对大流量网络的处理能力。随着网络流量的不断增长，对获得的数据进行实时分析的难度加大，这导致对入侵检测系统的要求越来越高。入侵检测产品能否高效处理网络中的数据是衡量入侵检测产品的重要依据。

③ 向高度可集成性发展，集成网络监控和网络管理的相关功能。入侵检测可以检测网络中的数据包，当发现某台设备出现问题时，可立即对该设备进行相应的管理。入侵检测系统将会结合其他网络管理软件，形成入侵检测、网络管理、网络监控三位一体的工具。

8.3.2　入侵检测系统实例——Snort

Snort 是一个轻便的网络入侵检测系统，可以完成实时流量分析和对网络上的 IP 包登录进行测试等功能，能完成协议分析、内容查找/匹配，能用来探测多种攻击和嗅探（如缓冲区溢出、秘密断口扫描、CGI 攻击、SMB 嗅探、拇纹采集尝试等）。

Snort 有 3 种工作模式：嗅探器、数据包记录器和网络入侵检测系统。嗅探器模式仅仅是从网络上读取数据包并作为连续不断的流显示在终端上。数据包记录器模式把数据包记录到硬盘上。网络入侵检测模式是最复杂的，而且是可配置的。我们可以让 Snort 分析网络数据流以匹配用户定义的一些规则，并根据检测结果采取一定的动作。

　　Snort 的安装很简单，全部按照默认设置，一步一步安装即可，如图 8-2 所示。

　　如果计算机上没有安装 WinPcap，则需要安装，安装时全部按照默认设置直至安装成功，如图 8-3 所示。

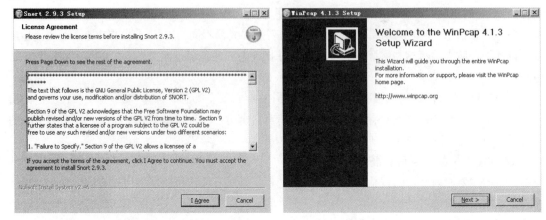

图 8-2　安装 Snort　　　　　　　　　　　　　图 8-3　安装 WinPcap

　　安装完成后，单击"开始"按钮，选择"运行"命令，并输入"cmd"进入命令行窗口，在窗口中输入"cd c:\snort\bin"，转到 Snort 路径下，如图 8-4 所示。

图 8-4　运行 Snort

　　继续输入"snort –h"，按【Enter】键确认，将显示可以与 Snort 一起使用的命令行选项的帮助文件，每个选项的涵义都有其对应的说明，如图 8-5 所示。

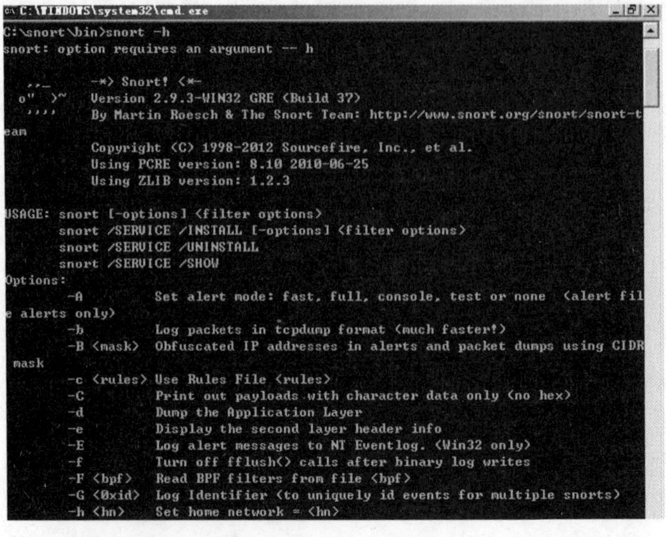

图 8-5　Snort 帮助

继续输入"snort –W"，按【Enter】键确认，可以查看本地网络适配器编号，测试 Snort 安装是否正确，如图 8-6 所示，如果 Snort 安装成功会出现一个可爱的小猪图像。

图 8-6　查看网卡编号

输入"snort –vde"或者"snort –v –d –e"，这两个命令等价，按【Enter】键确认，结果如图 8-7 所示。

图 8-7　输入"snort –vde"命令

此时，在另外一台计算机上使用连续不断的"Ping"命令（–t 参数）入侵这台安装并运行了 Snort 的计算机，如图 8-8 所示。

图 8-8　"Ping"命令入侵

可以看到运行了 Snort 的计算机屏幕一直在滚动，有数据被捕获，如图 8-9 所示。

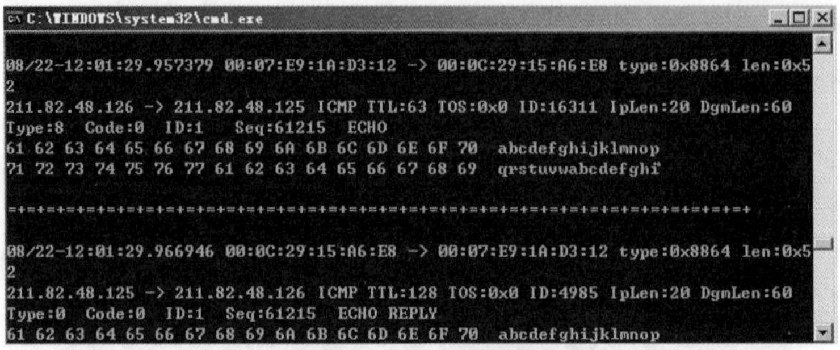

```
C:\WINDOWS\system32\cmd.exe                                          _ □ ×
08/22-12:01:29.957379 00:07:E9:1A:D3:12 -> 00:0C:29:15:A6:E8 type:0x8864 len:0x5
2
211.82.48.126 -> 211.82.48.125 ICMP TTL:63 TOS:0x0 ID:16311 IpLen:20 DgmLen:60
Type:8 Code:0 ID:1 Seq:61215 ECHO
61 62 63 64 65 66 67 68 69 6A 6B 6C 6D 6E 6F 70   abcdefghijklmnop
71 72 73 74 75 76 77 61 62 63 64 65 66 67 68 69   qrstuvwabcdefghi
=+=+=+=+=+=+=+=+=+=+=+=+=+=+=+=+=+=+=+=+=+=+=+=+=+=+=+=+=+=+=+=+=+=+=+
08/22-12:01:29.966946 00:0C:29:15:A6:E8 -> 00:07:E9:1A:D3:12 type:0x8864 len:0x5
2
211.82.48.125 -> 211.82.48.126 ICMP TTL:128 TOS:0x0 ID:4985 IpLen:20 DgmLen:60
Type:0 Code:0 ID:1 Seq:61215 ECHO REPLY
61 62 63 64 65 66 67 68 69 6A 6B 6C 6D 6E 6F 70   abcdefghijklmnop
```

图 8-9 Snort 捕获数据

Snort 在很多操作系统上都可以运行，例如 Windows、Linux 等操作系统。用户在操作系统平台选择上应考虑其安全性、稳定性，同时还要考虑与其他应用程序的协同工作的要求。Snort 的运行，主要是通过各插件协同工作才使其功能强大，所以在部署时要选择合适的数据库、Web 服务器、图形处理程序软件等。有兴趣的读者可以查找相关资料，进行进一步的学习。

8.3.3 虚拟专用网络

虚拟专用网络（virtual private network，VPN）指的是在公用网络上建立专用网络技术。所谓"虚拟"是指用户不需要拥有实际的长途数据线路，而是使用 Internet 公众数据网络的长途数据线路。所谓"专用网络"是指用户可以订制一个最符合自己需求的网络。

简单地说，VPN 就是利用公网链路架设私有网络。例如公司员工出差到外地，他想访问企业内网的服务器资源，这种访问就属于远程访问。怎么才能让外地员工访问到内网资源呢？VPN 的解决方法是在内网中架设一台 VPN 服务器，VPN 服务器有两块网卡，一块连接内网，一块连接公网。外地员工在当地连上互联网后，通过互联网找到 VPN 服务器，然后利用 VPN 服务器作为跳板进入企业内网。为了保证数据安全，VPN 服务器和客户机之间的通信数据都进行了加密处理。有了数据加密，就可以认为数据是在一条专用的数据链路上进行安全传输，就如同专门架设了一个专用网络一样。但实际上 VPN 使用的是互联网上的公用链路，因此只能称为虚拟专用网。有了 VPN 技术，用户无论是在外地出差还是在家中办公，只要能接入互联网就能利用 VPN 非常方便地访问内网资源，VPN 的连接结构如图 8-10 所示。

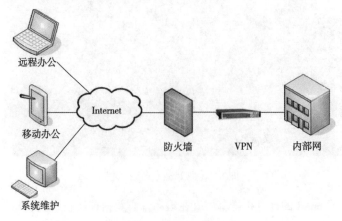

图 8-10 虚拟专用网络 VPN

VPN 可以广泛应用于各个领域，使企业通过公共网络在公司总部、各远程分部及客户之间建立快捷、安全、可靠的信息通信。这种连接方式在概念上等同于传统广域网。有以下 3 类用户比较适合采用 VPN：

- 位置众多的用户，特别是单个用户和远程办公室较多的用户，例如企业用户和远程教育用户。
- 用户或站点分部范围广，彼此之间距离远，需要通过长途电信，甚至国际长途手段联系的用户。
- 带宽和时延要求相对适中，对线路保密性和可用性有一定要求的用户。

但也有一些情形可能并不适合采用 VPN，例如：

- 非常重视传输数据的安全性。
- 不管价格多少，性能都被放在第一位的情况。
- 采用不常见的协议，不能在 IP 隧道中传送应用的情况。
- 大多数通信是实时通信的应用，如语言和视频。但这种情况可以使用公共交换电话网解决方案和 VPN 配合使用。

根据不同的划分标准，VPN 可以有不同的分类。按照 VPN 的服务类型，可以将 VPN 分为远程访问虚拟专网（Access VPN）、企业内部虚拟专网（Intranet VPN）和扩展的企业内部虚拟专网（Extranet VPN）3 类。

① 远程访问虚拟专网（Access VPN）。在该方式下远端用户拨号接入到用户本地的 ISP，采用 VPN 技术在公众网上建立一个虚拟的通道到公司的远程接入端口。这种应用既可适应企业内部人员移动和远程办公的需要，又可用于商家提供 B2C（企业对客户）的安全访问服务。

② 企业内部虚拟专网（Intranet VPN）。在公司两个异地机构的局域网之间在公众网上建立 VPN，通过 Internet 这一公共网络将公司在各地分支机构的 LAN 连到公司总部的 LAN，以便公司内部的资源共享、文件传递等，可以节省 DDN 等专线所带来的高额费用。

③ 扩展的企业内部虚拟专网（Extranet VPN）。在企业网与相关合作伙伴的企业网之间采用 VPN 技术互连，与 Intranet VPN 相似，但由于是不同公司的网络相互通信，所以要更多地考虑设备的互连、地址的协调、安全策略的协商等问题。公司的网络管理员还应该设置特定的访问控制表，根据访问者的身份、网络地址等参数来确定相应的访问权限，开放部分资源而非全部资源给外联网的用户。Extranet VPN 通过使用一个专用连接的共享基础设施，将客户、供应商、合作伙伴或兴趣群体连接到企业内部网。企业拥有与专用网络的相同政策，包括安全、服务质量、可管理性和可靠性。

按照 VPN 的协议分类，主要有 3 种：PPTP、L2TP 和 IPSec，其中 PPTP 和 L2TP 工作在 OSI 模型的第二层，又称为二层隧道协议；IPSec 是第三层隧道协议，也是最常见的协议。L2TP 和 IPSec 配合使用是目前性能最好、应用最广泛的一种方案。

① PPTP（点到点隧道协议）是一种用于让远程用户拨号连接到本地的 ISP，通过因特网安全远程访问公司资源的技术。它能将 PPP（点到点协议）帧封装成 IP 数据包，以便能够在基于 IP 的互联网上进行传输。PPTP 使用 TCP（传输控制协议）连接的创建、维护与终止隧道，并使用 GRE(通用路由封装）将 PPP 帧封装成隧道数据。被封装后的 PPP 帧的有效载荷可以被加密或者压缩或者同时被加密与压缩。

② L2TP（第二层隧道协议）是一种工业标准的 Internet 隧道协议，功能大致和 PPTP 类似，比如同样可以对网络数据流进行加密。不过也有不同之处，比如 PPTP 要求网络为 IP 网络，L2TP 要求面向数据包的点对点连接；PPTP 使用单一隧道，L2TP 使用多隧道；L2TP 提供包头压缩、隧道验证，而 PPTP 不支持包头压缩、隧道验证。

③ IPSec（internet protocol security）是安全联网的长期方向。它通过端对端的安全性来提供主动的保护以防止专用网络与 Internet 的攻击。在通信中，只有发送方和接收方才是唯一必须了解 IPSec 保护的计算机。IPSec 最突出、也是最主要的功能就是保证 VPN 数据的安全传输。其功能主要有：数据源认证（保证数据是从真正的发送者发来的，而不是来自于第三方攻击者）、保护数据完整性（保证数据不会被攻击者改动）、保证数据私密性（保证数据不会被攻击者读取）、防止中间人攻击（防止数据被中间人截获）、防止数据被重放（防止数据被读取和改动）。

按照 VPN 使用的网络设备类型来分类，主要分为交换机、路由器和防火墙式 VPN。

① 路由器式 VPN，其部署较容易，只要在路由器上添加 VPN 服务即可。

② 交换机式 VPN，主要应用于连接用户较少的 VPN 网络。

③ 防火墙式 VPN，这是最常见的一种 VPN 的实现方式，许多网络设备制造商都提供这种配置类型。

8.3.4 实例——配置 VPN 服务器

下面在 Windows 7 环境下进行 VPN 服务器的配置及连接。

① 通过"控制面板"打开"网络和共享中心"窗口，在窗口的左上角单击"更改适配器设置"超链接，如图 8-11 所示。

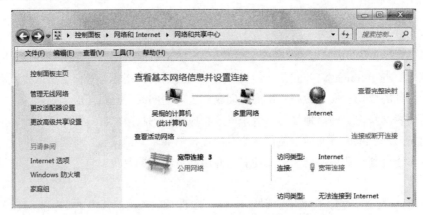

图 8-11 VPN 服务器配置（一）

② 在打开的窗口中，选择"文件"→"新建传入连接"命令，如图 8-12 所示。

③ 在"允许连接这台计算机"对话框中，选择允许连接到这台计算机的用户，如图 8-13 所示。也可以单击"添加用户"按钮，在这里添加一个名为"zjc"的用户，并为其设置密码，如图 8-14。可以在图 8-15 中看到，用户已经添加到"允许连接这台计算机"对话框中。

图 8-12　VPN 服务器配置（二）

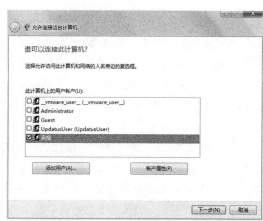

图 8-13　VPN 服务器配置（三）

图 8-14　VPN 服务器配置（四）

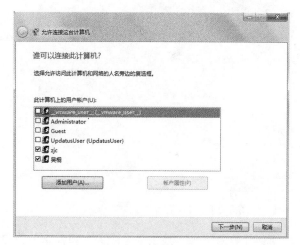

图 8-15　VPN 服务器配置（五）

④ 单击"下一步"按钮，设置其他计算机可以通过 VPN 连接到此台计算机上，为刚刚选择的用户授权，如图 8-16 和图 8-17 所示。

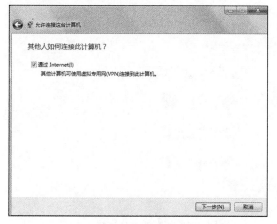

图 8-16　VPN 服务器配置（六）

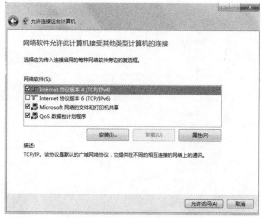

图 8-17　VPN 服务器配置（七）

如果授权使用 VPN 的用户在连接后可以使用本地网络中的 DHCP 服务器，则可以通过 DHCP 服务器自动分配 IP 地址来完成网络设置。如果本地网络中没有 DHCP 服务器，则必须在这里为连接 VPN 服务器的计算机设置 IP 地址的范围。

⑤ 单击图 8-17 中的"属性"按钮，打开如图 8-18 所示的对话框，进行 IP 地址的设定。

⑥ 设置完成后，先后出现如图 8-19 和图 8-20 所示的对话框，至此，VPN 服务器配置完成。

图 8-18　VPN 服务器配置（八）

图 8-19　VPN 服务器配置（九）

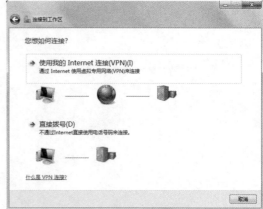

图 8-20　VPN 服务器配置（十）

下面开始创建 VPN 连接并进行连接 VPN 服务器的测试。

① VPN 连接的创建很简单，首选通过"控制面板"打开"网络和共享中心"窗口，在窗口中单击"设置新的连接或网络"超链接，打开如图 8-21 所示的对话框。

② 选择"连接到工作区"选项，单击"下一步"按钮，打开如图 8-22 所示的对话框。

图 8-21　创建 VPN 连接（一）

图 8-22　创建 VPN 连接（二）

③ 选择"使用我的 Internet 连接（VPN）"选项，通过 Internet 使用虚拟专用网络（VPN）来

连接，打开如图 8-23 所示的对话框。

④ 输入已知 VPN 服务器 IP 地址或计算机名，单击"下一步"按钮，打开如图 8-24 所示的对话框。

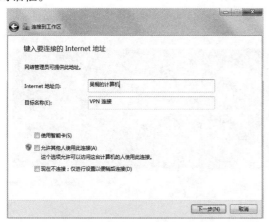

图 8-23　创建 VPN 连接（三）

图 8-24　创建 VPN 连接（四）

⑤ 在这里输入创建 VPN 服务器时所添加的用户名"zjc"及其密码，单击"连接"按钮，在图 8-25 所示的对话框中，单击"关闭"按钮，即可完成 VPN 连接的设置。

⑥ VPN 的连接完成后，用户就可以在本机远程连接 VPN 服务器及其内网了。在图 8-26 所示的对话框中输入用户名和密码，连接成功后，就可以在任务栏右下角看到 VPN 呈"已连接"的状态，如图 8-27 所示。

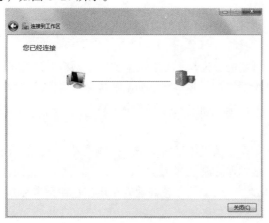

图 8-25　创建 VPN 连接（五）

图 8-26　VPN 连接窗口

⑦ 此时，对 VPN 服务器所在内网的计算机使用"Ping"命令，如图 8-28 所示，可以看到命令成功运行。

在上述网络安全技术中，数据加密是其他一切安全技术的核心和基础。在实际网络系统的安全实施中，可以根据系统的安全需求，配合使用各种安全技术来实现一个完整的网络安全解决方案。例如常用的自适应网络安全管理模型，就是通过防火墙、网络安全扫描和网络入侵检测等技术的结合来实现网络系统动态的可适应的网络安全目标。这种网络安全管理模型认为任何网络系统都不可能防范所有的安全风险，因此在利用防火墙系统实现静态安全目标的基础上，必须通过网络安全扫描和实时的网络入侵检测，实现动态的、自适应的网络安全目标。该模型利用网络安全扫描技术，主动找出系统的安全隐患，对安全风险做出分析，提出修补安全漏洞的方案，并自动随着网络环境的变化，通过入侵特征的识别，对系统的安全做出校正，从而可以将网络安全的风险降到最低点。

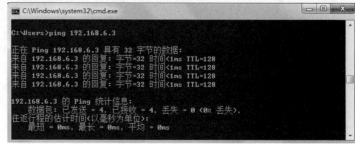

图 8-27　VPN "已连接" 窗口　　　　　　图 8-28　"Ping" 命令窗口

8.4　计算机网络安全设计

网络安全是整体的、动态的。其整体性是指安全系统的建立，既包括采用相应的安全设备，又包括相应的管理手段。其动态性是指网络安全是随着环境、时间的变化而变化的。环境、时间不同，系统的安全性就有可能不同。所以，建立网络安全系统不是一劳永逸的事情。

8.4.1　网络安全设计原则

在进行网络系统安全设计时，应遵循以下原则：

（1）需求、风险、代价平衡分析的原则

对于任何一个网络，要做到绝对安全是不可能的，也是不必要的。对一个网络应进行实际的分析，包括其任务、性能、结构、可靠性和可维护性等，并对网络面临的威胁及可能承担的风险进行定性与定量相结合的分析，然后制定规范和措施，确定系统的安全策略。

（2）综合性、整体性原则

应运用系统工程的观点、方法，分析网络的安全及具体措施。安全措施主要包括：行政法律手段、各种管理制度（人员审查、工作流程和维护保障制度等），以及专业技术措施（访问控制、加密技术、认证技术、入侵检测技术、容错和防病毒等）。一个较好的安全措施往往是多种方法适当综合应用的结果。

计算机网络的各个环节，包括个人（使用、维护、管理）、设备、软件和数据等，在网络安全中的地位和影响，也只有从系统整体的角度去看待、分析，才可能得到有效、可行的措施。

总之，不同的安全措施其代价、效果对不同网络并不完全相同。计算机网络安全应遵循整体安全性原则，根据确定的安全策略制定出合理的网络安全体系结构。

（3）一致性原则

一致性原则主要是指网络安全问题应与整个网络的生命周期同时存在，制定的安全体系结构必须与网络的安全需求相一致。安全的网络系统设计、实施计划、网络验证、验收和运行等，都要有安全的内容及措施。实际上，在网络建设的开始就考虑网络安全对策，比在网络建设好后再考虑安全措施，不但容易，且花费也少得多。

（4）易操作性原则

安全措施需要人去完成，如果措施过于复杂，对人的要求过高，本身就降低了安全性。其次，还要保证措施的采用不能影响系统的正常运行。

（5）适应性及灵活性原则

安全措施必须能随着网络性能及安全需求的变化而变化，要容易适应、容易修改，还要能够满足日后的升级需求。

（6）多重保护原则

任何网络安全措施都不是绝对安全的，都可能被攻破。如果建立一个多重保护系统，各层保护相互补充，当一层保护被攻破时，其他各层仍可起到保护信息安全的作用。

（7）可评价性原则

如何预先评价一个安全设计并验证其网络的安全性，需要通过国家有关网络信息安全测评认证机构的评估来实现。目前没有什么更好的解决办法，还需要开展更多的研究。

8.4.2　网络安全设计的步骤

① 明确安全需求，进行风险分析。

安全需求指明网络必须有一定程度的安全保障，以便能保证安全控制的正确性。这个阶段可以得出网络安全需求的基本规范和准备采取的安全策略。在此也可以利用形式化开发途径中的抽象安全模型。

② 选择并确定网络安全措施。

准确定义网络中要完成的任务，根据规范和安全策略详细描述网络如何组织才能满足安全需求。可行方案的选择，往往是多种手段和方案的比较，除定量分析外，还要做必要的试验，最终将产生一个综合方案。

另外，根据目前的实际情况，安全措施应该包括行政法律、管理制度及法律 3 方面，任何不适当地强调某一方面，都会带来安全问题。

③ 方案实施。

设计并完成各种安全措施的选配，包括论证实施方案是否与网络安全体系结构相符。

④ 网络试验及运行。

⑤ 优化、改进。

根据运行实践对安全措施进行评估，在此基础上可能会提出进一步改进、完善网络安全措施的方案。

以上步骤在以往实际建设过程中并没有得到很好的执行，大多数网络建设在一开始的时候就没有全面考虑安全性问题。因此，必须采取相应的补救方案，来逐步完善其安全措施。

针对安全体系的特性，我们还可以采用"统一规划、分步实施"的原则。具体而言，可以对网络做一个比较全面的安全体系规划，然后，根据网络的实际应用状况，先建立一个基础的安全防护体系，保证基本的、应有的安全性。随着今后应用的种类和复杂程度的增加，再在原来的基础防护体系之上，建立增强的安全防护体系。这样，既可以提高整个网络基础的安全性，又可以保证应用系统的安全性。

习　题

1. 概括计算机网络安全所面临的威胁。
2. 在设计网络系统的安全时，应努力达到哪些安全目标？
3. 网络安全体系结构包含哪些方面？
4. 简述入侵检测的过程。
5. 虚拟专用网的分类标准有哪些？
6. 试着建立自己的虚拟专用网，并归纳其实际应用时的优缺点。
7. 在进行网络系统安全设计时，应遵循哪些原则？
8. 简述网络安全设计的步骤。

第 9 章 无线局域网安全

随着无线局域网（WLAN）技术的发展和普及，无线网络应用日渐成为人们休闲娱乐，甚至工作和学习的常规渠道之一。人们已渐渐习惯于随时随地通过无线网络分享照片、发布微博、网上支付、收发邮件和即时通信。不知不觉中越来越多的个人隐私甚至商业机密信息在通过这种渠道传送和交互着。人们在享受无线网络应用便捷性的同时，往往对其安全性不够重视。关注无线网络安全是切实保障个人和企业信息安全的务实之举。

9.1　无线局域网

9.1.1　无线局域网概述

（1）无线局域网的概念

无线局域网（wireless local area networks，WLAN）是计算机网络技术与无线通信技术结合的产物。它利用电磁波作为介质，在空气中发送和接收数据，不需要线缆连接，网络的组建、配置和维护较便利，用户的接入也更加灵活。无线局域网技术尤其适用于会议中心、图书馆、阶梯教室等空间大、移动用户多、不方便铺设线缆的场所。无线局域网技术的出现，弥补了传统有线局域网在灵活性上的不足，为通信网络建设提供了新的思路和解决方案。

与有线网络建设中复杂的布线和施工相比，无线局域网的建设则简单得多，只需要安装一个或多个无线网络接入设备 AP（access point），就可以将无线设备互连起来，甚至还可以把无线网络接入到有线网络，完成对目标区域网络的覆盖，如图 9-1 所示。无线网络的施工周期相比有线网络也将大大减小，费用的节省和效率的提高都显而易见。无线局域网一旦建成，在无线信号覆盖的任何一个位置都可以接入网络。

（2）无线局域网的优点

具体来说，无线局域网的优点可以概括为以下 5 点：

① 灵活性和移动性。在有线网络中，网络设备的安放位置受网络位置的限制，而无线局域网在无线信号覆盖区域内的任何一个位置都可以接入网络。无线局域网另一个最大的优点在于其移动性，连接到无线局域网的用户可以移动且能同时与网络保持连接。

② 安装便捷。无线局域网可以免去或最大程度地减少网络布线的工作量，一般只要安装一个或多个接入点设备，就可建立覆盖整个区域的局域网络。

③ 易于进行网络规划和调整。对于有线网络来说，办公地点或网络拓扑的改变通常意味着重新建网。重新布线是一个昂贵、费时、浪费和琐碎的过程，无线局域网可以避免或减少以上情况的发生。

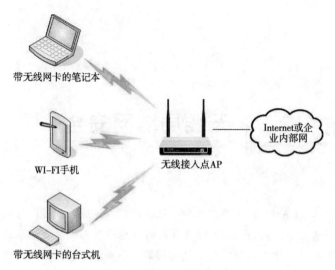

带无线网卡的笔记本

WI-FI手机

带无线网卡的台式机

无线接入点AP

Internet或企业内部网

图 9-1　无线局域网 WLAN

④ 故障定位容易。有线网络一旦出现物理故障，尤其是由于线路连接不良而造成的网络中断，往往很难查明，而且检修线路需要付出较大的代价。无线网络则很容易出现定位故障，只需更换故障设备即可恢复网络连接。

⑤ 易于扩展。无线局域网有多种配置方式，可以很快从只有几个用户的小型局域网扩展到上千用户的大型网络，并且能够提供结点间"漫游"等有线网络无法实现的特性。

需要指出的是，无线局域网绝对不是用来代替有线网络的，而是为了弥补有线网络信号覆盖范围的不足，是对有线网络的一种补充和扩展，以达到延伸网络的目的。只是在某些特殊的网络环境中，无线局域网才可以在一定限度内替代传统的有线网络。

（3）无线局域网的缺点

无线局域网在能够给网络用户带来便捷和实用的同时，也存在着一些缺陷。无线局域网的不足之处体现在以下 3 个方面：

① 性能。无线局域网是依靠无线电波进行传输的。这些电波通过无线发射装置进行发射，而建筑物、车辆、树木和其他障碍物都可能阻碍电磁波的传输，所以会影响网络的性能。

② 速率。无线信道的传输速率与有线信道相比要低得多，只适合于个人终端和小规模网络应用。

③ 安全性。本质上无线电波不要求建立物理的连接通道，无线信号是发散的。从理论上讲，很容易监听到无线电波广播范围内的任何信号，造成通信信息泄露。

9.1.2　无线局域网组成设备

无线局域网的组成设备主要包括无线网卡、无线接入设备 AP 和无线桥接设备。

1. 无线网卡

无线网卡是无线局域网和计算机连接的中介，在无线信号覆盖区域中，计算机通过无线网卡以无线电信号方式接入到无线局域网。无线网卡之间可以直接互相连接形成无线对等网络，也可以通过一个无线 AP 设备，使无线局域网中的设备通过无线网卡连接到无线接入设备 AP 上，互相组成无线局域网。

无线网卡根据接口不同分为 3 种类型，分别为 PCMCIA 无线网卡、PCI 无线网卡和 USB 无线网卡。

- PCMCIA 网卡仅适用于笔记本电脑，支持热插拔，可以非常方便地实现移动式无线接入，如图 9-2 所示。
- PCI 接口的网卡可以直接插在台式机内部主板的 PCI 插槽上，可以节省一部分空间，对于不作移动办公的台式机非常适用，如图 9-3 所示。
- USB 接口的无线网卡适合于各种支持 USB 接口的计算机设备，并且有些还具有天线，可以增强信号的强度。使用时，只需把网卡插入到计算机的 USB 端口，安装驱动程序，就可以自动搜索附近地区的信号，接入无线局域网，对于个人用户来说是一个非常好的选择，如图 9-4 所示。

图 9-2　PCMICA 接口网卡　　　图 9-3　PCI 接口无线网卡　　　图 9-4　USB 接口无线网卡

2. 无线接入设备 AP

无线接入设备 AP（access point）也称为"无线访问结点"或"桥接器"，在无线信号传输中，扮演无线工作站之间的连接介质，以及无线和有线局域网之间的连接桥梁。在工作原理上，无线接入设备类似于有线以太网中的集线器，它在无线局域网和有线网络之间接收、缓冲存储和传输数据，以支持一组无线用户设备。接入点通常是通过标准以太网线连接到有线网络上，并通过天线与无线设备进行通信。在有多个接入点时，用户可以在接入点之间漫游切换。接入点的有效范围是 20～500 m。根据技术、配置和使用情况，一个接入点可以支持 15～250 个用户，通过添加更多的接入点，可以比较轻松地扩充无线局域网，从而减少网络拥塞并扩大网络的覆盖范围，如图 9-5 所示。

3. 无线桥接设备

AP 的另外一个重要功能是桥接，顾名思义，是用于两个无线 AP 间的数据传输，一般应用在两个有线局域网连接的情况。安装于室外的无线 AP 也称为无线网桥，是通过无线进行远距离点对点无线局域网之间互连而设计的产品，是一种在链路层实现网络间互连的设备，如图 9-6 所示。无线网桥为楼到楼之间等难以布线的场点提供可靠的无线局域网连接，大范围的无线网桥连接，传输距离最远可达 20 km，适用于城市中的远距离或在无高大障碍建筑的条件下快速组网。不需要租用专线或者自己布线，就可以对网络范围进行扩展。

图 9-5　无线接入设备 AP

图 9-6 无线桥接设备

9.1.3　无线局域网协议标准

无线局域网技术是无线通信领域最有发展前景的重大技术之一。以 IEEE（电气和电子工程师协会）为代表的多个研究机构针对不同的应用场合，制定了一系列协议标准，推动了无线局域网的实用化。

1. IEEE 802.11 标准

1997 年，IEEE 发布了 802.11 协议，这也是无线局域网领域内第一个被认可的标准协议，它的颁布是无线局域网技术发展史上一个里程碑，使得各家公司都能基于 802.11 标准，生产彼此兼容的无线局域网产品。

IEEE 最初制定的一个无线局域网标准，主要用于解决办公室局域网和校园网中用户与用户终端的无线接入，业务主要限于数据存取，速率最高只能达到 2 Mbit/s。由于它在速率和传输距离上都不能满足人们的需要，因此，IEEE 又相继推出了 802.11b 和 802.11a 两个新标准。

2. IEEE 802.11b 标准

IEEE 802.11b 标准载波的频率为 2.4 GHz，传送速度为 11 Mbit/s。IEEE 802.11b 是所有无线局域网标准中最著名，也是普及最广的标准。它有时也被错误地标为 Wi-Fi。实际上 Wi-Fi 是无线局域网联盟（WLANA）的一个商标，该商标仅保障使用该商标的商品互相之间可以合作，与标准本身实际上没有关系。在 2.4-GHz-ISM 频段共有 14 个频宽为 22MHz 的频道可供使用。IEEE 802.11b 的后继标准是 IEEE 802.11g，其传送速度为 54 Mbit/s。

3. IEEE 802.11a 标准

802.11a 是对 802.11b 标准的修正，以解决无线局域网高速传输的问题，因此，802.11a 使用更高的 5.8 GHz 频段传输信息，避开了微波、蓝牙及大量工业设备广泛采用的 2.4 GHz 频段。在数据传输过程中，干扰大为降低，从而获得了高达 54 Mbit/s 的数据收发速率。由于在不同的频段传输信号，802.11a 和 802.11b 是互相不兼容的两套标准。为了兼容这两种标准，设备厂商对技术进行了改进，开发了同时支持两套标准的双频双模的无线网卡，它们可以自动根据情况选择标准。

4. IEEE 802.11g 标准

2001 年 11 月，在 802.11 IEEE 会议上形成了 802.11g 标准草案，目的是在 2.4 GHz 频段实现 802.11a 的速率要求。该标准将于 2003 年初获得批准。802.11g 使用 2.4 GHz 频段，对现有的 802.11b

系统向下兼容。它既能适应传统的 802.11b 标准（在 2.4 GHz 频率下提供的数据传输速率为 11 Mbit/s），也符合 802.11a 标准（在 5GHz 频率下提供的数据传输率 56 Mbit/s），从而解决了对已有的 802.11b 设备的兼容。用户还可以配置与 802.11a、802.11b 及 802.11g 均相互兼容的多方式无线局域网，有利于促进无线网络市场的发展。

5. IEEE 802.11n 标准

2004 年 1 月，IEEE 宣布了新的 802.11n 标准，它采用 2.4GHz 工作频谱，当传输速率在 20 Mbit/s 以下时，在物理层采用与 802.11b 相同的技术，当传输速率超过 20 Mbit/s 时，在物理层使用与 802.11a 相同的技术。802.11n 标准提高了无线传输质量，也使传输速率得到极大提升，由 802.11a 及 802.11g 提供的 54 Mbit/s，提升到 300 Mbit/s 甚至高达 600 Mbit/s。

在覆盖范围方面，802.11n 采用智能天线技术，通过多组独立天线组成的天线阵列，可以动态调整波束，覆盖范围更大。

在兼容性方面，802.11n 采用了一种软件无线电技术，它是一个完全可编程的硬件平台，使得不同系统的基站和终端都可以通过这一平台的不同软件实现互通和兼容，因此，802.11n 可以向前后兼容，而且可以实现 WLAN 与无线广域网络的结合，比如 3G。

802.11n 标准现在被广泛使用，几乎随处可见，大家可以在自己的无线网络连接中找到它，如图 9-7 所示。

图 9-7　802.11n 标准

6. IEEE 802.11ac 标准

这是目前主流厂商（Qualcomm、Broadcom、Intel 等）正在开发的协议版本，它使用 5GHz 频段（也可以说是 6GHz 频段），采用更宽的基带（最高扩展到 160MHz）、更多的高密度的调制解调。理论上它可以为多个站点服务提供 1GB 的带宽，或是为单一连接提供 500MB 的传输带宽。

世界上第一个采用 802.11ac 无线技术的路由器，于 2011 年 11 月 15 日，由美国初创公司推出。2012 年 1 月 5 日，业界巨头 Broadcom 发布了它的第一款支持 802.11ac 的芯片。

7. IEEE 802.11ad 标准

IEEE 802.11ad 标准工作在 57～66 GHz 频段，是从 802.15.3c 演变而来的，802.11ad 草案显示其将支持近 7 GB 的带宽。

由于载波特性的限制，这一标准将主要满足对于超高带宽的需求。最有可能出现的应用将是无线高清音视频信号的近距离传输。

8. 蓝牙标准

蓝牙（IEEE 802.15）标准对于 802.11 来说，它的出现不是为了竞争而是相互补充。蓝牙是一种极其先进的大容量近距离无线数字通信的技术标准，其目标是实现最高数据传输速度 1 Mbit/s（有效传输速率为 721 kbit/s）、最大传输距离为 10 cm～10 m，通过增加发射功率可达到 100 m。蓝牙比 802.11 更具移动性，比如，802.11 限制在办公室和校园内，而蓝牙却能把一个设备连接到局域网和广域网，甚至支持全球漫游。此外，蓝牙成本低、体积小，可用于更多的设备。"蓝牙"最大的优势还在于，在更新网络骨干时，如果搭配"蓝牙"架构进行，使用整体网络的成本肯定比铺设线缆低。

9.2 无线局域网的安全

9.2.1 无线局域网的安全威胁

（1）无线局域网面临的安全威胁

无线局域网以它接入速率高、组网灵活、在传输移动数据方面尤其具有得天独厚的优势等特点得以迅速发展。但是，随着应用领域的不断拓展，无线局域网受到越来越多的安全威胁，其最大问题在于无线通信设备在自由空间中进行传输，无法通过对传输媒介接入控制保证数据不会被未经授权的用户获取。无线局域网面临的安全威胁主要有以下几点：

① 网络设计上的缺陷。比如在关键资源集中的内部网络设置 AP，可能导致入侵者利用这个 AP 作为突破口，直接造成对关键资源的窃取和破坏，而在外围设置的防火墙等设备都起不到保护作用。

② 无线信号的覆盖面。WLAN 的无线信号覆盖面一般都会远远超过实际的需求，如果没有采用屏蔽措施的话，散布在外围的信号很有可能会被入侵者利用。

③ 802.11b 采用的加密措施的安全问题。802.11b 采用 WEP，在链路层进行 RC4 对称加密。这种加密方式存在的安全漏洞及其破解方式已经广为人知。

④ AP 和无线终端非常脆弱的认证方式。通常无线终端通过递交 SSID 作为凭证接入 AP，而 SSID 在一般情况下都会由 AP 向外广播，很容易被窃取。SSID 在 WLAN 中实际上相当于客户端和 AP 的共享密钥。另外，无线终端一般没有手段认证 AP 的真实性。

⑤ 802.11b 采用的 2.4GHz 频率和很多设备如蓝牙设备等相同，很容易造成干扰。另外，由于 WLAN 本身的带宽容量较低，很容易成为带宽消耗性的拒绝服务攻击的牺牲品。

（2）无线局域网采取的攻击方式

根据以上安全威胁，入侵者对无线局域网络采取的攻击方式大体上可以分为以下几类：

① 网络窃听和网络通信量分析。由于入侵者不需要将窃听或分析设备物理地接入被窃听的网络，所以，这种威胁已经成为无线局域网面临的最大问题之一。很多商业的和免费的工具都能够对 802.11b 协议进行抓包和解码分析，直到应用层传输的数据，比如 Ethereal、Sniffer 等。而且很多工具甚至能够直接对 WEP 加密数据进行分析和破解，如 AirSnort 和 WepCrack 等。网络通信量分析通过分析计算机之间的通信模式和特点来获取需要的信息或者进一步入侵的前提条件。

② 身份假冒。

WLAN 中的身份假冒分为两种：客户端的身份冒用和 AP 的身份假冒。客户端的身份假冒是采用比较多的入侵方式，它通过非法获取（比如分析广播信息）的 SSID 可以接入到 AP。如果 AP 实现了 MAC 地址过滤方式的访问控制方式，入侵者可以首先通过窃听获取授权用户的 MAC 地址，然后篡改自己计算机的 MAC 地址而冒充合法终端，从而绕过这一控制方式。对于具备一般常识的入侵者来说，篡改 MAC 地址是非常容易的事情。另外，AP 的身份假冒则是对授权客户端的攻击行为。

假冒 AP 也有两种方式：一种是入侵者利用真实的 AP，非法放置在被入侵的网络中，而授权的客户端就会无意识地连接到这个 AP 上来。一些操作系统甚至在用户不知情的情况下就会自动探测信号，而且自动建立连接。另一种假冒 AP 的方式是采用一些专用软件将入侵者的计算机伪装成 AP，如 HostAP 就是这样一种软件。

③ 重放攻击。重放攻击是通过截获授权客户端对 AP 的验证信息，然后通过对验证过程信息的重放而达到非法访问 AP 的目的。对于这种攻击行为，即使采用了 VPN 等保护措施也难以避免。

④ 中间人攻击。中间人攻击可以理解成在重放攻击的基础上进行的，是对授权客户端和 AP 进行双重欺骗，进而对信息进行窃取和篡改。

⑤ 拒绝服务攻击。拒绝服务攻击是利用了 WLAN 在频率、带宽、认证方式上的弱点，对 WLAN 进行的频率干扰、带宽消耗和安全服务设备的资源耗尽。通过和其他入侵方式的结合，这种攻击行为具有强大的破坏性。比如通过将一台计算机装成为 AP 或者利用非法接入的 AP，发出大量的中止连接的命令，就会迫使周边所有的计算机断开与 WLAN 的连接。

除此之外，还可以在无线局域网内放置其他一些频率相同的设备对其形成干扰。

9.2.2　无线局域网安全技术

针对以上安全威胁，常见的无线网络安全技术有以下几种：

① 服务集标识符（SSID）匹配。SSID 用来标识一个网络的名称，以此来区分不同的网络，最多可以有 32 个字符。通过对多个无线接入点 AP 设置不同的 SSID，并要求无线工作站出示正确的 SSID 才能访问 AP，这样就可以允许不同群组的用户接入，并对资源访问的权限进行区别限制。因此可以认为 SSID 是一个简单的口令，从而提供一定的安全，但如果配置 AP 向外广播其 SSID，那么安全程度还将下降。由于一般情况下，用户自己配置客户端系统，所以很多人都知道该 SSID 很容易共享给非法用户。

② 物理地址（MAC）过滤。由于每个无线工作站的网卡都有唯一的物理地址，因此可以在 AP 中手工维护一组允许访问的 MAC 地址列表，实现物理地址过滤。这个方案要求 AP 中的 MAC 地址列表必须随时更新，可扩展性差，而且 MAC 地址在理论上可以伪造，因此这也是较低级别的授权认证。物理地址过滤属于硬件认证，而不是用户认证。这种方式要求 AP 中的 MAC 地址列表必须随时更新，目前都是手工操作，如果用户增加，则扩展能力很差，因此只适合小型网络规模。

③ 连线对等保密（WEP）。在链路层采用 RC4 对称加密技术，用户的加密密钥必须与 AP 的密钥相同时才能获准存取网络的资源，从而防止非授权用户的监听及非法用户的访问。WEP 提供了 40 位（有时也称为 64 位）和 128 位长度的密钥机制，但是它仍然存在许多缺陷，例如一个服务区内的所有用户都共享同一个密钥，一个用户丢失钥匙将使整个网络不安全，而且 40 位的钥匙在今天很容易被破解。钥匙是静态的，需要手工维护，扩展能力差。目前为了提高安全性，建议采用 128 位加密钥匙。

④ Wi-Fi 保护接入（WPA）。WPA（Wi-Fi Protected Access）是继承了 WEP 基本原理而又解决了 WEP 缺点的一种新技术。由于加强了生成加密密钥的算法，因此即便收集到分组信息并对其进行解析，也几乎无法计算出通用密钥。其原理为根据通用密钥，配合表示计算机 MAC 地址和分组信息顺序号的编号，分别为每个分组信息生成不同的密钥。然后与 WEP 一样将此密钥用于 RC4 加密处理。通过这种处理，所有客户端的所有分组信息所交换的数据将由各不相同的密钥加密而成。无论收集到多少这样的数据，要想破解出原始的通用密钥几乎是不可能的。WPA 还追加了防止数据中途被篡改的功能和认证功能。由于具备这些功能，WEP 中此前备受指责的缺点得以全部解决。WPA 不仅是一种比 WEP 更为强大的加密方法，而且有更为丰富的内涵。作为 802.11i 标准的子集，WPA 包含认证、加密和数据完整性校验 3 个组成部分，是一个完整的安全性方案。

⑤ 国家标准（WAPI）。

无线局域网鉴别与保密基础结构（WLAN Authenticationand Privacy Infrastructure，WAPI）是针对 IEEE802.11 中 WEP 协议安全问题，在中国无线局域网国家标准 GB 15629.11 中提出的 WLAN 安全解决方案。同时本方案已由 ISO/IEC 授权的机构 IEEE Registration Authority 审查并获得认可。它的主要特点是采用基于公钥密码体系的证书机制，真正实现了移动终端（MT）与无线接入点（AP）间双向鉴别。用户只要安装一张证书就可在覆盖 WLAN 的不同地区漫游，方便用户使用。与现有计费技术兼容的服务，可实现按时计费、按流量计费、包月等多种计费方式。AP 设置好证书后，无须再对后台的 AAA 服务器进行设置，安装、组网便捷，易于扩展，可满足家庭、企业、运营商等多种应用模式。

⑥ 端口访问控制技术（802.1x）。该技术也是用于无线局域网的一种增强性网络安全解决方案。当无线工作站 STA 与无线访问点 AP 关联后，是否可以使用 AP 的服务要取决于 802.1x 的认证结果。如果认证通过，则 AP 为 STA 打开这个逻辑端口，否则不允许用户上网。802.1x 要求无线工作站安装 802.1x 客户端软件，无线访问点要内嵌 802.1x 认证代理，同时它还作为 Radius 客户端，将用户的认证信息转发给 Radius 服务器。802.1x 除提供端口访问控制能力之外，还提供基于用户的认证系统及计费，特别适用于公共无线接入解决方案。

⑦ 虚拟专用网（VPN）技术。目前广泛应用于广域网络及远程接入等领域的 VPN 安全技术也可以用于无线局域网。与 IEEE 802.1x 标准所采用的安全技术不同，VPN 主要采用 DFS、3DFS 等技术来保障数据传输的安全。对于安全性要求更高的用户，将现有的 VPN 安全技术与 IEEE 802.1x 安全技术结合起来，是目前较为理想的无线局域网络的安全解决方案之一。与 WEP 机制和 MAC 地址过滤接入不同，VPN 方案具有较强的扩冲及升级性能，可应用于大规模的无线网络。

9.2.3　无线局域网安全防范措施

① 采用端口访问技术（802.1x）进行控制，防止非授权的非法接入和访问。

② 采用 128 位 WEP 加密技术，并不使用产商自带的 WEP 密钥。

③ 对于密度等级高的网络采用 VPN 进行连接。

④ 对 AP 和网卡设置复杂的 SSID，并根据需求确定是否需要漫游来确定是否需要 MAC 绑定。

⑤ 禁止 AP 向外广播其 SSID。

⑥ 修改默认的 AP 密码。

⑦ 布置 AP 的时候要在公司办公区域以外进行检查，防止 AP 的覆盖范围超出办公区域，同时要让保安人员在公司附近进行巡查，防止外部人员在公司附近接入网络。

⑧ 禁止员工私自安装 AP，通过便携机配置无线网卡和无线扫描软件可以进行扫描。

⑨ 如果网卡支持修改属性需要密码功能，要开启该功能，防止网卡属性被修改。

⑩ 配置设备检查非法进入公司的 2.4G 电磁波发生器，防止被干扰和 DOS。

⑪ 制定无线网络管理规定，规定员工不得把网络设置信息告诉公司外部人员，禁止设置 P2P 的网络结构。

⑫ 跟踪无线网络技术，特别是安全技术（如 802.11i 对密钥管理进行了规定），对网络管理人员进行知识培训。

其实，无线局域网的许多安全问题都是由于 AP 没有处在一个封闭的环境中造成的。所以，还应该注意合理放置 AP 的天线，以便能够限制信号在覆盖区以外的传输距离。例如，将天线远离窗户附近，因为玻璃无法阻挡信号。最好将天线放在需要覆盖的区域的中心，尽量减少信号泄露到墙外，必要时要增加屏蔽设备来限制无线局域网的覆盖范围。其次，由于很多无线设备是放置在室外的，因此需要做好防盗、防风、防雨、防雷等措施，保障这些无线设备的物理安全。

无线局域网安全不是单独的网络架构，它需要各种不同的程序和协议配合，综合使用无线和有线安全策略，制定完善的管理和使用制度，才能够最大限度地提高其安全水平。

9.3　无线局域网安全实例——使用 EWSA 破解 WPA

由于 WEP 加密采用的是共享密钥，而且密钥较短，导致其非常容易被破解，其破解方法已经为人们所熟知，现在已经很少有人使用了。下面主要介绍针对 WPA 的破解用到的工具，如 EWSA、beini（奶瓶）和破解用字典。

EWSA（elcomsoft wireless security auditor）是一家俄罗斯软件公司推出的软件，号称可以利用 GPU 的运算性能快速攻破无线网络密码，运算速度相比使用 CPU 可提高最多上百倍。其工作方式很简单，就是利用词典去暴力破解无线 AP 上的 WPA 和 WPA2 密码，还支持字母大小写、数字替代、符号顺序变换、缩写、元音替换等 12 种变量设定，在 ATI 和 NVIDIA 显卡上均可使用。

EWSA 的安装很简单，下载 EWSA 后，直接运行“EWSA.exe”即可，如图 9-8 所示。

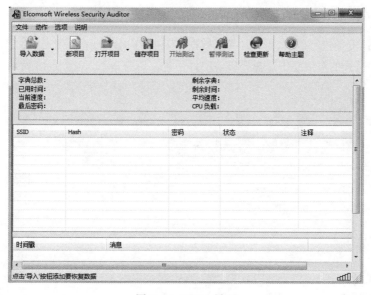

图 9-8　EWSA 界面

在 EWSA 的“选项”菜单中，可以对 CPU 和 GPU 选项进行设置，如图 9-9 至图 9-11 所示。

图 9-9　EWSA 的"选项"菜单

图 9-10　CPU 设置对话框

图 9-11　GPU 设置对话框

设置完毕后，开始进行破解，单击"导入数据"按钮，在出现的下拉列表中选择"导入 Tcpdump 文件"选项，在打开的对话框中选择要破解的握手包，如图 9-12 和图 9-13 所示。

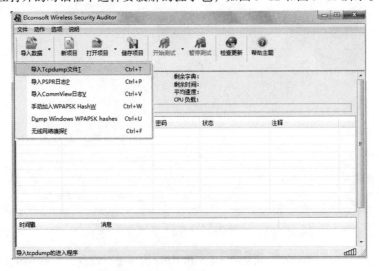

图 9-12　"导入数据"下拉列表

图 9-13　选择握手包文件

握手包可以说是无线网络的死穴，它是网卡和路由器之间进行信息匹配验证的数据包，其中含有无线网络的密码信息。因此，我们只要抓取到对方网络的握手包，那么破解密码也就只是时间问题了。

抓包就是将网络传输发送与接收的数据包进行截获、重发、编辑、转存等操作。在此我们使用的抓包工具是 beini，翻译成中文是"奶瓶"的意思，它是在虚拟机下运行的一套专门测试无线的工具，可以用来检查无线网络的安全及漏洞情况。具体的抓包过程，这里不再赘述，抓包结束后，可以得到扩展名为 .cap 的文件，就是我们要导入的文件类型。

如果有多个握手包，可以根据 SSID 及是否有效来进行选择，如图 9-14 所示，然后单击"OK"按钮返回主界面。

接下来在 EWSA 的"选项"菜单中，选择"Attack Options"命令，为破解进行字典的设置，如图 9-15 和图 9-16 所示，在这里可以选择多个字典。

图 9-14　选择握手包

图 9-15　选择"Attack Options"命令

破解用字典可以通过下载获得，也可以自己制作。如果下载的字典破解不出来，最好自己制作字典。可以根据地方手机号码、邮政编码、电话号码、年龄阶段的生日等设置参数，进而生成自己需要的字典。字典的制作工具很多，过程也很简单，如图 9-17 所示，就是名为"万能钥匙"的字典生成工具。

设置好字典后，返回 EWSA 主界面，单击"开始测试"按钮，出现如图 9-18 所示窗口。如果握手包有效，字典设置合理并且足够强大，破解密码的几率还是很大的。

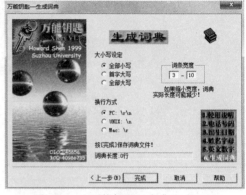

图 9-16　设置字典　　　　　　　　　图 9-17　"万能钥匙"字典生成工具

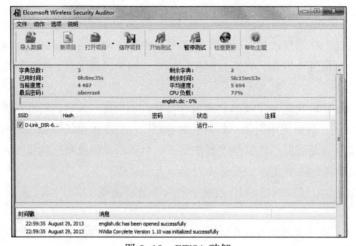

图 9-18　EWSA 破解

　　由此可以看出，任何类型的密码都不是绝对安全的。下面针对使用无线方式上网的个人用户给出一些建议：

　　① 在无线路由器中关闭网络的 SSID 广播。

　　② 启用 AES 加密标准的 WPA2 对网络进行加密。

　　③ 设置 MAC 地址过滤。

　　④ 为网络设备分配静态 IP，在路由器上设定允许接入设备 IP 地址列表。

　　⑤ 采用较复杂的密码，并定期更改密码。

　　⑥ 尽量降低无线路由器无线传输功率。

习　　题

　　1. 实际观察无线局域网，了解其组成设备。

　　2. 无线局域网协议标准有哪些？

　　3. 列举常见的无线局域网的安全威胁。

　　4. 无线局域网的安全技术有哪些？

　　5. 结合实际，归纳无线局域网安全防范措施。

第10章 | 黑客的攻击与防范

　　黑客是指未经许可，闯入他人计算机系统的任何人。了解黑客的行为及攻击的方法，可以使我们加强网络安全意识。黑客技术的发展，使安全成为网络设计与维护的重要内容，同时也促进了防范技术的发展。

10.1　初识黑客

　　"黑客"一词是由英文"Hacker"音译过来的，原指热心于计算机技术，水平高超的计算机专家，尤其是程序设计人员。他们非常精通计算机硬件和软件知识，对于操作系统和编程语言有着深刻的认识，善于探索操作系统的奥秘，发现系统中的漏洞及其原因所在。他们恪守"永不破坏任何系统"的原则，检查系统的完整性和安全性，并乐于与他人共享研究成果。黑客崇尚自由，强烈支持信息共享论，追求共享所有信息资源，并且自觉遵守以下黑客守则：

　　① 不恶意破坏任何计算机系统。

　　② 不修改目标计算机的系统文件。

　　③ 不会为了得到长期的系统控制权，而使目标计算机门户大开。

　　④ 不散布已入侵的主机和已破解的网络账号。

　　⑤ 不清除或修改已入侵计算机的账号。

　　⑥ 不攻击公益机构的计算机主机。

　　显然，真正的黑客是指真正了解系统，对计算机的发展有创造和贡献的人们，而不是以破坏为目的的入侵者。正是因为有了黑客的存在，人们才不断了解了计算机系统中存在的安全问题。可以说，黑客一度为计算机的发展起到了重要的推动作用。但后来，许多所谓的黑客利用学会的黑客技术，做违法的事情。例如，利用系统漏洞进入计算机系统后，破坏重要数据；进入银行系统盗取用户信用卡密码；利用黑客程序控制别人的机器等。这些行为慢慢玷污了黑客的名声，使人们认为黑客就是入侵者和破坏者。

　　到了今天，黑客一词已被用于泛指那些未经许可就闯入别人计算机系统进行破坏的人。对这些人的正确英文叫法是Cracker，可翻译为"骇客"或"垮客"。通过对比，我们可以看出，Hacker和Cracker在本质上都是为了获得自由、免费的共享资源。所不同的是，Hacker能使更多的网络趋于完善和安全，他们以保护网络为目的，而Cracker只是利用网络漏洞，攻击和破坏网络，甚至以此为乐。从法律上讲，Hacker的行为是合法的，而Cracker却是违法的。

　　目前，黑客已经成为了一个特殊的社会群体，他们有自己的组织，并经常进行技术交流活动。

同时，他们还利用自己公开的网站提供免费的黑客工具软件，介绍黑客攻击方法及出版网上黑客杂志和书籍。这使得普通人也很容易通过互联网学会使用一些简单的网络攻击工具及方法，进一步恶化了网络安全环境。

10.2　黑客攻击的目的及步骤

1．黑客攻击的目的

黑客攻击的目的主要有以下 4 种：

（1）获取目标系统的非法访问

许多系统是不允许非法用户访问的，而一旦获得了不该获得的访问权限，尤其是超级用户的权限，就意味着可以做很多事情。这对攻击者是一个莫大的诱惑，每一个攻击者都希望获得足够大的权限。这样就可以完全隐藏自己的行踪，可以修改系统资源的配置，在系统中埋伏下一个方便的后门，为自己攫取更多的好处。

（2）获取所需资料

攻击者的目标就是系统中的重要数据，这些数据包括科技情报、个人资料、金融账户、技术成果和系统信息等。攻击者可以非法通过登录目标主机或使用网络监听程序来进行攻击。当监听到诸如远程登录的用户账号及口令等重要数据后，攻击者就可以借此顺利地登录主机，访问一些重要的受限制的数据资源。

（3）篡改有关数据

篡改数据包括对重要文件的修改、更换和删除，是以故意破坏为目的的攻击者实施的一种极其恶劣的攻击行为。他们设法破坏或改变计算机中存储的数据，并使其不可能恢复，以此达到自己的非法目的。

（4）利用有关资源

攻击者为了避免暴露自己，往往会利用已入侵机器的资源运行所需程序，对其他目标进行攻击。这样，即使被发现了，也只能找到中间站点的地址。另外，攻击者还可以利用有关资源发布虚假信息，占用存储空间，这将严重影响目标主机的可用性及可信度。

2．黑客攻击的步骤

基于以上目的，黑客会对计算机网络系统进行各种各样的攻击。虽然他们针对的目标和采用的方法各不相同，但所用的攻击步骤却有很多的共同性。一般黑客的攻击可分为以下几个步骤：

（1）寻找目标主机并分析目标主机

在 Internet 上能真正标识主机的是 IP 地址，域名是为了便于记忆主机的 IP 地址而另起的名字，黑客利用域名和 IP 地址就可以顺利地找到目标主机，然后开始收集有关目标主机的有用信息。这些信息包括目标主机的硬件信息、操作系统信息、运行的应用程序的信息及目标主机所在网络的信息和用户信息。此时，黑客经常会使用一些端口扫描工具和一些常用的网络命令，尽可能多地获取目标主机的有用信息及可能存在的漏洞，为下一步的入侵做好充分的准备。

（2）登录主机

黑客登录目标主机的方法一般有两种。第一种是获取账号和密码，黑客首先设法盗窃账户文件，然后进行破解，从中获得某些用户的账户和口令，再寻觅合适时机以此身份进入主机。这种方法一般会耗费大量的时间，并且容易在目标主机上留下记录而引起对方的注意。第二种方法是利用某些工具或已知的系统漏洞登录目标主机。例如，黑客可以通过缓冲区溢出法，使目标主机以最高级别的权限来运行已设定的后门程序，从而进入系统。

（3）得到超级用户权限，控制主机

如果黑客取得了普通用户的账号，就可以利用 FTP、Telnet 等工具进入目标主机。之后黑客会想方设法获得超级用户权力，进而成为目标主机的主人。

（4）清除记录，设置后门

黑客获得目标主机的控制权后，会把入侵系统时的各种登录信息全部删除，以防目标系统的管理员发现。同时黑客还会更改某些系统设置，在系统中置入特洛伊木马或其他一些远程控制程序，作为以后入侵该主机的"后门"。这些"后门"程序一般都与系统同时运行，而且能在系统重新启动时自动启动。

10.3　常见的黑客攻击方法

黑客的攻击手段多种多样，对常见攻击方法的了解，将有助于用户达到有效防黑的目的。下面介绍几种常见的黑客攻击方法。

1．口令攻击

所谓口令攻击是指使用某些合法用户的账号和口令登录到目标主机，然后再实施攻击活动。这种方法的前提是必须首先得到目标主机上某个合法用户的账号，然后再进行合法用户口令的破译，常用的方法有以下 4 种：

① 暴力破解。暴力破解基本上是一种被动攻击的方式。黑客在知道用户的账号后，利用一些专门的软件强行破解用户口令，这种方法不受网段限制，但需要有足够的耐心和时间。这些工具软件可以自动地从黑客字典中取出一个单词，作为用户的口令输入给远端的主机，申请进入系统。若口令错误，就按序取出下一个单词，进行下一个尝试，并一直循环下去，直到找到正确的口令或黑客字典的单词试完为止。

② 登录界面攻击法。黑客可以在被攻击的主机上，利用程序伪造一个登录界面，以骗取用户的账号和密码。当用户在这个伪造的界面上输入登录信息后，程序可将用户的输入信息记录并传送到黑客的主机，然后关闭界面，给出提示信息"系统故障"或"输入错误"，要求用户重新输入。此时，假的登录程序自动结束，出现真正的登录界面。

③ 网络监听。黑客可以通过网络监听非法得到用户口令，这类方法有一定的局限性，但危害性极大。由于很多网络协议根本就没有采用任何加密或身份认证技术，如在 Telnet、FTP、HTTP、SMTP 等传输协议中，用户账号和密码信息都是以明文格式传输的，此时若黑客利用数据包截取工具便可以很容易地收集到用户的账号和密码。另外，黑客有时还会利用软件和硬件工具时刻监视系统主机的工作，等待记录用户登录信息，从而取得用户密码。

④ 密码探测。大多数情况下，操作系统保存和传送的密码都要经过一个加密处理的过程，完全看不出原始的密码，而且理论上要逆向还原密码的几率几乎为零。但黑客可以利用密码探测工具，反复模拟编码过程，并将编出的密码与加密后的密码相比较，如果两者相同，就表示得到了正确的密码。

2．端口扫描攻击

所谓端口扫描是指与目标主机的某些端口建立 TCP 连接、进行传输协议的验证等，从而得知目标主机的扫描端口是否处于激活状态、主机提供了哪些服务、提供的服务中是否含有某些缺陷等。在 TCP/IP 中规定，计算机可以有 256×256 个端口，通过这些端口进行数据的传输。黑客一般会发送特洛伊木马程序，当用户不小心运行后，计算机内的某一端口就会打开，黑客就可通过这一端口进入用户的计算机系统。

3．缓冲区溢出攻击

缓冲区溢出是一个非常普遍、非常危险的漏洞，在各种操作系统、应用软件中广泛存在。产生缓冲区溢出的根本原因在于，将一个超过缓冲区长度的字符串复制到缓冲区。溢出带来了两种后果，一是过长的字符串覆盖了相邻的存储单元，引起程序运行失败，严重的可引起死机、系统重新启动等后果；二是利用这种漏洞可以执行任意指令，甚至可以取得系统特权。针对这些漏洞，黑客可以在长字符串中嵌入一段代码，并将过程的返回地址覆盖为这段代码的地址。当过程返回时，程序就转而开始执行这段黑客自编的代码。恶意地利用缓冲区溢出漏洞进行的攻击，可以导致程序运行失败、系统死机、重启等后果，更为严重的是，可以利用它执行非授权指令，甚至可以取得系统特权，进而进行各种非法操作，取得机器的控制权。

4．放置特洛伊木马程序

特洛伊木马的攻击手段，就是将一些"后门"、"特殊通道"隐藏在某个软件里，使使用该软件的计算机系统成为被攻击和控制的对象。特洛伊木马程序可以直接侵入用户的计算机并进行破坏，它常被伪装成工具程序或者游戏等，诱使用户打开带有特洛伊木马程序的邮件附件或从网上直接下载。一旦用户打开了这些邮件的附件或者执行了这些程序之后，它们就会留在用户的计算机中，并在系统中隐藏一个可以在 Windows 启动时悄悄执行的程序。当用户连接到因特网上时，这个程序就会通知黑客，报告用户的 IP 地址及预先设定的端口。黑客在收到这些信息后，再利用这个潜伏在其中的程序，就可以任意地修改用户计算机的参数设定、复制文件、窥视用户整个硬盘中的内容等，从而达到控制用户计算机的目的。

5．Web 欺骗技术

欺骗是一种主动攻击技术，它能破坏两台计算机之间通信链路上的正常数据流，并可能向通信链路上插入数据。一般 Web 欺骗使用两种技术，即 URL 地址重写技术和相关信息掩盖技术。首先黑客建立一个使人相信的 Web 站点的复制，它具有所有的页面和连接，然后利用 URL 地址重写技术，将自己的 Web 地址加在所有真实 URL 地址的前面。这样，当用户与站点进行数据通信时，就会毫无防备地进入黑客的服务器，用户的所有信息便处于黑客的监视之下了。但由于浏览器一般均设有地址栏和状态栏，用户可以在地址栏和状态栏中获得连接中的 Web 站点地址及其相关的传输信息，并由此可以发现问题。所以黑客往往在 URL 地址重写的同时，还会利用相关信息掩盖技术，以达到其掩盖欺骗的目的。

6．电子邮件攻击

电子邮件是互联网上运用得十分广泛的一种通信方式，但同时它也面临着巨大的安全风险。攻击者可以使用一些邮件炸弹软件向目标邮箱发送大量内容重复、无用的垃圾邮件，从而使目标邮箱被撑爆而无法使用。当垃圾邮件的发送流量特别大时，还可能造成邮件系统的瘫痪。另外，对于电子邮件的攻击还包括窃取、篡改邮件数据，以及伪造邮件、利用邮件传播计算机病毒等。

7．通过"肉鸡"来攻击其他结点

被黑客成功入侵并完全控制的主机称为"肉鸡"。黑客往往以此主机作为根据地，攻击其他主机，以隐蔽其入侵路径，避免留下蛛丝马迹。他们可以使用网络监听的方法，尝试攻破同一网络内的其他主机，也可以通过 IP 欺骗和主机信任关系，攻击其他主机。

8．网络监听

网络监听是主机的一种工作模式，在这种模式下，主机可以接收到本网段在同一条物理通道上传输的所有信息，而不管这些信息的发送方和接收方是谁。网络监听可以在网上的任何一个位置进行，如局域网中的一台主机、网关、路由设备或交换设备上，或远程网的调制解调器之间等。因为系统在进行密码校验时，用户输入的密码需要从用户端传送到服务器端，这时，黑客就能在两端之间进行数据监听。此时若两台主机进行通信的信息没有加密，只要使用某些网络监听工具，就可轻而易举地截取包括口令和账号在内的信息资料。

10.4　扫　描　器

扫描器是一种能够自动检测远程或本地主机安全弱点的程序，通过使用扫描器可以获得远程计算机的各种端口分配及提供的服务和它们的版本。这样就能间接或直观地了解到远程计算机所存在的安全问题。

扫描器工作时是通过选用不同的 TCP/IP 端口的服务，并记录目标主机给予的应答，以此搜集到关于目标主机的各种有用信息的，比如是否能用匿名登录。是否有可写的 FTP 目录及是否能用 Telnet 等。

对于扫描器，不能将它等同于一个攻击网络漏洞的程序。它只是提供了目标主机的信息，而不是直接进攻，它获取的信息必须经过人为的分析才能成为真正有用的信息。扫描器应该具备以下 3 种能力：

① 发现一个主机或网络的能力。

② 一旦发现一台主机，可以发现什么服务正运行在这台主机上的能力。

③ 通过测试这些服务，发现漏洞的能力。

下面以网络安全扫描工具的代表——流光为例，了解如何使用扫描器来扫描网络，找出漏洞。

流光是国内著名的扫描、入侵工具，集端口扫描、字典工具、入侵工具和口令猜解等多种功能于一身，可以探测 POP3、FTP、SMTP、IMAP、SQL、IPC、IIS、FINGER 等各种漏洞，并针对各种漏洞设计不同的破解方案。流光的功能非常强大，它支持多线程检测，支持高效的用户流模式和高效服务器流模式，可同时对多台主机进行检测。它支持最多 500 个线程探测，当线程超时设置时，阻塞线程具有"自杀"功能，不会影响其他线程。流光还支持 10 个字典同时检测，并且检测设置可作为项目保存。

① 流光的安装非常简单，完成后双击桌面快捷方式，打开流光的主界面，如图 10-1 所示。

② 下面使用流光的高级扫描功能来检测目标网段，选择"文件"→"高级扫描向导"命令，

如图 10-2 所示。

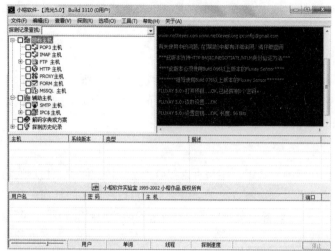

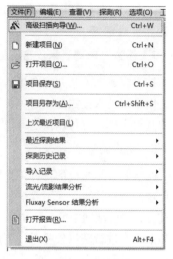

图 10-1　流光主界面　　　　　　　　　　　　　图 10-2　向导模式

③ 在打开的窗口中，输入要扫描的 IP 地址段、目标网段中主机的操作系统及需要检测的项目，如图 10-3 所示。

④ 单击"下一步"按钮，选择"标准端口扫描"复选框，只对常见的端口进行扫描。也可选择"自定端口扫描范围"复选框，进行自定义端口扫描，如图 10-4 所示。

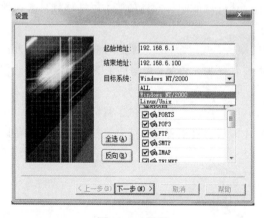

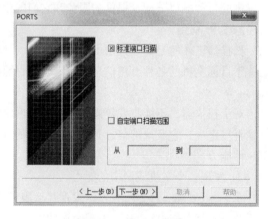

图 10-3　设置　　　　　　　　　　　　　　　图 10-4　设置扫描端口

⑤ 继续单击"下一步"按钮，进行如图 10-5 和图 10-6 所示的设置。

⑥ 接下来的 SMTP 探测设置、IMAP 探测设置、Telnet 探测设置、CGI 探测设置，全部采用默认设置。依次单击"下一步"按钮，到 CGI Rules 设置窗口，进行 CGI 规则的设置，如图 10-7 所示，在下拉列表中选择"Windows NT/2000"选项，单击"下一步"按钮。

⑦ 后面的 SQL 探测设置、IPC 探测设置、IIS 探测设置、MISC 探测设置，也全部采用默认设置。依次单击"下一步"按钮，在 PLUGINS 设置窗口，进行插件的设置，如图 10-8 所示，在下拉列表中选择"Windows NT/2000"选项，单击"下一步"按钮。

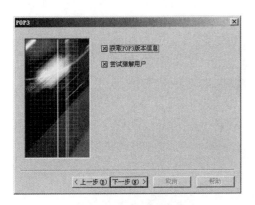

图 10-5　POP3 探测设置

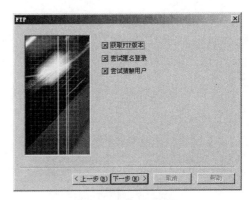

图 10-6　FTP 探测设置

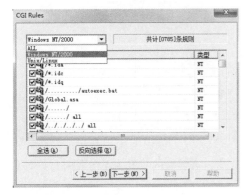

图 10-7　CGI 规则设置

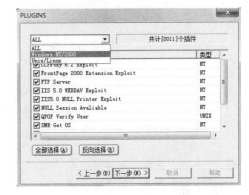

图 10-8　PLUGINS 设置

⑧ 最后进行"猜解用户名字典"、"猜解密码字典"、"保存扫描报告"及"并发线程数目"的设置，可以根据具体的情况选择字典，更改设置，如图 10-9 所示。

⑨ 设置完毕后，单击"开始"按钮进行扫描，如图 10-10 所示。

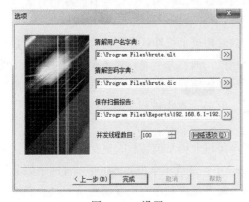

图 10-9　设置

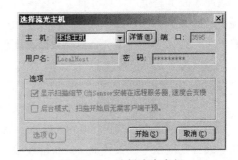

图 10-10　选择流光主机

流光的扫描速度非常快，在"探测结果"窗口中还会显示目标主机的开放端口、CGI 漏洞和空连接等信息。在扫描结束后，流光会把扫描结果整理成报告文件，此时可以根据探测到的信息，发现目标主机的一些安全漏洞，如图 10-11 所示。

其他常用的扫描器还有 Superscan、X-Scan、Network Security Scanner 和 Nmap 等，这些工具都十分优秀，它们之间只是主要功能和侧重点不同，如果能够巧妙地配合使用，使它们在功能上相互弥补，将能更加有效地分析目标主机的各种信息。

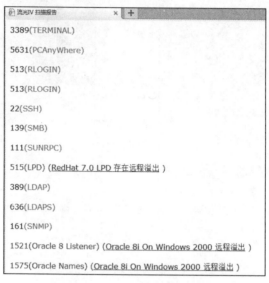

图 10-11　结果分析报告

同时，对于各种扫描器的防御措施，没有完美的方案，需要做的只有为系统及时打好各种补丁，并使用配置得当的防火墙。

10.5　缓冲区溢出攻击

缓冲区溢出攻击是利用缓冲区溢出漏洞所进行的攻击行动，它是一种非常普遍、非常危险的漏洞，在各种操作系统、应用软件中广泛存在。利用缓冲区溢出攻击，可以导致程序运行失败、系统关机和重新启动等后果。

缓冲区溢出是指当计算机向缓冲区内填充数据位数时超过了缓冲区本身的容量，溢出的数据覆盖在合法数据上。理想的情况是：程序会检查数据长度，而且并不允许输入超过缓冲区长度的字符。但是绝大多数程序都会假设数据长度总是与所分配的储存空间相匹配，这就为缓冲区溢出埋下隐患。操作系统所使用的缓冲区，又称为"堆栈"，在各个操作进程之间，指令会被临时储存在"堆栈"当中，"堆栈"也会出现缓冲区溢出。

入侵者可以利用缓冲区溢出执行非授权指令，甚至可以取得系统特权，进而进行各种非法操作。第一个缓冲区溢出攻击"Morris 蠕虫"发生在 1988 年，造成了全世界 6 000 多台网络服务器瘫痪。缓冲区溢出中，最为危险的是堆栈溢出，因为入侵者可以利用它，在函数返回时改变返回程序的地址，让其跳转到任意地址。带来的危害一种是程序崩溃导致拒绝服务，另外一种就是跳转并且执行一段恶意代码，比如得到系统控制权，然后为所欲为。

缓冲区溢出攻击之所以成为一种常见攻击手段，其原因在于缓冲区溢出漏洞比较普遍，并且易于实现。缓冲区溢出漏洞给予了入侵者植入并且执行攻击代码的权限。被植入的攻击代码以一定的权限运行由缓冲区溢出漏洞的程序，从而得到被攻击主机的控制权。为了达到这个目的，入侵者必须达到两个条件，一是在程序的地址空间里安排适当的代码。二是通过适当的初始化寄存器和内存，让程序跳转到入侵者安排的地址空间执行。

实现第一个目标的方法有以下两种：

① 植入法。入侵者向被攻击的程序输入一个字符串，程序会把这个字符串放到缓冲区里。这个字符串包含的资料是可以在这个被攻击的硬件平台上运行的指令序列。在这里，入侵者用被攻击程序的缓冲区来存放攻击代码。缓冲区可以设在任何地方：堆栈、堆和静态资料区等。

② 利用已经存在的代码。有时，入侵者想要的代码已经在被攻击的程序中了，入侵者所要做的只是向代码传递一些参数，使参数指针指向要求执行的攻击代码即可。

实现第二个目标的方法有以下两种：

① 活动记录（activation records）。每当一个函数调用发生时，调用者会在堆栈中留下一个活动纪录，它包含函数结束时返回的地址。入侵者通过溢出堆栈中的自动变量，使返回地址指向攻击代码。通过改变程序的返回地址，当函数调用结束时，程序就跳转到入侵者设定的地址，而不是原先的地址。这类的缓冲区溢出称为堆栈溢出攻击，是较常用的缓冲区溢出攻击方式。

② 函数指针（function pointers）。函数指针可以用来定位任何地址空间，所以入侵者只需在任何空间内的函数指针附近找到一个能够溢出的缓冲区，然后溢出这个缓冲区来改变函数指针。在某一时刻，当程序通过函数指针调用函数时，程序的流程就按入侵者的意图实现了。

最简单和常见的缓冲区溢出攻击类型就是在一个字符串里综合了代码植入和活动记录技术。攻击者定位一个可供溢出的自动变量，然后向程序传递一个很大的字符串，在引发缓冲区溢出、改变活动记录的同时植入了代码。

下面我们通过使用 RadASM 来了解溢出漏洞的利用，以更好地进行防范。

RadASM 是一款著名的 Win32 汇编编辑器，支持 MASM、TASM 等多种汇编编译器，使用 Windows 界面，支持语法高亮，自带一个资源编辑器和一个调试器，并拥有较强的工程管理功能。RadASM 的安装很简单，如图 10-12 所示。

打开 RadASM 后，选择"文件"→"新建工程"命令，如图 10-13 所示。

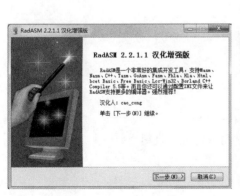

图 10-12　RadASM 安装

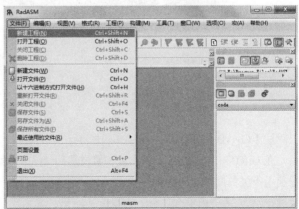

图 10-13　新建工程

　　在打开的对话框中依次选择"编译器"为"cpp"，"工程类型"为"Console App"，并按照自己的需要填写工程名称、工程说明，并指定工程文件夹的位置，如图 10-14 所示。然后单击"下一步"按钮，直至新建工程完成。

　　双击 RadASM 主界面右侧新建的"溢出.cpp"文件，在打开的编辑区中输入图 10-15 所示的代码。

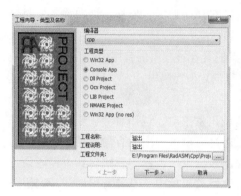

图 10-14　工程向导

图 10-15　输入代码

　　以上代码中定义了 a 和 b 两个字符串。代码中的字符串处理函数 gets()和 strcmp()都不检查输入参数的大小，在通过 gets()输入超长字符串的时候溢出覆盖返回地址。在运行 strcmp()的时候，程序就跳到溢出的字符，也就是被覆盖的地址处。按【Alt+Shift+F5】组合键构建程序，如图 10-16 所示。

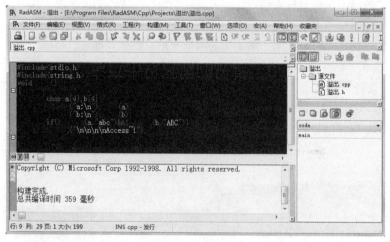

图 10-16　构建程序

　　按【Ctrl+D】组合键在 OllyDbg 中运行程序，如图 10-17 所示。

　　在 OllyDbg 中连续按【F7】键，如果遇到"call"就按【F8】键，直到遇到一个"call"按【F8】键走不下去的时候，就是程序要求输入字符串的时候。在这里我们给 a 字符串输入 26 个小写英文字母，给 b 字符串输入 26 个大写英文字母，输入长字符串是为了保证它能够溢出，如图 10-18 所示。

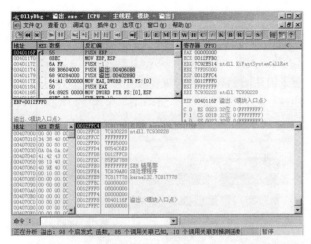

图 10-17 OllyDbg

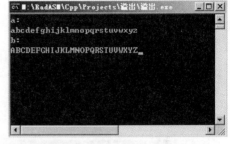

图 10-18 输入字符串

当字符串输入完成之后，按【Enter】键，OllyDbg 的代码区就变为了一片空白，这是因为程序跳到了未知地址的缘故。这时按【F7】键，就会出现如图 10-19 所示的提示。

图 10-19 错误提示

回到 RadASM 中，通过"工具"菜单打开 ASCII 表，如图 10-20 所示，可以通过对照看到图 10-19 中的"504F4E4D"在 ASCII 表中就代表"PONM"。

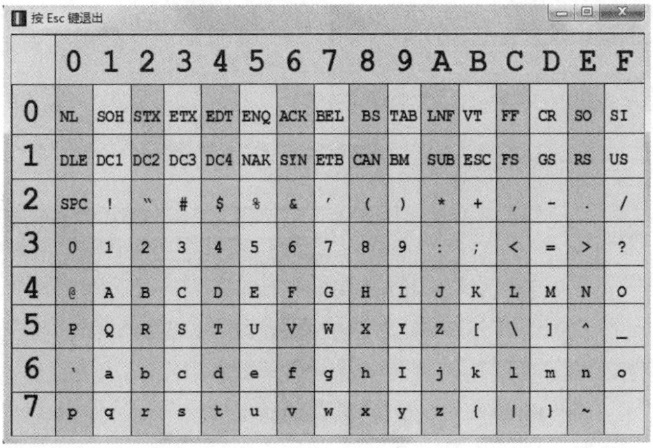

	0	1	2	3	4	5	6	7	8	9	A	B	C	D	E	F
0	NL	SOH	STX	ETX	EDT	ENQ	ACK	BEL	BS	TAB	LNF	VT	FF	CR	SO	SI
1	DLE	DC1	DC2	DC3	DC4	NAK	SIN	ETB	CAN	BM	SUB	ESC	FS	GS	RS	US
2	SPC	!	"	#	$	%	&	'	(	)	*	+	,	-	.	/
3	0	1	2	3	4	5	6	7	8	9	:	;	<	=	>	?
4	@	A	B	C	D	E	F	G	H	I	J	K	L	M	N	O
5	P	Q	R	S	T	U	V	W	X	Y	Z	[	\	]	^	_
6	`	a	b	c	d	e	f	g	h	i	j	k	l	m	n	o
7	p	q	r	s	t	u	v	w	x	y	z	{			}	~	

图 10-20 ASCII 表

在堆栈中字符串是反序存储的，由于"PONM"是大写字母，我们可以知道是 b 字符串的"MNOP"覆盖了返回地址，所以只要把"MNOP"改为希望跳转的地址即可。其实这时候 a 字符串也溢出了，只不过这里是 b 字符串覆盖的地址先被跳转而已。

正常情况下，程序只会让用户输入 a，b 字符串各一次，当我们把输入的"MNOP"改为程序的入口点地址之后，程序就会执行第二遍，再次要求输入 a，b 字符串的值。我们可以在 OllyDBG 中看到程序的入口点为"0040116F"，如图 10-21 所示。

由于堆栈中字符串是反序存储的，所以输入的次序为：6F、11、40，对应的十进制数为：111、17、64。按【Ctrl+F2】组合键重新载入程序，按【F9】键直接运行，a 字符串中不输入任何字符，按【Enter】键后在 b 字符串中输入"ABCDEFGHIJKL<alt+111><alt+17><alt+64>"。这里的"<alt+111>"指按住【Alt】键，然后在数字键盘区输入"111"。按【Enter】键后，可以看到程序又回到入口点重新执行了，如图 10-22 所示。

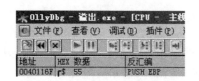

图 10-21　程序入口点　　　　　　图 10-22　程序重新执行

事实上，入侵者还可以通过调试，得到 a 字符串的缓冲区地址，然后直接输入可以获取权限的代码，比如弹出 CMD 窗口等，接着通过 b 就能跳到 a，从而实现入侵者的目的。

缓冲区溢出攻击可以使得一个匿名的用户有机会获得一台主机的部分或全部控制权。如果能有效地消除缓冲区溢出的漏洞，则很大一部分的安全威胁可以得到缓解。目前有 3 种基本的方法保护缓冲区免受缓冲区溢出的攻击和影响：

① 通过操作系统使得缓冲区不可执行，从而阻止攻击者植入攻击代码。

② 强制编写正确代码的方法。

③ 利用编译器的边界检查来实现缓冲区的保护，使得缓冲区溢出不可能出现，从而完全消除了缓冲区溢出的威胁。

10.6　拒绝服务攻击

拒绝服务 DoS 是 Denial of Service 的简称，造成 DoS 的攻击行为称为 DoS 攻击，其目的是使计算机或网络无法提供正常的服务，是黑客常用的攻击手段之一。

DoS 攻击可分为计算机网络带宽攻击和连通性攻击两类。带宽攻击指以极大的通信量冲击网络，使得所有可用网络资源都被消耗殆尽，最后导致合法的用户请求无法通过。连通性攻击指用大量的连接请求冲击计算机，使得所有可用的操作系统资源都被消耗殆尽，最终计算机无法再处理合法用户的请求。常见的拒绝服务攻击方法有以下 4 种：

- 利用传输协议上的缺陷，发送出畸形的数据包，导致目标主机无法处理而拒绝服务。
- 利用主机上服务程序的漏洞，发送特殊格式的数据导致服务处理错误而拒绝服务。
- 制造高流量无用数据，造成网络拥塞，使受害主机无法正常和外界通信。
- 利用受害主机上服务的缺陷，提交大量的请求将主机的资源耗尽，使受害主机无法接收新的请求。

DoS 攻击一般采用一对一的方式，当攻击目标的 CPU、内存或者网络带宽等各项性能指标不高时，它的效果是明显的。但随着计算机与网络技术的发展，计算机的处理能力迅速增长，内存大大增加，同时也出现了千兆乃至更高级别的网络，这使得 DoS 攻击的困难程度加大了。这时候分布式的拒绝服务攻击手段 DDoS 就应运而生了。

分布式拒绝服务（distributed denial of service，DDoS）攻击指借助于客户机/服务器技术，将多个计算机联合起来作为攻击平台，对一个或多个目标发动 DoS 攻击，从而成倍地提高拒绝服务攻击的威力，如图 10-23 所示。为进行分布式拒绝服务攻击，入侵者需要先控制大量的主机，被入侵者控制的主机数量越多、带宽越宽，对目标主机的攻击危害就越大。

在图 10-23 所示的攻击体系中，对受害者来说，DDoS 的实际攻击包是从攻击机上发出的，控制机只发布命令而不参与实际的攻击。入侵者在得到控制机和攻击机的控制权后，会把相应的 DDoS 程序上传到这些平台上，这些程序可以协调分散在互联网各处的计算机共同完成对一台主机的攻击，从而使主机遭到来自不同地方的许多主机的攻击。

之所以入侵者不直接控制攻击机，而要由控制机发出攻击命令，是为了确保自身的安全。一旦入侵者发出指令后，就可以断开与控制机的连接，转而由控制机指挥攻击机发起攻击，这样从控制机再找到入侵者的可能性也就大大降低了。

下面以 DDoS 攻击工具 CC（challenge collapsar）为例，了解 DDoS 攻击的机制，以便进行有效防御，需要用到的辅助工具有"花刺代理验证"和"WinSock Expert"。

由于 CC 是一个利用代理进行 DDoS 的程序，所以首先应该获得一定数量的代理服务器地址。我们可以在搜索引擎中输入"8080@HTTP"，就可以搜索到许多代理服务器列表，如图 10-24 所示。

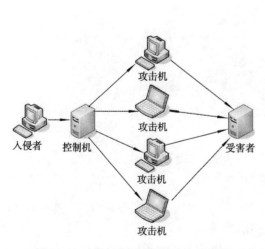

图 10-23　分布式拒绝服务攻击示意图　　　　图 10-24　搜索代理服务器列表

由于得到的代理服务器列表中有许多是目前无法正常工作的，为了代理服务器的有效性，我们使用软件"花刺代理验证"来进行清理。

在花刺代理的主界面中，单击窗口右侧的"导入"按钮，在打开的对话框中选定搜索到的代理服务器列表文件，如图 10-25 所示。

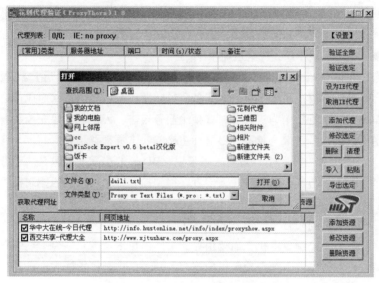

图 10-25　导入代理服务器列表

导入列表后的界面如图 10-26 所示。

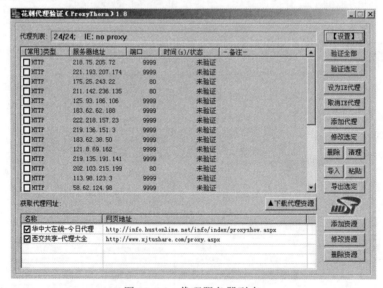

图 10-26　代理服务器列表

由于无法保证列表中的代理地址是否真实有效，所以要对它们进行验证测试。单击界面右上角的"设置"按钮，进入验证的参数设置，如图 10-27 所示。

在设置参数时，可以根据网络的实际情况进行相应的调整。如果网速较慢的话，可以把"连接超时时间"、"验证超时时间"适当地增大，把"并发线程数目"适当地减小。设置好参数后，就可以验证列表中的代理服务器。单击窗口右上角的"验证全部"按钮，开始验证，如图 10-28 所示。

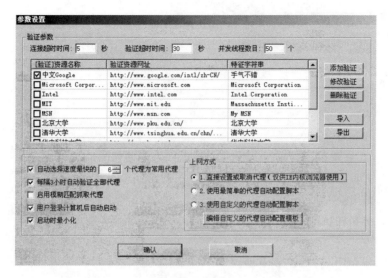

图 10-27　参数设置

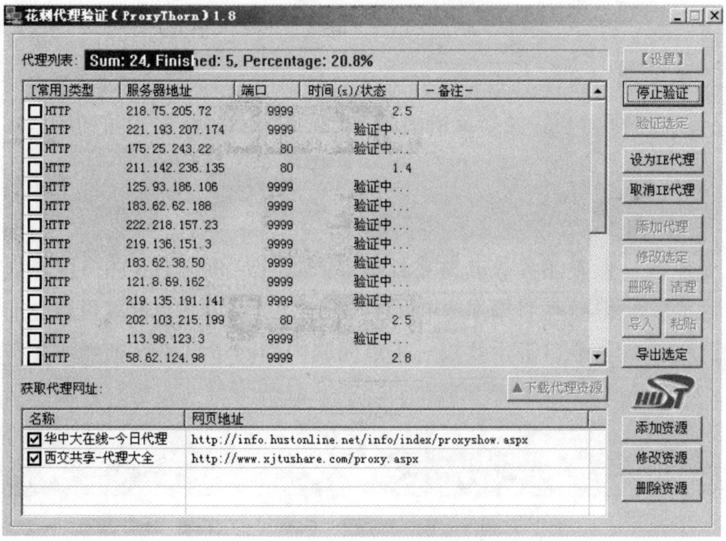

图 10-28　验证代理服务器

在验证中会有许多"不匹配"的地址，这些就是目前无法正常工作的代理服务器，单击窗口右侧的"清理"按钮，即可完成清理，如图 10-29 所示。

然后在代理服务器列表中右击，选择全部有效的地址，单击"导出选定"按钮，保存为.txt文件即可，如图 10-30 所示。

接下来使用"WinSock Expert"来搜集目标网站的 Cookies。"WinSock Expert"是一个用来监视和修改网络发送和接收数据的程序，可以用来调试网络应用程序，分析网络程序的通信协议，并且在必要的情况下修改发送的数据。

在搜集之前，先用浏览器把要攻击的网站打开，然后运行"WinSock Expert"程序，单击"Open Process"按钮打开"选择监听的程序"窗口，选定要攻击的网址，如图 10-31 所示。

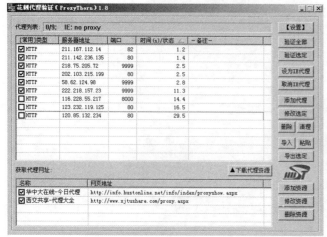

图 10-29　验证完成

图 10-30　保存有效地址

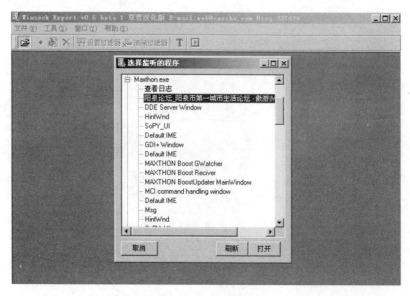

图 10-31　选择监听的网址

在浏览器中刷新目标网站后，回到 WinSock Expert 窗口，可以看到数据不断地在窗口中运行。然后寻找一个开头文本为"GET"的数据序列，由于"GET"为请求语句，里面会包含 Cookies 信息，找到后将 Cookies 信息复制保存即可，如图 10-32 所示。

至此，准备工作做完，开始进行分布式拒绝服务攻击的测试。打开 CC 工具，如图 10-33 所示。

在"Refer"文本框中输入要攻击的网址，在"Mozilla"文本框中输入浏览器的类型，在"Cookie"文本框中粘贴使用 WinSock Expert 监听到的信息，在"ProxyList"列表框中导入花刺代理整理出的代理列表，在"AttackList"列表框中添加攻击网址，如图 10-34 所示。

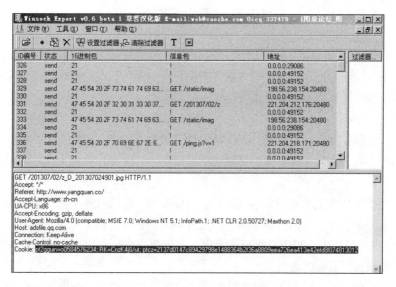

图 10-32　复制 Cookies 信息

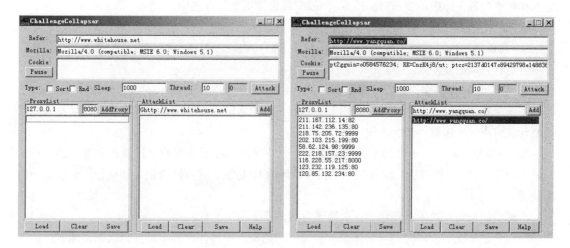

图 10-33　CC 主界面　　　　　　　图 10-34　CC 攻击准备

　　完成以上信息的填写后，单击"Attack"按钮，就可以开始通过代理服务器进行 DDoS 攻击了。

　　下面对如何防御拒绝服务攻击给出几点建议：

　　① 随时关注最新的安全漏洞情况，确保自己的主机上没有明显的系统漏洞。网络中存在漏洞的系统越少，入侵者就越难获得进行分布式拒绝服务攻击所必需的大量主机。

　　② 优化系统，确保系统能有效提高抵御拒绝服务攻击的能力。服务器性能的优化，意味着入侵者需要更多的主机、更大的带宽才能成功地进行分布式拒绝服务攻击，并且在受到攻击时的损失也较小。

　　③ 抵御分布式拒绝服务攻击需要网络中各部分的协调合作。如果上层的路由器能帮助实现路由控制，并实现带宽总量限制，那么对系统抵御分布式拒绝服务攻击会有较多的帮助。

　　④ 在系统与互联网之间合理配置防火墙的各项功能。

10.7　特洛伊木马

特洛伊木马（trojan horse）是指潜伏在计算机中，可受外部用户控制以窃取本机信息或者控制权的程序。木马程序危害在于多数具有恶意企图，例如占用系统资源、降低计算机效能、危害本机信息安全、将本机作为工具来攻击其他设备等。

完整的木马程序一般由两部分组成：一个是服务器程序，一个是客户端程序。"中了木马"就是指安装了木马的服务器程序，如果计算机被安装了服务器程序，则拥有客户端程序的人就可以通过网络控制计算机，这时计算机上的各种文件、程序，以及在计算机上使用的账号、密码等就无安全可言了。

木马的种类很多，常见的有网络游戏木马、网银木马、通信软件木马、下载类木马、代理类木马和网页点击类木马等。虽然种类不同，但大多数木马都具有以下一些基本特性：

① 包含于正常程序中，当用户执行正常程序时启动自身，在用户难以察觉的情况下，完成一些危害用户的操作，具有隐蔽性。

② 具有自动运行性。木马为了控制服务端，它必须在系统启动时即跟随启动，所以它必须潜入在启动配置文件中，如 Win.ini、System.ini 及启动组等文件之中。

③ 包含具有未公开并且可能产生危险后果的程序。

④ 具备自动恢复功能。现在很多木马程序中的功能模块不再由单一的文件组成，而是具有多重备份，可以相互恢复。

⑤ 能自动打开特别的端口。木马程序潜入计算机的目的主要不是为了破坏系统，而是为了获取系统中有用的信息。木马程序可用服务器客户端的通信手段把信息告诉入侵者，以便入侵者控制计算机，或实施进一步的入侵企图。

⑥ 功能的特殊性。通常的木马功能都是十分特殊的，除了普通的文件操作以外，还有些木马具有搜索 cache 中的口令、设置口令、扫描目标的 IP 地址、进行键盘记录和远程注册表的操作等功能。

下面我们以常见的木马程序——灰鸽子为例，了解木马工具。

当在合法情况下使用时，灰鸽子是一款优秀的远程控制软件，其丰富而强大的功能、灵活多变的操作、良好的隐藏性等优点使得其他同类软件相形见绌。但如果拿它做一些非法的事，灰鸽子就成了很强大的黑客工具。

灰鸽子采用客户端和服务端模式，黑客利用客户端程序配置出服务端程序。可配置的信息主要包括上线类型、主动连接时使用的公网 IP（域名）、连接密码、使用的端口、启动项名称、服务名称、进程隐藏方式，以及使用的壳、代理、图标等。服务端对客户端的连接方式有多种，使得处于各种网络环境的用户都可能中毒，包括局域网用户、公网用户和拨号用户等。灰鸽子的界面如图 10-35 所示。

由于灰鸽子采用了服务端（被控者）主动连接客户端（控制者）的技术，所以首先要进行服务器的配置。单击灰鸽子主界面中的"文件"菜单，选择"配置服务程序"命令，如图 10-36 所示。其中"IP 通知 http 访问地址、DNS 解析域名或固定 IP"的填写非常重要，为了让中木马的服务端主动找到客户端，所以在这个配置文本框中填写的是客户端的具体 IP 地址或域名。

图 10-35　灰鸽子主界面

选择"安装选项"选项卡，进入服务端安装的设置，在这里可以设置服务端在对方主机中具体的安装位置。在"程序图标"选项区域，可以选择"图片"、"音乐"等图标迷惑对方，让对方轻易地运行该服务端程序。一般不选择设置中的"程序安装成功后提示安装成功"和"程序运行时在任务栏显示图标"两个复选框，如图 10-37 所示。

图 10-36　服务器配置（一）

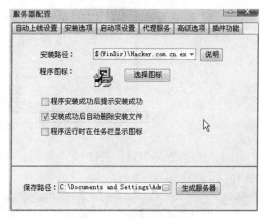

图 10-37　服务器配置（二）

在"启动项设置"选项卡中，如果选择"Windows 98/2000/XP 写入注册表启动项"和"Windows 2000/XP 下优先安装成服务启动"复选框，则对方在每次开启时就会自动激活木马程序。另外，在"显示名称"和"服务名称"文本框中可以输入一些系统自带的服务信息来迷惑对方，如图 10-38 所示。

我们知道在 Windows 系统中有一个进程管理器，里面可以显示出所有程序的进程，如果用户发现有可疑程序，可以立即结束该进程。所以在"高级选项"选项卡中，可以让灰鸽子木马隐藏自己的进程，另外一定要选择"不加壳"单选按钮。最后单击"生成服务器"按钮，在指定的路径上生成一个服务器安装程序，如图 10-39 所示。

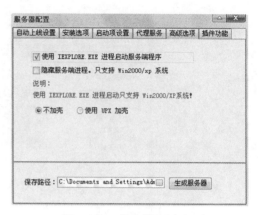

图 10-38　服务器配置（三）　　　　　　　图 10-39　服务器配置（四）

将生成的服务器端程序复制至目标主机中，并运行。此时在客户端中即可看到已经上线的目标主机，如图 10-40 所示。

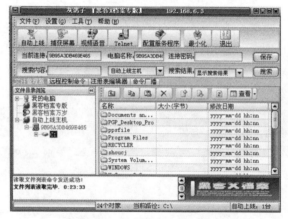

图 10-40　控制目标主机（一）

此时，就完成了对目标主机的完全控制，可以进行诸如新建文件夹、查看远程屏幕等操作，如图 10-41 和图 10-42 所示。

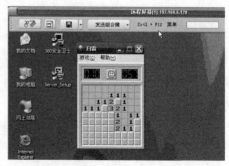

图 10-41　控制目标主机（二）　　　　　　图 10-42　控制目标主机（三）

随着杀毒软件和查杀木马技术的不断发展，越来越多的木马被截获、查杀，为此黑客们开始研究"免杀"技术。顾名思义,"免杀"就是逃避杀毒软件的查杀。通常黑客会针对不同的情况来运用不同的免杀方法。例如灰鸽子就可以采用在 C32ASM 中把服务器端原来的 RUN 键启动修改为 ACTIVEX 启动的方法来绕过杀毒软件的主动防御,如图 10-43 和图 10-44 所示。

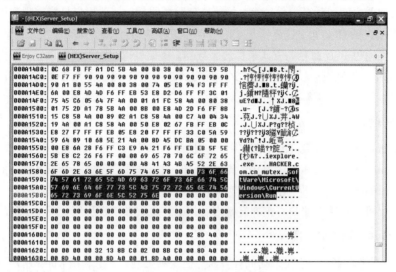

图 10-43　启动路径字符串

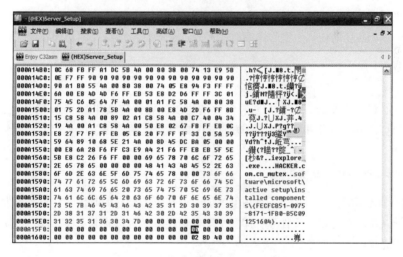

图 10-44　修改后的启动路径字符串

目前用得比较多的免杀方法有加壳、修改特征码和加花指令 3 种。

10.8　防范黑客攻击

黑客的各种攻击虽然强大,但并不可怕,只要我们做好相应的防范工作,就可以大大降低被黑客攻击的可能性。具体来说,要做到以下几点:

1. 隐藏 IP 地址

IP 地址在网络安全上是一个很重要的概念,如果攻击者知道了你的 IP 地址,等于为他的攻击准备好了目标，他可以向这个 IP 发动各种进攻。隐藏 IP 地址的主要方法是使用代理服务器。代理服务器的原理是在客户机和远程服务器之间架设一个"中转站"，当客户机向远程服务器提出服务要求后，代理服务器首先截取用户的请求，然后再将服务请求转交远程服务器，从而实现客户机和远程服务器之间的联系。很显然，使用代理服务器后，其他用户只能探测到代理服务器的 IP 地址而不是用户的 IP 地址，这就实现了隐藏用户 IP 地址的目的，保障了用户上网安全。另外，还可以防止别人通过 Ping 命令的方式来探测服务器。比如可以在防火墙中设置"防止别人用 Ping 命令探测"，这样不管别人通过域名还是 IP 地址方式进行 Ping 测试都无法确认服务器是否处于开启状态，自然也就减少了黑客攻击的机会。

2．更换管理员账户

Administrator 账户拥有最高的系统权限，一旦该账户被人利用，后果不堪设想。所以应重新配置 Administrator 账户。具体方法为：首先为 Administrator 账户设置一个强大复杂的密码，然后重命名 Administrator 账户，再创建一个没有管理员权限的 Administrator 账户欺骗入侵者。这样一来，入侵者就很难搞清哪个账户真正拥有管理员权限，也就在一定程度上减少了危险性。

3．杜绝 Guest 账户的入侵

Guest 账户即来宾账户，它可以访问计算机，但受到限制。由于利用 Guest 用户可能得到管理员权限，所以要杜绝基于 Guest 账户的系统入侵。禁用或彻底删除 Guest 账户是最好的办法，但在某些必须使用到 Guest 账户的情况下，就需要通过其他途径来做好防御工作了。例如，首先给 Guest 设置一个强壮的密码，然后详细设置 Guest 账户对物理路径的访问权限，可以有效增加安全性。

4．删掉不必要的协议

对于服务器和主机来说，一般只安装需要的协议即可，应该卸载不必要的协议。对于不需要提供文件和打印共享的主机，可以将绑定在 TCP/IP 协议的 NetBIOS 关闭，避免针对 NetBIOS 的攻击。

5．关闭"文件和打印共享"

文件和打印共享应该是一个非常有用的功能，但在不需要它的时候，它也是引发黑客入侵的安全漏洞。所以在没有必要"文件和打印共享"的情况下，可以将其关闭。即使确实需要共享，也应该为共享资源设置访问密码。

为了禁止再次打开"文件和打印共享"，还可以在注册表中进行修改。方法如下：在 HKEY_CURRENT_USER\Software\Microsoft\Windows\Curr-entVersion\Policies\NetWork 主键下，新建 DWORD 类型的键值，键值名为 NoFileSharingControl，键值为十六进制的"1"，表示禁止这项功能，从而达到禁止更改"Microsoft 网络的文件和打印机共享"的目的；键值为十六进制的"0"时，表示允许这项功能。

6．禁止建立空连接

在默认情况下，任何用户都可以通过空连接连上服务器，枚举账号并猜测密码。因此我们必须禁止建立空连接。方法有以下两种：方法一是修改注册表：到注册表 HKEY_LOCAL_MACHINE\System\CurrentControlSet\Control\LSA 下，将 DWORD 值 RestrictAnonymous 的键值改为 1 即可。方

法二是修改系统的本地安全策略为"不允许 SAM 账户和共享的匿名枚举"。

7. 关闭不必要的服务

服务开得多可以给管理带来方便，但也会给黑客留下可乘之机，因此对于一些确实用不到的服务，最好关掉。比如在不需要远程管理计算机时，应将有关远程网络登录的服务停用。停用不必要的服务之后，不仅能保证系统的安全，同时还可以提高系统运行速度。

8. 做好浏览器的安全设置

Activex 控件和 Java Applets 有较强的功能，但也存在被人利用的隐患，网页中的恶意代码往往就是利用这些控件编写的小程序，只要打开网页就会被运行。所以要避免恶意网页的攻击只有禁止这些恶意代码的运行，建议将 Activex 控件与 Java 相关选项禁用。

9. 要使用杀毒软件、防火墙及反黑客软件

要将杀毒、防黑当成日常例行工作，定时更新杀毒组件，及时升级病毒库，将杀毒软件保持在常驻状态，以彻底防毒。

防火墙是抵御黑客程序入侵非常有效的手段。它通过在网络边界上建立起来的相应的网络通信监控系统来隔离内部和外部网络，可阻挡外部网络的入侵和攻击。

应尽可能经常性地使用多种最新的杀毒软件或可靠的反黑客软件来检查系统。必要时应在系统中安装具有实时检测、拦截、查解黑客攻击程序的工具。

10. 及时给系统打补丁并做好数据的备份

建议及时到微软的站点下载自己操作系统对应的补丁程序。另外，确保重要数据不被破坏的最好办法就是定期或不定期地备份数据，特别重要的数据应该每天备份。

总之，我们应当认真地制定有针对性的策略，明确安全对象，设置强有力的安全保障体系。在系统中层层设防，使每一层都成为一道关卡，从而让攻击者无隙可钻、无计可施。

习　题

1. 什么是黑客？
2. 黑客攻击的目的是什么？
3. 简述黑客攻击的步骤。
4. 列举一些黑客攻击所采用的方法，并做简单分析。
5. 在使用计算机时，应采取哪些防护措施？

附录 A

中华人民共和国计算机信息系统安全保护条例

第一章 总 则

第一条 为了保护计算机信息系统的安全，促进计算机的应用和发展，保障社会主义现代化建设的顺利进行，制定本条例。

第二条 本条例所称的计算机信息系统，是指由计算机及其相关的和配套的设备、设施（含网络）构成的，按照一定的应用目标和规则对信息进行采集、加工、存储、传输、检索等处理的人机系统。

第三条 计算机信息系统的安全保护，应当保障计算机及其相关的和配套的设备、设施（含网络）的安全，运行环境的安全，保障信息的安全，保障计算机功能的正常发挥，以维护计算机信息系统的安全运行。

第四条 计算机信息系统的安全保护工作，重点是维护国家事务、经济建设、国防建设、尖端科学技术等重要领域的计算机信息系统的安全。

第五条 中华人民共和国境内的计算机信息系统的安全保护，适用本条例。未联网的微型计算机的安全保护办法，另行制定。

第六条 公安部主管全国计算机信息系统安全保护工作。国家安全部、国家保密局和国务院其他有关部门，在国务院规定的职责范围内做好计算机信息系统安全保护的有关工作。

第七条 任何组织或者个人，不得利用计算机信息系统从事危害国家利益、集体利益和公民合法利益的活动，不得危害计算机信息系统的安全。

第二章 安全保护制度

第八条 计算机信息系统的建设和应用，应当遵守法律、行政法规和国家其他有关规定。

第九条 计算机信息系统实行安全等级保护。安全等级的划分标准和安全等级保护的具体办法，由公安部会同有关部门制定。

第十条 计算机机房应当符合国家标准和国家有关规定。在计算机机房附近施工，不得危害计算机信息系统的安全。

第十一条 进行国际联网的计算机信息系统，由计算机信息系统的使用单位报省级以上人民政府公安机关备案。

第十二条 运输、携带、邮寄计算机信息媒体进出境的，应当如实向海关申报。

　　第十三条　计算机信息系统的使用单位应当建立健全安全管理制度，负责本单位计算机信息系统的安全保护工作。

　　第十四条　对计算机信息系统中发生的案件，有关使用单位应当在 24 小时内向当地县级以上人民政府公安机关报告。

　　第十五条　对计算机病毒和危害社会公共安全的其他有害数据的防治研究工作，由公安部归口管理。

　　第十六条　国家对计算机信息系统安全专用产品的销售实行许可证制度。具体办法由公安部会同有关部门制定。

第三章　安　全　监　督

　　第十七条　公安机关对计算机信息系统安全保护工作行使下列监督职权：

　　（一）监督、检查、指导计算机信息系统安全保护工作。

　　（二）查处危害计算机信息系统安全的违法犯罪案件。

　　（三）履行计算机信息系统安全保护工作的其他监督职责。

　　第十八条　公安机关发现影响计算机信息系统安全的隐患时，应当及时通知使用单位采取安全保护措施。

　　第十九条　公安部在紧急情况下，可以就涉及计算机信息系统安全的特定事项发布专项通令。

第四章　法　律　责　任

　　第二十条　违反本条例的规定，有下列行为之一的，由公安机关处以警告或者停机整顿：

　　（一）违反计算机信息系统安全等级保护制度，危害计算机信息系统安全的。

　　（二）违反计算机信息系统国际联网备案制度的。

　　（三）不按照规定时间报告计算机信息系统中发生的案件的。

　　（四）接到公安机关要求改进安全状况的通知后，在限期内拒不改进的。

　　（五）有危害计算机信息系统安全的其他行为的。

　　第二十一条　计算机机房不符合国家标准和国家其他有关规定的，或者在计算机机房附近施工危害计算机信息系统安全的，由公安机关会同有关单位进行处理。

　　第二十二条　运输、携带、邮寄计算机信息媒体进出境，不如实向海关申报的，由海关依照《中华人民共和国海关法》和本条例以及其他有关法律、法规的规定处理。

　　第二十三条　故意输入计算机病毒以及其他有害数据危害计算机信息系统安全的，或者未经许可出售计算机信息系统安全专用产品的，由公安机关处以警告或者对个人处以 5000 元以下的罚款、对单位处以 15000 元以下的罚款；有违法所得的，除予以没收外，可以处以违法所得 1 至 3 倍的罚款。

　　第二十四条　违反本条例的规定，构成违反治安管理行为的，依照《中华人民共和国治安管理处罚条例》的有关规定处罚；构成犯罪的，依法追究刑事责任。

　　第二十五条　任何组织或者个人违反本条例的规定，给国家、集体或者他人财产造成损失的，应当依法承担民事责任。

　　第二十六条　当事人对公安机关依照本条例所作出的具体行政行为不服的，可以依法申请行政复议或者提起行政诉讼。

第二十七条　执行本条例的国家公务员利用职权，索取、收受贿赂或者有其他违法、失职行为，构成犯罪的，依法追究刑事责任；尚不构成犯罪的，给予行政处分。

第五章　附　　则

第二十八条　本条例下列用语的含义：

1. 计算机病毒，是指编制或者在计算机程序中插入的破坏计算机功能或者毁坏数据，影响计算机使用，并能自我复制的一组计算机指令或者程序代码。

2. 计算机信息系统安全专用产品，是指用于保护计算机信息系统安全的专用硬件和软件产品。

第二十九条　军队的计算机信息系统安全保护工作，按照军队的有关法规执行。

第三十条　公安部可以根据本条例制定实施办法。

第三十一条　本条例自发布之日起施行。

附录 B

计算机信息网络国际联网安全保护管理办法

（1997 年 12 月 11 日国务院批准 1997 年 12 月 30 日公安部发布）

第一章 总 则

第一条 为了加强对计算机信息网络国际联网的安全保护，维护公共秩序和社会稳定，根据《中华人民共和国计算机信息系统安全保护条例》《中华人民共和国计算机信息网络国际联网管理暂行规定》和其他法律、行政法规的规定，制定本办法。

第二条 中华人民共和国境内的计算机信息网络国际联网安全保护管理，适用本办法。

第三条 公安部计算机管理监察机构负责计算机信息网络国际联网的安全保护管理工作。公安机关计算机管理监察机构应当保护计算机信息网络国际联网的公共安全，维护从事国际联网业务的单位和个人的合法权益和公众利益。

第四条 任何单位和个人不得利用国际联网危害国家安全、泄露国家秘密，不得侵犯国家的、社会的、集体的利益和公民的合法权益，不得从事违法犯罪活动。

第五条 任何单位和个人不得利用国际联网制作、复制、查阅和传播下列信息：

（一）煽动抗拒、破坏宪法和法律、行政法规实施的。

（二）煽动颠覆国家政权，推翻社会主义制度的。

（三）煽动分裂国家、破坏国家统一的。

（四）煽动民族仇恨、民族歧视，破坏民族团结的。

（五）捏造或者歪曲事实，散布谣言，扰乱社会秩序的。

（六）宣扬封建迷信、淫秽、色情、赌博、暴力、凶杀、恐怖，教唆犯罪的。

（七）公然侮辱他人或者捏造事实诽谤他人的。

（八）损害国家机关信誉的。

（九）其他违反宪法和法律、行政法规的。

第六条 任何单位和个人不得从事下列危害计算机信息网络安全的活动：

（一）未经允许，进入计算机信息网络或者使用计算机信息网络资源的。

（二）未经允许，对计算机信息网络功能进行删除、修改或者增加的。

（三）未经允许，对计算机信息网络中存储、处理或者传输的数据和应用程序进行删除、修改或者增加的。

（四）故意制作、传播计算机病毒等破坏性程序的。

（五）其他危害计算机信息网络安全的。

第七条　用户的通信自由和通信秘密受法律保护。任何单位和个人不得违反法律规定，利用国际联网侵犯用户的通信自由和通信秘密。

第二章　安全保护责任

第八条　从事国际联网业务的单位和个人应当接受公安机关的安全监督、检查和指导，如实向公安机关提供有关安全保护的信息、资料及数据文件，协助公安机关查处通过国际联网的计算机信息网络的违法犯罪行为。

第九条　国际出入口信道提供单位、互联单位的主管部门或者主管单位，应当依照法律和国家有关规定负责国际出入口信道、所属互联网络的安全保护管理工作。

第十条　互联单位、接入单位及使用计算机信息网络国际联网的法人和其他组织应当履行下列安全保护职责：

（一）负责本网络的安全保护管理工作，建立健全安全保护管理制度。

（二）落实安全保护技术措施，保障本网络的运行安全和信息安全。

（三）负责对本网络用户的安全教育和培训。

（四）对委托发布信息的单位和个人进行登记，并对所提供的信息内容按照本办法第五条进行审核。

（五）建立计算机信息网络电子公告系统的用户登记和信息管理制度。

（六）发现有本办法第四条、第五条、第六条、第七条所列情形之一的，应当保留有关原始记录，并在二十四小时内向当地公安机关报告。

（七）按照国家有关规定，删除本网络中含有本办法第五条内容的地址、目录或者关闭服务器。

第十一条　用户在接入单位办理入网手续时，应当填写用户备案表。备案表由公安部监制。

第十二条　互联单位、接入单位、使用计算机信息网络国际联网的法人和其他组织（包括跨省、自治区、直辖市联网的单位和所属的分支机构），应当自网络正式联通之日起三十日内，到所在地的省、自治区、直辖市人民政府公安机关指定的受理机关办理备案手续。

前款所列单位应当负责将接入本网络的接入单位和用户情况报当地公安机关备案，并及时报告本网络中接入单位和用户的变更情况。

第十三条　使用公用账号的注册者应当加强对公用账号的管理，建立账号使用登记制度。用户账号不得转借、转让。

第十四条　涉及国家事务、经济建设、国防建设、尖端科学技术等重要领域的单位办理备案手续时，应当出具其行政主管部门的审批证明。

前款所列单位的计算机信息网络与国际联网，应当采取相应的安全保护措施。

第三章　安　全　监　督

第十五条　省、自治区、直辖市公安厅（局），地（市）、县（市）公安局，应当有相应机构负责国际联网的安全保护管理工作。

第十六条　公安机关计算机管理监察机构应当掌握互联单位、接入单位和用户的备案情况，建立备案档案，进行备案统计，并按照国家有关规定逐级上报。

第十七条　公安机关计算机管理监察机构应当督促互联单位、接入单位及有关用户建立健全安全保护管理制度，监督、检查网络安全保护管理以及技术措施的落实情况。

公安机关计算机管理监察机构在组织安全检查时，有关单位应当派人参加。公安机关计算机管理监察机构对安全检查发现的问题，应当提出改进意见，作出详细记录，存档备查。

第十八条　公安机关计算机管理监察机构发现含有本办法第五条所列内容的地址、目录或者服务器时，应当通知有关单位关闭或者删除。

第十九条　公安机关计算机管理监察机构应当负责追踪和查处通过计算机信息网络的违法行为和针对计算机信息网络的犯罪案件，对违反本办法第四条、第七条规定的违法犯罪行为，应当按照国家有关规定移送有关部门或者司法机关处理。

第四章　法律责任

第二十条　违反法律、行政法规，有本办法第五条、第六条所列行为之一的，由公安机关给予警告，有违法所得的，没收违法所得，对个人可以并处 5000 元以下的罚款，对单位可以并处 15000 元以下的罚款；情节严重的，并可以给予六个月以内停止联网、停机整顿的处罚，必要时可以建议原发证、审批机构吊销经营许可证或者取消联网资格；构成违反治安管理行为的，依照治安管理处罚条例的规定处罚；构成犯罪的，依法追究刑事责任。

第二十一条　有下列行为之一的，由公安机关责令限期改正，给予警告，有违法所得的，没收违法所得；在规定的限期内未改正的，对单位的主管负责人员和其他直接责任人员可以并处 5000 元以下的罚款，对单位可以并处 15000 元以下的罚款；情节严重的，并可以给予六个月以内的停止联网、停机整顿的处罚，必要时可以建议原发证、审批机构吊销经营许可证或者取消联网资格。

（一）未建立安全保护管理制度的。

（二）未采取安全技术保护措施的。

（三）未对网络用户进行安全教育和培训的。

（四）未提供安全保护管理所需信息、资料及数据文件，或者所提供内容不真实的。

（五）对委托其发布的信息内容未进行审核或者对委托单位和个人未进行登记的。

（六）未建立电子公告系统的用户登记和信息管理制度的。

（七）未按照国家有关规定，删除网络地址、目录或者关闭服务器的。

（八）未建立公用账号使用登记制度的。

（九）转借、转让用户账号的。

第二十二条　违反本办法第四条、第七条规定的，依照有关法律、法规予以处罚。

第二十三条　违反本办法第十一条、第十二条规定，不履行备案职责的，由公安机关给予警告或者停机整顿不超过六个月的处罚。

第五章　附　　则

第二十四条　与香港特别行政区和台湾、澳门地区联网的计算机信息网络的安全保护管理，参照本办法执行。

第二十五条　本办法自发布之日起施行。

参 考 文 献

[1] 邵丽萍. 计算机安全技术[M]. 北京：清华大学出版社，2012.

[2] 伊斯特姆. 计算机安全基础[M]. 贺民等译. 北京：清华大学出版社，2008.

[3] 李辉. 计算机安全与保密[M]. 北京：清华大学出版社，2013.

[4] 朱卫东. 计算机安全基础教程[M]. 北京：北京交通大学出版社，2009.

[5] 姚永雷，马利. 计算机网络安全[M]. 2 版. 北京：清华大学出版社，2011.

[6] 鲁立，龚涛. 计算机网络安全[M]. 北京：机械工业出版社，2011.